国家级职业教育规划教材
人力资源和社会保障部职业能力建设司推荐
高等职业技术院校电类专业教材

电力电子技术

DIANLI DIANZI JISHU

主　编　李国伟
副主编　黄玉海　孙华

中国劳动社会保障出版社

简介

本书主要内容包括晶闸管调光灯电路、直流调速装置电路、高压直流输电线路、电风扇无级调速器、开关电源、中频加热电源和变频电路等。

本书由李国伟主编，黄玉海、孙华任副主编，侯明冬、张红午、杨丽英、许泽参加编写。

图书在版编目（CIP）数据

电力电子技术/李国伟主编．—北京：中国劳动社会保障出版社，2015
高等职业技术院校电类专业教材
ISBN 978－7－5167－2107－0

Ⅰ．①电…　Ⅱ．①李…　Ⅲ．①电力电子技术-高等职业教育-教材　Ⅳ．①TM1

中国版本图书馆 CIP 数据核字（2015）第 226769 号

中国劳动社会保障出版社出版发行
（北京市惠新东街1号　邮政编码：100029）

*

北京市艺辉印刷有限公司印刷装订　新华书店经销
787毫米×1092毫米　16开本　12.75印张　295千字
2015年11月第1版　2024年5月第10次印刷
定价：24.00元

营销中心电话：400-606-6496
出版社网址：http://www.class.com.cn
http://jg.class.com.cn

前　言

为了更好地适应全国高等职业技术院校电类专业教学要求，全面提升教学质量，人力资源和社会保障部教材办公室组织有关学校的一线教师和行业、企业专家，充分调研企业生产和学校教学情况，广泛听取各职业技术院校对教材使用情况的反馈意见，对2006年至2007年出版的全国高等职业技术院校电类专业基础平台教材和电气自动化技术专业模块教材进行了修订，并做了适当的补充开发。

本次教材修订（新编）工作的重点主要体现在以下四个方面：

第一，科学合理安排内容，融入先进教学理念。

根据电类专业毕业生所从事职业的实际需要和教学实际情况的变化，合理确定学生应具备的能力与知识结构，适当调整部分教材的内容及其深度、难度，如《数控机床电气检修（第二版）》中增加了教学中广泛使用的广数GSK980T系统的相关知识；根据相关工种及专业领域的最新发展，在教材中充实“四新”内容，如《变频器应用技术（三菱 第二版）》中改用目前广泛应用的较新型的FR－E740型通用变频器。同时，结合教学改革要求，在教材中融入较为成熟的课改理念和教学方法，以完成具体典型工作任务为主线组织教材内容，将理论知识的讲解与具体的任务载体有机结合，激发学生学习兴趣，提高学生实践能力。

第二，进一步完善教材体系，充分满足教学需求。

在进一步完善现有教材教学内容的基础上，适应专业发展趋势，新开发了《电力电子技术》《过程控制技术》《工业组态软件应用技术》《自动化综合实训》教材，以充分满足当前电气自动化技术专业教学的实际需求。同时，相关教材还可满足“生产过程自动化技术”“工业网络技术”“计算机控制技术”等其他电类专业方向的教学需要。

第三，涵盖国家职业技能标准，与职业技能鉴定要求相衔接。

教材编写坚持以国家职业技能标准为依据，涵盖《维修电工》等国家职业技能标准中（中、高级）的知识和技能要求，并在与教材配套的习题册中增加针对相关职业技能鉴定考试的练习题。同时，严格贯彻国家有关技术标准的要求。

第四，进一步开发辅助产品，提供优质教学服务。

根据大多数学校的教学实际需求，部分教材还配套开发了习题册，以便于学生巩固练习使用。本套教材均提供多媒体教学课件，可通过中国人力资源和社会保障出版集团网站（http://www.class.com.cn）免费下载，进入主页后搜索相应教材并进入图书详细页面即可找到下载链接。

本次教材的修订（新编）工作得到了江苏、安徽、山东、河南、湖南、广东、广西、四川等省人力资源和社会保障厅及一些高等职业技术院校的大力支持，教材的编审人员做了大量的工作，在此我们表示诚挚的谢意。

人力资源和社会保障部教材办公室

2013年11月

目录
CONTENTS

绪　论

一、电力电子技术简介

电子技术分为信息电子技术和电力电子技术，信息电子技术又分为模拟电子技术和数字电子技术，电力电子技术（Power Electronics）又分为电力电子器件制造技术和电力电子变流技术。本课程重点介绍电力电子变流技术。电力电子变流技术是指利用各种电力电子器件组成的各式各样电路或装置，高效地完成对电能的变换和控制的技术，其功能示意图如图0—1所示。

电力电子变流技术是应用于电力领域的电子技术，是使用电力电子器件对电能进行变换和控制的技术。可以说电力电子变流技术是横跨“电子”“电力”和“控制”三个领域的学科。1974年，美国的W. Newell用倒三角形对电力电子学进行了描述，并被全世界普遍接受，如图0—2所示。

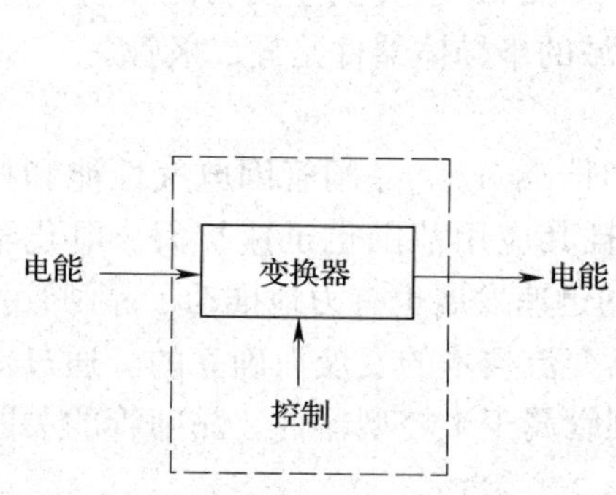

图0—1　电力电子技术的功能示意图

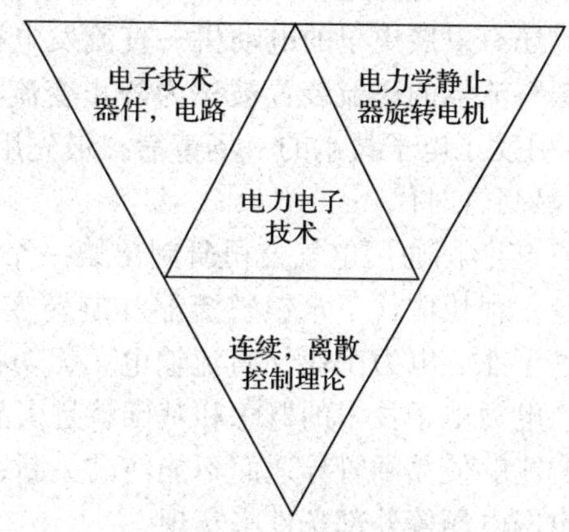

图0—2　电力电子变流技术与其他学科的关系

电力电子变流技术主要介绍电力电子器件和由电力电子器件构成的电力电子变流电路，电力电子器件是学习电力电子变流电路的基础，电力电子变流电路是电力电子器件的应用体现。

二、电力电子器件

电力电子器件的发展对电力电子技术的发展起着决定性的作用，因此，电力电子器件的发展史也就是电力电子技术的发展史。电力电子器件的发展史如图0—3所示。

1. 第一个阶段：史前期

在晶闸管出现前的时期，用于电力变换的电子技术已经存在。1904年出现了电子管（Vacuum tube），能在真空中对电子流进行控制，并应用于通信和无线电。后来出现了水银整流器（Mercury Rectifier），其性能和晶闸管（Thyristor）很相似。在20世纪30年代到50年代，是水银整流器发展迅速并大量应用的时期。它广泛用于电化学工业、电气铁道直流变

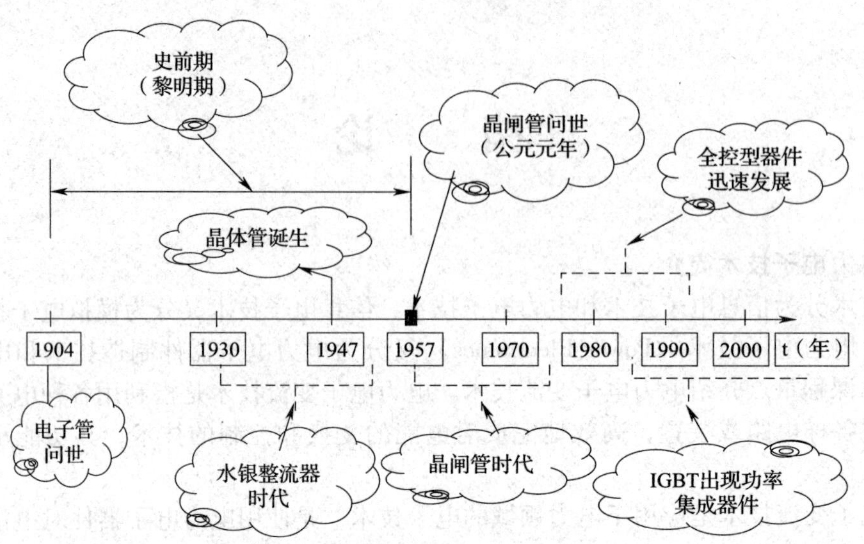

图 0—3　电力电子器件的发展史

电所以及轧钢用直流电动机的传动，甚至用于直流输电。交流电变为直流电的方法除水银整流器外，还有发展更早的电动机—直流发电机机组，即变流机组。与旋转变流机组相对应，采用水银整流器的整流装置被称为静止变流器。1947 年美国贝尔实验室发明晶体管（Transistor），引发了电子技术的一场革命，最先用于电力领域的半导体器件是硅二极管。

2．晶闸管时代

1957 年美国通用电气公司研制出第一个晶闸管（Thyristor）。晶闸管因电气性能和控制性能优越，很快取代了水银整流器和旋转变流机组，且其应用范围也迅速扩大。电化学工业、钢铁工业、电力工业（直流输电、无功补偿等）的迅速发展也有力地推动了晶闸管技术的进步。电力电子技术的概念和基础就是由晶闸管及其变流技术的发展而确立的。通过对门极的控制能够使晶闸管导通而不能使其关断，因而晶闸管属于半控型器件。晶闸管的关断通常依靠电网电压等外部条件来实现。

3．全控型器件时代

20 世纪 70 年代出现了电力晶体管（GTR）、电力场效应管（MOSFET）等。GTR、MOSFET 既可控制开通，也可以控制关断，应用更为方便。

4．现代电力电子器件时代

20 世纪 80 年代后期，复合型器件开始出现，主要以绝缘栅极双极型晶体管（IGBT）为代表，IGBT 是电力场效应管 MOSFET 和双极结型晶体管（BJT）的复合。MOSFET 管的优点是驱动功率小、开关速度快；BJT 的优点是通态压降小、载流能力大。与 IGBT 相对应，MOS 控制晶闸管（MCT）和集成门极换流晶闸管（IGCT）都是 MOSFET 和 GTO 的复合，它们也综合了 MOSFET 和 GTO 两种器件的优点。

20 世纪 90 年代以后主要有功率模块。为了使电力电子装置的结构紧凑、体积减小，常把若干个电力电子器件及必要的辅助元件做成模块的形式，给电力电子器件的应用带来了很大的方便。功率集成电路（PIC）是把驱动、控制、保护电路和功率器件集成在一起，目前其功率都还较小，但代表了电力电子技术发展的一个重要方向。智能功率模块（IPM）专指IGBT及其辅助器件与其保护和驱动电路的单片集成，也称智能IGBT。

三、电力电子变流电路

公用电网提供固定幅值、固定频率的交流电（AC），蓄电池或干电池提供固定大小的直流电（DC）。直流电有电压和极性的不同，交流电有电压、频率和相位的差别，在实际应用中常需要在两种电能之间或对同种电能的一个或多个参数（如电压、电流、频率等）进行变换，这种电能的变换共有四种基本类型，见表0—1。每种变换可通过相应的半导体变流器或变换器来实现。

表0—1　　电能变换的种类

输出 输入	直流	交流
交流	整流	交流电力控制
直流	直流斩波	逆变

四、电力电子技术的应用

电力电子技术在工业现场、交通运输、电力系统、日常生活等各个方面都有广泛的应用。

1．电力电子技术在工业领域的应用

各种变频器和电化学工业整流电源如图0—4所示。直流电动机有良好的调速性能，给其供电的可控整流电源、直流斩波电源都是电力电子装置。近年来随着电力电子变频技术的迅速发展，交流电动机的调速性能已可与直流电机媲美，促使交流调速技术、变频技术开始大量应用并逐步取代直流调速。电化学工业中也需要大量使用直流电源，例如，电解、电镀装置都需要应用整流电源。

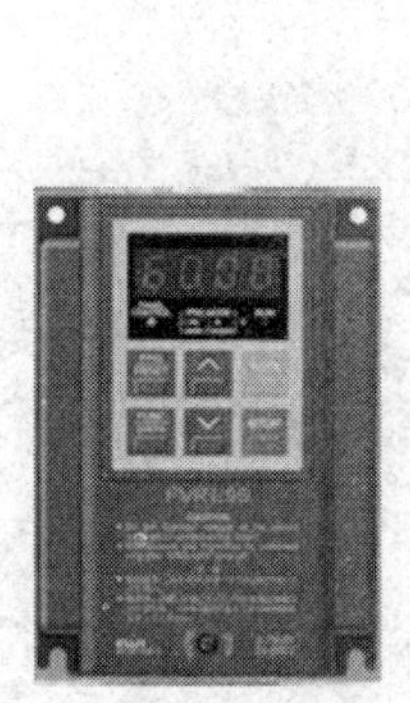
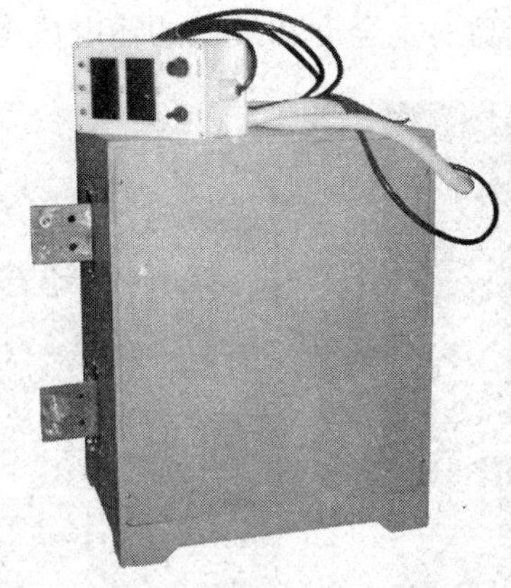

图0—4　各种变频器和电化学工业整流电源

2．电力电子技术在交通运输方面的应用

如图0—5所示，电气化铁道中广泛采用电力电子技术，例如，电力机车中的直流机车采用整流装置，交流机车采用变频装置。直流斩波器也广泛用于铁道车辆。在磁悬浮列车中，电力电子技术更是一项关键技术。飞机、船舶需要很多不同要求的电源，因此航空和航海都离不开电力电子技术。

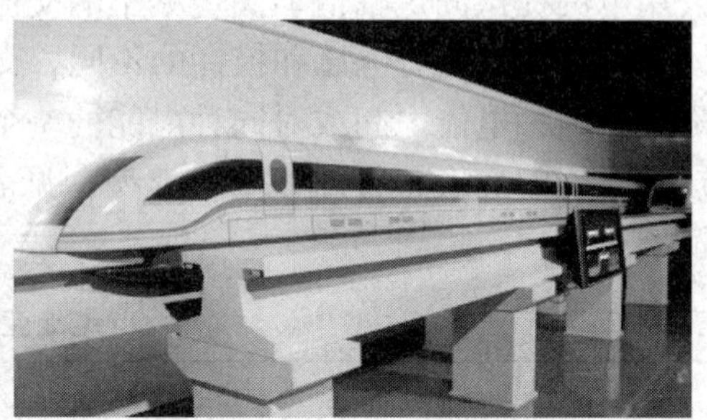

图 0—5　电力机车和磁悬浮列车

3. 电力电子技术在电力系统中的应用

目前，所有能源中电能约占 40%，而电能中 60% 以上至少经过一次以上电力电子装置的处理，其中 55% 以上用于电机和电机驱动控制，20% 用于照明。据发达国家预测，今后将有 95% 的电能要经电力电子技术处理后再使用，即工业和民用的各种机电设备中，有 95% 与电力电子产业有关。如果用很好的电力电子技术去转换能量，人类至少可节省 1/3 的能源。

直流输电具有输电距离远、调节性能好、过电压水平低、线路损耗小等优点，特别适用于远距离、大功率输电，其送电端的整流阀和受电端的逆变阀都采用晶闸管变流装置，如图 0—6a 所示。1984 年 10 月，国家批准建设葛洲坝至上海直流输电工程，规模：±500 kV、1.2 kA、双极额定输送容量 1 200 MW，线路全长 1 045.7 km。

近年发展起来的柔性交流输电系统（见图 0—6b）也是利用大功率电力电子元器件构成的装置来控制调节交流电力系统的运行参数或网络参数，优化电力系统运行状态，提高交流电力系统线路的输电能力，以获得最高的安全度和最低的输电成本。

a）

b）

图 0—6　电力电子技术在电力系统中的应用

a）高压直流装置　b）柔性交流输电

总之，电力电子技术的应用范围十分广泛。从人类对宇宙和大自然的探索，到国民经济的各个领域，再到人们的衣食住行，到处都能感受到电力电子技术的存在和巨大魅力。这也激发了一代又一代的学者和工程技术人员学习、研究电力电子技术并使其飞速发展。

项目一　晶闸管调光灯电路

所谓调光，就是通过调节旋钮改变灯光的亮度。调光灯在日常生活中的应用非常广泛，如在集体宿舍中，夜晚为了避免影响同屋内其他人的休息，可以采用调光台灯将亮度调暗；在家庭的客厅中，可以根据不同的需求，来调节射灯灯光的亮暗，在看书读报时灯光调亮一些，在看电视、计算机时将灯光调暗一些等。

调光灯的种类有很多。根据应用场合的不同，可分为调光台灯和调光射灯；根据光源的不同，可分为白炽灯调光灯、日光灯调光灯、LED 调光灯等。不同种类的调光灯，其调光的原理也不尽相同。这里主要以家庭生活中应用较多的白炽灯调光台灯为例，完成调光灯电路的设计与制作。如图 1—0—1 所示为调光台灯实物。

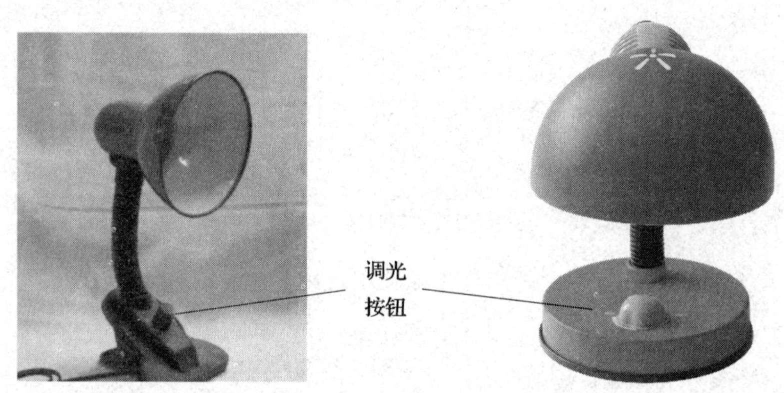

图 1—0—1　调光台灯实物

从家用插座中可以得到 220 V、50 Hz 的固定交流电源，现在要求给白炽灯提供一个可调直流电源，通过改变可调直流电源的电压来调节白炽灯的亮度。此时，需要将固定交流电变为可调直流电，这种类型的电路称为可控整流电路。调光灯电路中的可控整流电路由主电路和触发电路两部分构成，晶闸管是构成主电路的核心器件，通过对晶闸管、主电路及触发电路的分析理解电路的工作原理，进而掌握分析电路的方法，并能动手设计、制作电路。下面分 4 个任务逐步完成调光灯电路的分析、设计与制作。

任务 1　晶闸管的识别与选用

学习目标

1. 掌握晶闸管的结构、特性及其工作原理。

2. 能识别晶闸管的各种外形封装。

3. 能够对晶闸管进行触发特性的测试。

4. 会用万用表进行晶闸管极性和好坏的判别。

5. 理解晶闸管主要参数的意义并能够正确的选择晶闸管的型号。

任务描述

本项目所完成的调光灯电路，是通过可控整流电路来实现调光功能的，而晶闸管则是构成可控整流电路的核心器件。本任务将学习晶闸管的基本知识，并完成晶闸管外形的识别、极性的辨别、质量的检测等基本操作练习。

相关知识

一、识别晶闸管

晶闸管又称为晶体闸流管，以前被简称为可控硅，是在晶体管基础上发展起来的一种大功率半导体器件，它的出现使半导体器件由弱电领域扩展到强电领域。1956 年美国贝尔实验室发明了晶闸管，1957 年美国通用电气公司（GE）开发出第一只晶闸管产品，并于 1958 年商业化，开辟了电力电子技术迅速发展和广泛应用的崭新时代。自 20 世纪 80 年代以来，晶闸管开始被性能更好的全控型器件取代。但由于晶闸管能承受的电压和电流容量最高，工作可靠，在大容量的场合仍具有重要地位。

1. 晶闸管的分类

晶闸管的种类很多，按其关断、导通及控制方式可分为普通晶闸管（SCR）、双向晶闸管（TRIAC）、逆导晶闸管（RCT）、门极关断晶闸管（GTO）、BTG 晶闸管、温控晶闸管（TT 国外，TTS 国内）和光控晶闸管（LTT）等多种。

晶闸管按其关断速度可分为普通晶闸管和快速晶闸管，快速晶闸管包括所有专为快速应用而设计的晶闸管，有常规的快速晶闸管和工作在更高频率的高频晶闸管，可分别应用于 400 Hz 和 10 kHz 以上的斩波或逆变电路中。注：高频不能等同于快速晶闸管。

这里主要介绍最常用的普通晶闸管。

2. 普通晶闸管的结构

普通晶闸管可以用 SCR 表示，也称为单向晶闸管，有时简称晶闸管。如图 1—1—1a 所示是普通晶闸管电路图形符号，其内部结构如图 1—1—1b 所示。由图 1—1—1 可知，普通晶闸管是一个四层（P、N、P、N）、三端（A、K、G）元件，它由 PNPN 四层半导体材料构成，中间形成三个 PN 结：J1、J2、J3，由最外层的 P1、N2 分别引出两个电极，称为阳极 A 和阴极 K，由中间的 P2 引出门极（控制极）G。单向晶闸管的阳极与阴极之间具有单向导电的性能，其内部可以等效为由一只 PNP 三极管 V1 和一只 NPN 三极管 V2 组成的复合管，如图 1—1—1d 所示。

晶闸管和其他半导体器件一样，具有体积小、效率高、稳定性好、工作可靠等优点，在工业、农业、交通运输、军事科研以及商业、民用电器等方面得到了广泛的应用。

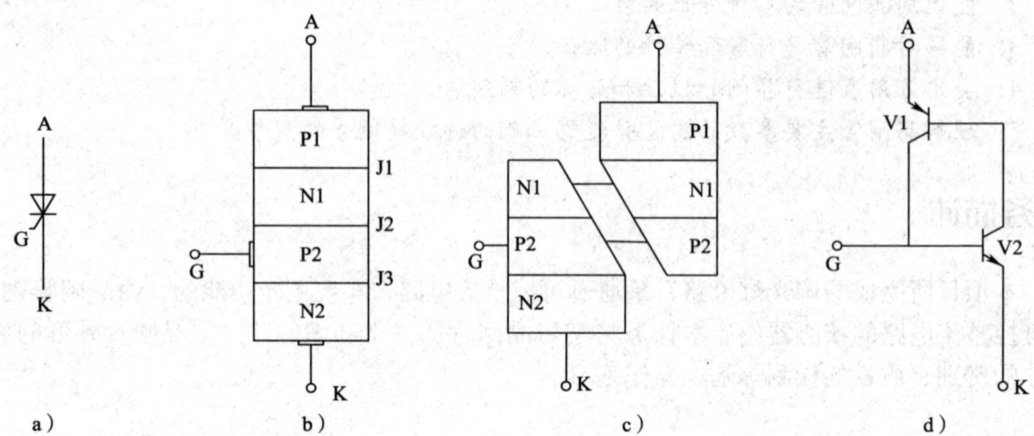

图 1—1—1 普通晶闸管的结构

a）电路图形符号 b）结构图 c）等效电路 d）等效电路图形符号

二、检测晶闸管

1．晶闸管的工作特性

晶闸管 SCR 相当于一个半可控的、可开不可关的单向开关。这里的单向开关指晶闸管的阳极到阴极之间的通断。

（1）晶闸管的工作原理

晶闸管的接线图如图 1—1—2 所示。

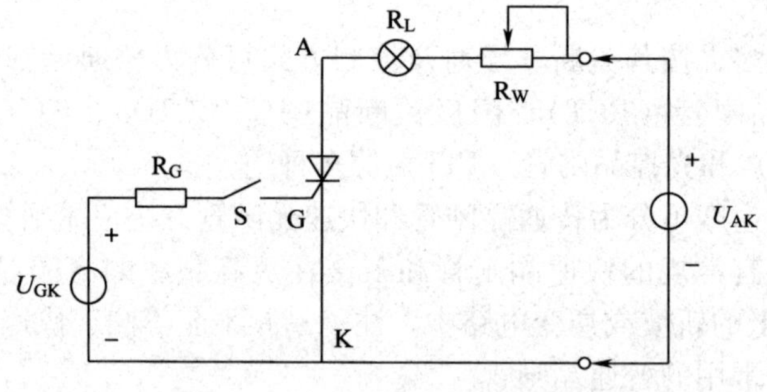

图 1—1—2 晶闸管的接线图

1）正向阻断状态

当晶闸管的阳极 A 和阴极 K 之间加正向电压而控制极不加电压时，管子不导通，称为正向阻断状态。在如图 1—1—2 所示的电路中，电源 U_{AK}加在晶闸管的阳极和阴极之间，开关 S 断开时，晶闸管不导通，灯泡不亮。此时，晶闸管的中间结 J2 反偏，只能通过很小的正向漏电流。

2）触发导通状态

当晶闸管的阳极 A 和阴极 K 之间加正向电压且控制极和阴极之间也加正向电压时，晶闸管就会被触发导通。在如图 1—1—2 所示的电路中，电源 U_{AK}加在晶闸管的阳极和阴极之间，将开关 S 闭合，电源 U_{GK}加在晶闸管门极和阴极之间，此时晶闸管导通，从晶闸管阳极到阴极形成电流，灯泡也被点亮。

如图 1—1—3 所示为晶闸管的双晶体管模型及其等效电路。晶闸管被触发导通的具体工作过程如下：在晶闸管门极和阴极加正向电压，使得门极电流 I_G 注入 V2 基极，V2 导通，产生 I_{C2}（$=\beta_2 I_G$），I_{C2} 同时为 V1 的基极电流，使 V1 导通，产生 I_{C1}（$=\beta_1 I_{C2}$），I_{C1} 加上 I_G 进一步加大了 V2 的基极电流，再一次进行上述放大过程，从而形成强烈的正反馈，V1、V2 很快进入完全饱和状态，使晶闸管饱和导通。

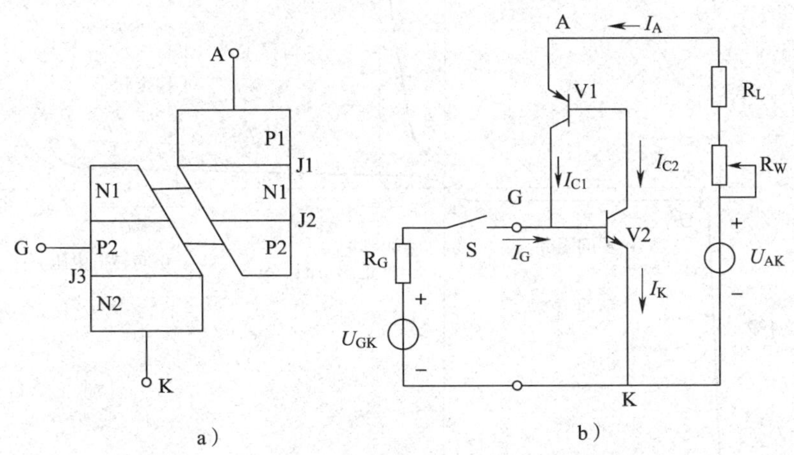

图 1—1—3　晶闸管的双晶体管模型及其等效电路

a）晶闸管的双晶体管模型　b）晶闸管的等效电路

当晶闸管导通后，门极 G 就失去控制作用，即无论门极和阴极之间加何种电压，晶闸管依靠内部的正反馈始终维持导通状态。此时晶闸管导通后的管压降相当于一个 PN 结加一个三极管的饱和压降，约为 1 V。主电路中的阳极电流 I_A 由 R_L 和 R_W 以及电源 U_{AK} 的大小决定。

3）晶闸管由导通变为关断

使阳极电流 I_A 减小到小于一定数值 I_H 时，晶闸管将无法维持正反馈过程而变为关断，其中 I_H 称为晶闸管的维持电流。一般可以通过两种方法来实现，一是通过增大电路中电阻（R_W），使阳极电流 I_A 逐渐降低至维持电流 I_H 以下，灯泡熄灭，晶闸管正向阻断；二是在晶闸管的阳极和阴极之间加反向电压，即 $U_{AK} \leqslant 0$ 时，同样降低阳极电流，使灯泡熄灭，此时晶闸管反向阻断。

4）反向阻断

当晶闸管的阳极 A 和阴极 K 之间加反向电压时，无论门极 G 加什么电压，晶闸管始终处于关断状态。此时，晶闸管的 J1 结和 J3 结都反偏，只能流过极小的反向漏电流，晶闸管呈阻断状态，与一般二极管的反向特性相似。

综上所述，晶闸管的导通条件为：在阳极和阴极间加正向电压，同时在门极和阴极间加正向触发电压，即 $U_{AK}>0$，同时 $U_{GK}>0$。

晶闸管由导通变为关断的方法为：使流过晶闸管的阳极电流降低至维持电流 I_H 以下。一般通过给阳极与阴极之间加反向电压（$U_{AK} \leqslant 0$）或增大线路中电阻（$R_W>0$）来实现。

（2）晶闸管的伏安特性

晶闸管的伏安特性如图 1—1—4 所示。

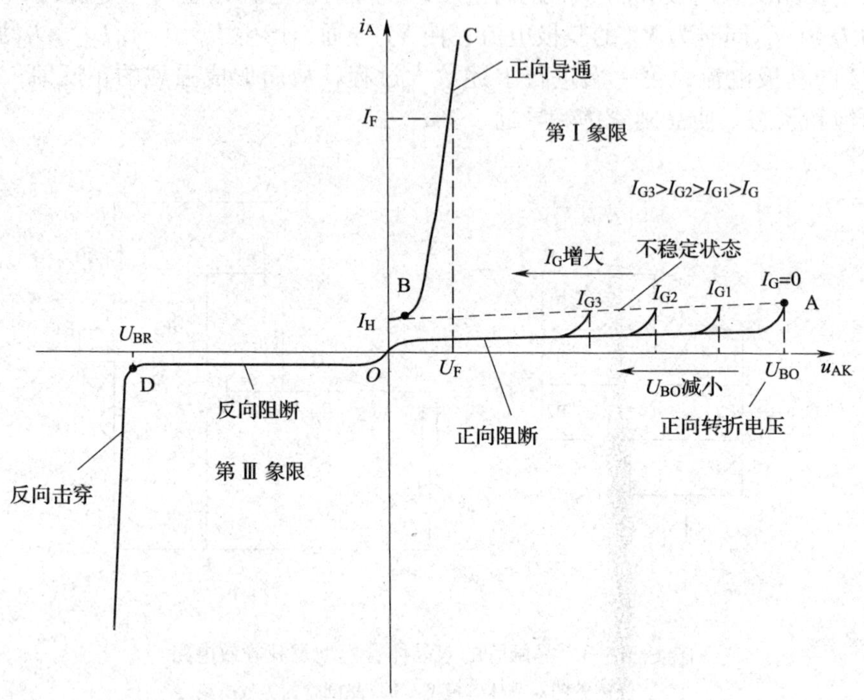

图 1—1—4　晶闸管的伏安特性

下面分别讨论其正向特性和反向特性。

1）正向特性—第Ⅰ象限

正向阻断状态——若门极不加信号，即 $I_G=0$ 时，阳极加正向电压 U_{AK}，晶闸管呈现很大电阻，处于正向阻断状态，如图 1—1—4 中 OA 段所示。

负阻状态——当正向阳极电压进一步增加到某一值后，J2 结发生击穿，正向导通电压迅速下降，出现了负阻特性，如图 1—1—4 中曲线 AB 段所示，此时的正向阳极电压称为正向转折电压，用 U_{BO}表示。这种不是由门极控制的导通称为误导通，晶闸管使用中应避免误导通产生。在晶闸管阳极与阴极之间加上正向电压的同时，门极所加正向触发电流 I_G 越大，晶闸管由阻断状态转为导通所需的正向转折电压就越小，伏安特性曲线向左移。

触发导通状态——晶闸管导通后的正向特性如图 1—1—4 中 BC 段所示，与二极管的正向特性相似，即通过晶闸管的电流很大，电流具体大小由晶闸管所在电路的参数决定；此时晶闸管的导通压降却很小，为 1 V 左右。

2）反向特性—第Ⅲ象限

反向阻断状态——晶闸管加反向电压后，处于反向阻断状态，此时流过晶闸管的反向漏电流很小，如图 1—1—4 中 OD 段所示，与二极管的反向特性相似。

反向击穿状态——当反向电压增加到 U_{BR}时，PN 结被击穿，反向电流急剧增加，造成永久性损坏。

2. 晶闸管的门极伏安特性

晶闸管的门极伏安特性如图1—1—5所示。门极G与阴极K之间相当于一个二极管，其特性类似二极管的特性。

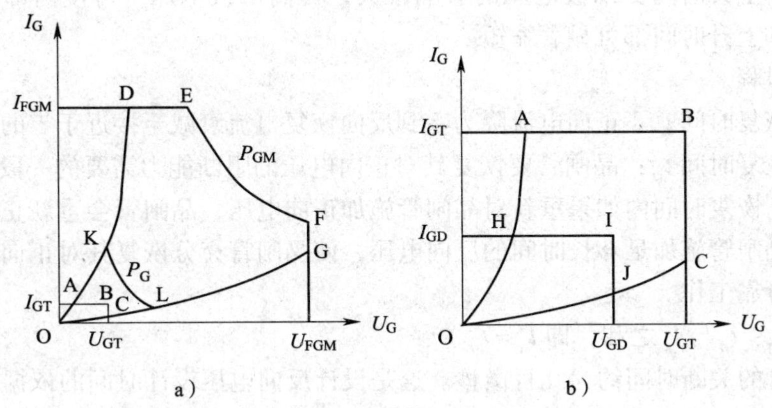

图1—1—5 晶闸管的门极伏安特性

a）门极伏安特性 b）门极伏安特性原点放大图

如图1—1—5a所示，由于同一型号的SCR门极特性的分散性较大，所以常用低阻特性OD和高阻特性OG划定门极特性的上下边界。其实质上类似两个内阻不同的二极管正向特性曲线。

（1）可靠触发区

晶闸管门极正向峰值电流 I_{FGM} 界定DE边界；正向峰值电压 U_{FGM} 界定FG边界；峰值功率 P_{GM} 界定EF边界。图1—1—5中ADEFGCBA为可靠触发区，应根据主电路的不同应用，正确选择合适的门极触发电压和触发电流。门极加上一定功率后，会引起门极附近发热，所以不宜过大地加入功率。设计时可以参考平均功率 P_G 曲线KL。

（2）不触发区及不可靠触发区

将原点附近的门极伏安特性进行放大，由不触发电流 I_{GD} 和不触发电压 U_{GD} 限定OHIJO为不触发区，为了防止误触发，应使干扰信号的幅值限制为不能超过此区范围，一般 $U_{GD}=0.2$ V。

U_{GT} 为门极触发电压，I_{GT} 为门极触发电流，HABCJIH为不可靠触发区，设计时不能采用。

实际使用中，为了提高抗干扰能力，一般在关断时，在GK上加1~3 V的反向偏压，一般为1 V。

触发脉冲的幅值和前沿陡度影响SCR的导通时间。前沿越陡，开通时间越短，有利于减小开通损耗。

3. 晶闸管的动态特性

（1）开通过程（特性图）

延迟时间 t_d：门极电流阶跃时刻开始，到阳极电流上升到稳态值的10%的时间。

上升时间 t_r：阳极电流从10%上升到稳态值的90%所需的时间。

开通时间 t_{gt}：以上两者之和，即

$$t_{gt}=t_d+t_r$$

普通晶闸管延迟时间为0.5～1.5 μs，上升时间为0.5～3 μs，这是设计触发脉冲的依据。

延迟时间和上升时间受阳极电压的影响很大，提高阳极电压，可使内部正反馈过程加速，延迟时间和上升时间都可显著缩短。

（2）关断过程

反向阻断恢复时间 t_{rr}：正向电流降为零到反向恢复电流衰减至接近于零的时间。

正向阻断恢复时间 t_{gr}：晶闸管要恢复其对正向电压的阻断能力需要的一段时间。

在正向阻断恢复时间内如果重新对晶闸管施加正向电压，晶闸管会重新正向导通。实际应用中，应对晶闸管施加足够长时间的反向电压，使晶闸管充分恢复其对正向电压的阻断能力，电路才能可靠工作。

关断时间 t_q：t_{rr}与 t_{gr}之和，即 $t_q=t_{rr}+t_{gr}$

普通晶闸管的关断时间约为几百微秒。这是设计反向电压设计时间的依据。

晶闸管的关断时间与下列因素有关：

关断前的正向电流越大，晶闸管储存载流子越多，关断时间就越长。

外加反向电压越高，反电流越大，或反向电流上升率越大，排除过剩载流子速率增加，关断时间可缩短。

再次施加正向电压及正向电压上升率越接近其极限值，关断时间增长越明显。

结温越高，载流子复合时间越长，关断时间也就越长。

三、选用晶闸管

1. 晶闸管的主要参数

在实际使用的过程中，往往要根据实际的工作条件进行晶闸管的合理选择，以达到满意的技术经济效果。正确地选择晶闸管主要包括两个方面：一是要根据实际情况确定所需晶闸管的额定值；二是要根据额定值确定晶闸管的型号。

晶闸管的各项额定参数在晶闸管生产后，由厂家经过严格测试而确定，作为使用者来说，只需要正确选择晶闸管即可。晶闸管的一些主要参数见表1—1—1。

表1—1—1　　晶闸管的主要参数

型号	通态平均电流（A）	通态峰值电压（V）	断态正反向重复峰值电流（mA）	断态正反向重复峰值电压（V）	门极触发电流（mA）	门极触发电压（V）	断态电压临界上升率（V/us）	推荐用散热器	安装力（kN）	冷却方式
KP5	5	≤2.2	≤8	100～2 000	<60	<3		SZ14		自然冷却
KP10	10	≤2.2	≤10	100～2 000	<100	<3	250～800	SZ15		自然冷却
KP20	20	≤2.2	≤10	100～2 000	<150	<3		SZ16		自然冷却
KP30	30	≤2.4	≤20	100～2 400	<200	<3	50～1 000	SZ16		强迫风冷　水冷
KP50	50	≤2.4	≤20	100～2 400	<250	<3		SL17		强迫风冷　水冷

续表

型号	通态平均电流(A)	通态峰值电压(V)	断态正反向重复峰值电流(mA)	断态正反向重复峰值电压(V)	门极触发电流(mA)	门极触发电压(V)	断态电压临界上升率(V/us)	推荐用散热器	安装力(kN)	冷却方式
KP100	100	≤2.6	≤40	100～3 000	<250	<3.5		SL17		强迫风冷　水冷
KP200	200	≤2.6	≤0	100～3 000	<350	<3.5		L18	11	强迫风冷　水冷
KP300	300	≤2.6	≤50	100～3 000	<350	<3.5		L18B	15	强迫风冷　水冷
KP500	500	≤2.6	≤60	100～3 000	<350	<4	100～1 000	SF15	19	强迫风冷　水冷
KP800	800	≤2.6	≤80	100～3 000	<350	<4		SF16	24	强迫风冷　水冷
KP1000	1 000			100～3 000				SF13		
KP1500	1 000	≤2.6	≤80	100～3 000	<350	<4		SF16	30	强迫风冷　水冷
KP2000								SS13		
	1 500	≤2.6	≤80	100～3 000	<350	<4		SS14	43	强迫风冷　水冷
	2 000	≤2.6	≤80	100～3 000	<350	<4		SS14	50	强迫风冷　水冷

(1) 晶闸管的电压定额

1) 断态重复峰值电压 U_{DRM}

在晶闸管的阳极伏安特性中，当门极断开，晶闸管处在额定结温时，允许重复加在管子上的正向峰值电压为晶闸管的断态重复峰值电压，用 U_{DRM} 表示。它是由伏安特性中的正向转折电压 U_{BO} 减去一定裕量，成为晶闸管的断态不重复峰值电压 U_{DSM}，然后再乘以90%而得到的。至于断态不重复峰值电压 U_{DSM} 与正向转折电压 U_{BO} 的差值，则由生产厂家自定。需要说明的是，晶闸管正向工作时有两种工作状态：阻断状态（简称断态）和导通状态（简称通态）。参数中提到的断态和通态是正向的，因此，“正向”两字可以省去。

2) 反向重复峰值电压 U_{RRM}

相似地，当门极断开，晶闸管处在额定结温时，允许重复加在管子上的反向峰值电压为反向重复峰值电压，用 U_{RRM} 表示。它是由伏安特性中的反向击穿电压 U_{RO} 减去一定裕量，成为晶闸管的反向不重复峰值电压 U_{RSM}，然后再乘以90%而得到的。至于反向不重复峰值电压 U_{RSM} 与反向转折电压 U_{RO} 的差值，则由生产厂家自定。一般晶闸管若承受反向电压，则一定是阻断的。因此参数中“阻断”两字可省去。

3) 额定电压 U_{Tn}

将 U_{DRM} 和 U_{RRM} 中的较小值按百位取整后作为该晶闸管的额定值。例如，一晶闸管实测 $U_{DRM}=812$ V，$U_{RRM}=756$ V，将两者较小的756 V按表1—1—2取整得700 V，该晶闸管的额定电压为700 V。

在晶闸管的铭牌上，额定电压是以电压等级的形式给出的，通常标准电压等级规定为：电压在1 000 V以下，每100 V为一级；1 000～3 000 V，每200 V为一级，用百位数或千位和百位数表示级数。晶闸管标准电压等级见表1—1—2。

表 1—1—2　　晶闸管标准电压等级

级别	正反向重复峰值电压（V）	级别	正反向重复峰值电压（V）	级别	正反向重复峰值电压（V）
1	100	8	800	20	2 000
2	200	9	900	22	2 200
3	300	10	1 000	24	2 400
4	400	12	1 200	26	2 600
5	500	14	1 400	28	2 800
6	600	16	1 600	30	3 000
7	700	18	1 800		

在使用过程中，环境温度的变化、散热条件以及出现的各种过电压都会对晶闸管产生影响，因此在选择晶闸管时，应使晶闸管的额定电压为实际工作时可能承受的最大电压的 2 ~ 3 倍，即：

$$U_{Tn} \geqslant (2 \sim 3)\ U_{TM}$$

4）通态平均电压 U_T（AV）

在规定环境温度、标准散热条件下，元件通以额定电流时，阳极和阴极间电压降的平均值称为态平均电压（一般称为管压降），其数值按表 1—1—3 分组。从减小损耗和元件发热来看，应选择 U_T（AV）较小的管子。实际当晶闸管流过较大的恒定直流电流时，其通态平均电压比元件出厂时定义的值要大，约为 1.5 V。

表 1—1—3　　晶闸管通态平均电压分组

组别	A	B	C	D	E
通态平均电压（V）	$U_T \leqslant 0.4$	$0.4 < U_T \leqslant 0.5$	$0.5 < U_T \leqslant 0.6$	$0.6 < U_T \leqslant 0.7$	$0.7 < U_T \leqslant 0.8$
组别	F	G	H	I	
通态平均电压（V）	$0.8 < U_T \leqslant 0.9$	$0.9 < U_T \leqslant 1.0$	$1.0 < U_T \leqslant 1.1$	$1.1 < U_T \leqslant 1.2$	

（2）晶闸管的电流定额

1）额定电流 $I_{T(AV)}$

由于整流设备的输出端所接负载常用平均电流来表示，晶闸管额定电流的标定与其他电气设备不同，采用的是平均电流，而不是有效值，又称为通态平均电流。所谓通态平均电流是指在环境温度为 40℃和规定的冷却条件下，晶闸管在导通角不小于 170°的电阻性负载电路中，不超过额定结温且稳定时，所允许通过的工频正弦半波电流的平均值。将该电流按晶闸管标准电流系列取值，称为晶闸管的额定电流。

但是决定晶闸管结温的是管子损耗的发热效应，而表征热效应的电流是以有效值表示的，其两者的关系为：

$$I_{Tn} = 1.57 I_{T(AV)}$$

如额定电流为 100 A 的晶闸管，其允许通过的电流有效值为 157 A。

由于电路不同、负载不同、导通角不同，流过晶闸管的电流波形不一样，从而它的电流平均值和有效值的关系也不一样，晶闸管在实际选择时，其额定电流的确定一般按以下原则：晶闸管在额定电流时的电流有效值大于其所在电路中可能流过的最大电流的有效值，同时取1.5～2倍的余量，即：

$$1.57I_{T(AV)}=I_T\geqslant(1.5\sim2)\ I_{TM}$$

所以：
$$I_{T(AV)}\geqslant(1.5\sim2)\ \frac{I_{TM}}{1.57}$$

【例1—1—1】 一晶闸管接在220 V交流电路中，通过晶闸管电流的有效值为50 A，问，如何选择晶闸管的额定电压和额定电流？

解：（1）晶闸管额定电压

$$U_{Tn}\geqslant(2\sim3)\ U_{TM}=(2\sim3)\ \sqrt{2}\times220=622\sim933\ \text{V}$$

按晶闸管参数系列取800 V，即8级。

（2）晶闸管的额定电流

$$U_{T(AV)}\geqslant(1.5\sim2)\ \frac{I_{TM}}{1.57}=(1.5\sim2)\ \times\frac{50}{1.57}=48\sim64\ \text{A}$$

按晶闸管参数系列取50 A。

2）维持电流 I_H

在室温下门极断开时，元件从较大的通态电流降到刚好能保持导通的最小阳极电流称为维持电流 I_H。维持电流与元件容量、结温等因素有关，额定电流大的晶闸管维持电流也大，同一晶闸管结温低时维持电流大，而维持电流大的晶闸管容易关断。同一型号的晶闸管其维持电流也各不相同。

3）擎住电流 I_L

给晶闸管加上触发电压，当元件从阻断状态刚转为导通状态时就去除触发电压，此时，要保持元件持续导通所需要的最小阳极电流称为擎住电流 I_L。对同一个晶闸管来说，通常擎住电流比维持电流大数倍。

4）断态重复峰值电流 I_{DRM} 和反向重复峰值电流 I_{RRM}

I_{DRM} 和 I_{RRM} 分别是对应于晶闸管承受断态重复峰值电压 U_{DRM} 和反向重复峰值电压 U_{RRM} 时的峰值电流。

5）浪涌电流 I_{TSM}

I_{TSM} 是一种由于电路异常情况（如故障）引起的使结温超过额定结温的不重复性最大正向过载电流，用峰值表示。浪涌电流有上、下两个级，这些不重复电流定额用来设计保护电路。

（3）门极参数

1）门极触发电流 I_{gT}

室温下，在晶闸管的阳极—阴极间加上6 V的正向阳极电压，管子由断态转为通态所必需的最小门极电流称为门极触发电流 I_{gT}。

2）门极触发电压 U_{gT}

产生门极触发电流 I_{gT} 所必需的最小门极电压，称为门极触发电压 U_{gT}。

为了保证晶闸管的可靠导通，实际采用的触发电流比规定的触发电流大。

(4) 动态参数

1) 断态电压临界上升率 du/dt

du/dt 是在额定结温和门极开路的情况下，不导致从断态到通态转换的最大阳极电压上升率。实际使用时的电压上升率必须低于此规定值。

限制元件正向电压上升率的原因是：在正向阻断状态下，反偏的 J2 结相当于一个结电容，如果阳极电压突然增大，便会有一充电电流流过 J2 结，相当于有触发电流。若 du/dt 过大，即充电电流过大，就会造成晶闸管的误导通。所以在使用时，应采取保护措施，使它不超过规定值。

2) 通态电流临界上升率 di/dt

di/dt 是在规定条件下，晶闸管能承受而无有害影响的最大通态电流上升率。

如果阳极电流上升太快，则晶闸管刚一开通，就会有很大的电流集中在门极附近的小区域内，造成 J2 结局部过热而使晶闸管损坏。因此，在实际使用时要采取保护措施，使其被限制在允许值内。

2. 晶闸管的型号

根据国家的有关规定，普通晶闸管的型号及含义如下：

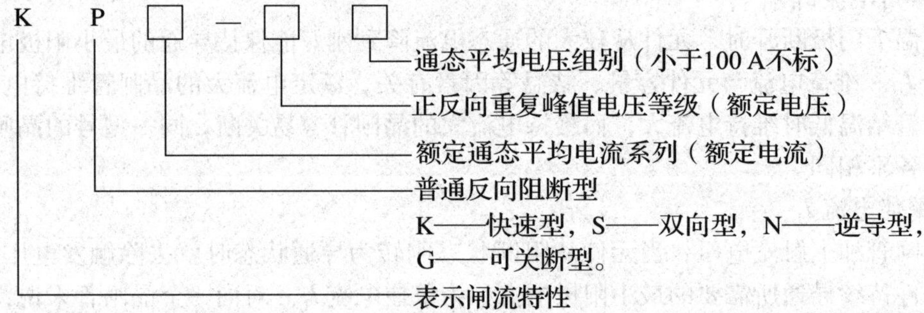

【例 1—1—2】 已知某单相半波可控整流调光电路中的晶闸管接在 220 V 交流电路中，通过晶闸管的电流有效值为 0. 128 A，且电路中无储能元器件，试确定该电路中晶闸管的型号。

解：

第一步：单相半波可控整流调光电路中的晶闸管可能承受的最大电压

$$U_{TM}=\sqrt{2}u_2=\sqrt{2}\times 220\approx 311\ \text{V}$$

第二步：考虑 2 ~3 倍的余量

$$(2\sim3)\ U_{TM}=(2\sim3)\ \times 311=622\sim933\ \text{V}$$

第三步：确定所需晶闸管的额定电压等级

因为电路中无储能元器件，因此选择电压等级为 7 的晶闸管就可以满足正常工作的需要。

第四步：考虑 1. 5 ~2 倍的余量

$$(1.5\sim2)\ I_{Tm}=(1.5\sim2)\ \times 0.128\approx 0.192\sim0.256\ \text{A}$$

第五步：确定晶闸管的额定电流 $I_{T(AV)}$

$$I_{T(AV)} \geqslant 0.163\ \text{A}$$

因为电路无储能元器件，因此选择额定电流为 1 A 的晶闸管就可以满足正常工作的需要。

由以上分析可以确定晶闸管应选用的型号为：KP1－7。

任务实施

一、任务准备

实施本任务所需要的实训设备及工具材料见表 1—1—4。

表 1—1—4　　实训设备及工具材料

序号	分类	名称	型号规格	数量	单位	备注
1	工具	电工常用工具		1	套	
2	仪表	指针式万用表	MF47 型	1	块	
3		数字式万用表	UT61D 型	1	块	
4	设备器材	平板型晶闸管	凹型、凸型	2	种	
5		螺栓型晶闸管	金属封装、陶瓷封装	2	种	
6		塑封晶闸管	直插式、贴片式	2	类	
7		晶闸管	模块式封装	1	块	
8		塑封晶闸管	小功率	1	个	完好
9		塑封晶闸管	小功率	1	个	损坏
10		螺栓型晶闸管	中、小功率	1	个	完好
11		螺栓型晶闸管	中、小功率	1	个	损坏
12		散热片		若干	个	
13	耗材	导线		若干	根	

二、认识晶闸管的外形

晶闸管的外形主要有螺栓型、平板型、塑封和模块式封装 4 种，如图 1—1—6 所示。螺栓型一般有两种：金属封装和陶瓷封装，金属封装一般用在中大功率晶闸管中，陶瓷封装主要用在中小功率晶闸管中。平板型有凹型和凸型两种，主要用在大中功率晶闸管中。塑封晶闸管有直插式和贴片式两种，其中直插式又分为带散热片型和不带散热片型两类，其主要应用在小功率晶闸管中。模块式封装一般是将多个晶闸管集成在一起，部分模块式封装也将检测、保护等电路集成在一个模块中，其容量一般较小，但随着技术的发展，其容量在不断提升。对于每个晶闸管，其外形都有严格的国家标准，通过查阅各类型晶闸管的数据手册，即可了解其封装形式及详细规格尺寸。

晶闸管在工作时由于管耗会产生热量，一般大中容量的晶闸管必须采取适当方法进行冷却，常用的冷却方法有自然冷却（散热片）、风冷（风扇）、水冷 3 种。

螺栓型晶闸管是将螺栓（阳极）一端拧在散热器上进行散热，一般采用散热片进行自然冷却，或采用风扇进行风冷。平板型晶闸管一般是夹在散热器中间，如果功率比较大，可以采用水冷的方式。晶闸管冷却装置如图 1—1—7 所示。

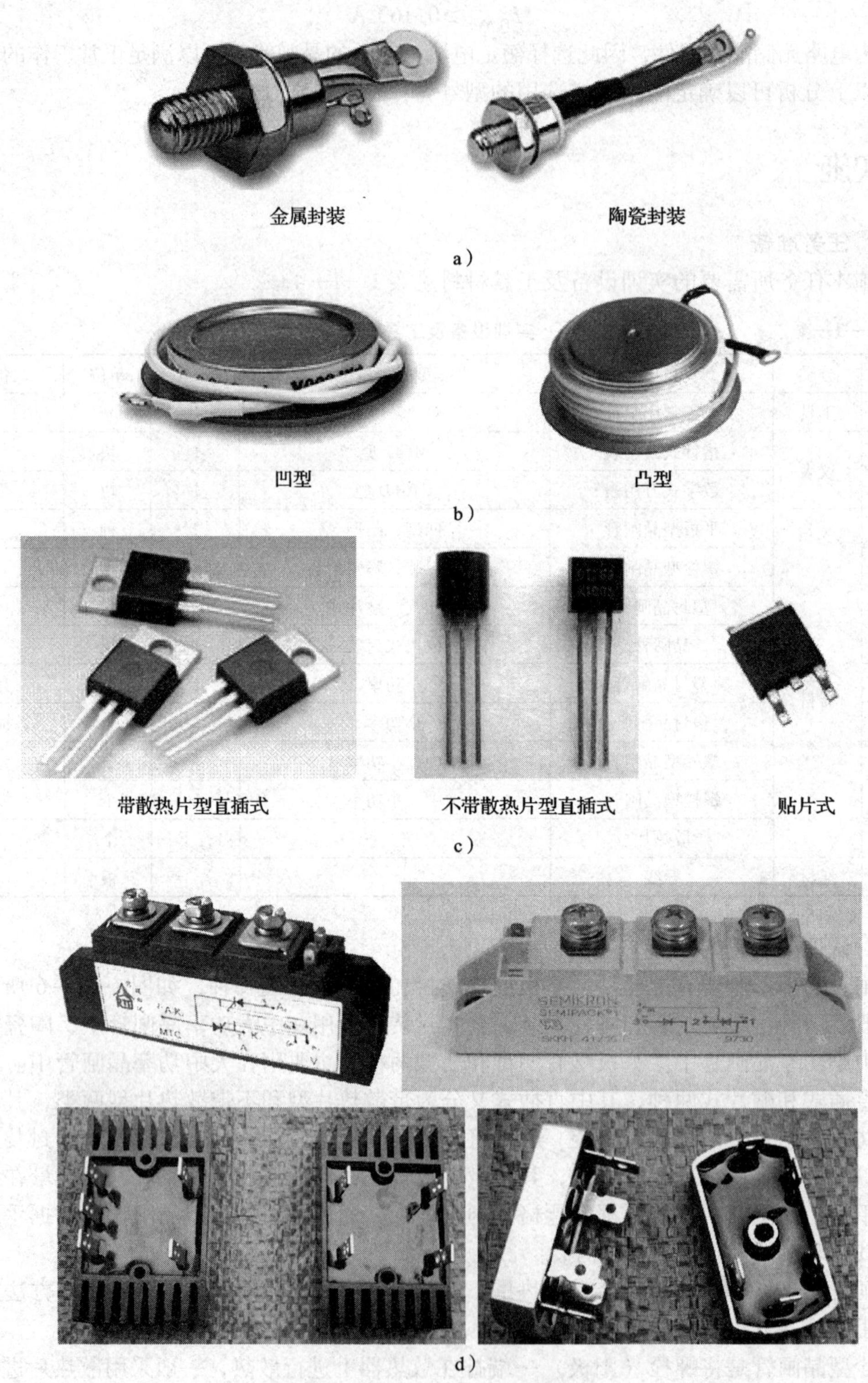

图1—1—6　晶闸管的外形封装

a）螺栓型　b）平板型　c）塑封　d）模块化封装

螺栓型安装在散热片上

平板型夹在散热片中间

a）

b）

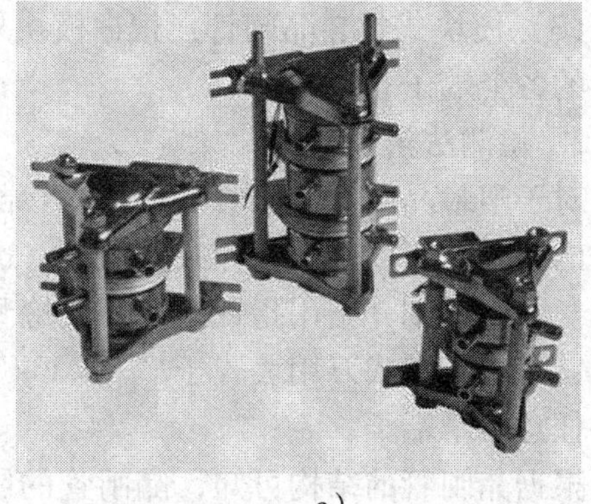
c）

图 1—1—7 晶闸管冷却装置

a）自然冷却（散热片） b）风冷 c）水冷

三、辨别晶闸管的极性

通常可以采用直观法和检测法辨别晶闸管的三个极：阳极、阴极和门极。

1. 直观法辨别

对于螺栓型、平板型和模块式封装晶闸管，根据其不同的外形封装，可以直接通过外观或标注来辨别出它的三个端子，方法如下。

(1) 螺栓型晶闸管：螺栓是晶闸管的阳极 A，粗辫子线或粗长端是晶闸管的阴极 K，细辫子线或细短端是门极 G，如图 1—1—8 所示。

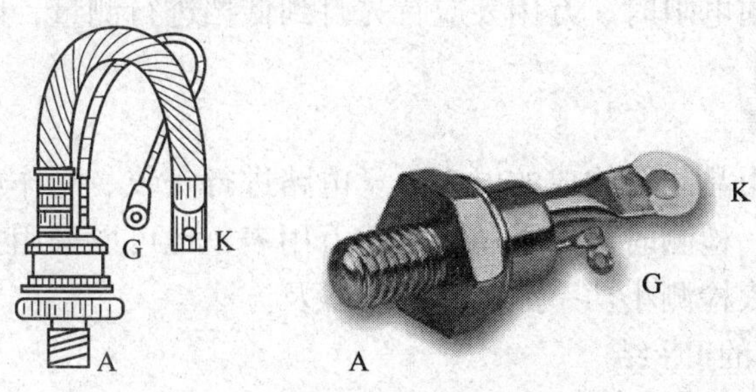

图 1—1—8 螺栓型晶闸管极性的判别

（2）平板型晶闸管：两个平面分别是阳极和阴极，其中带有凹凸面的那面是阴极 K，另一面是阳极 A，细辫子线则是门极 G，如图 1—1—9 所示。

图 1—1—9　平板型晶闸管极性的判别

（3）模块式封装晶闸管：根据模块外壳铭牌上图示的标注，可以在模块对应位置找出晶闸管的各个端子。

2. 检测法辨别

对于塑封晶闸管，主要是根据 PN 结的原理，利用万用表测量三个极之间的电阻值实现极性的判别。可以采用指针式万用表，也可以采用数字式万用表进行检测，其基本方法是一样的。下面详细介绍用指针式万用表检测的操作过程。

首先将指针式万用表置于“$R\times1$ k”或“$R\times100$”挡，用万用表的红黑表笔测量晶闸管的任意两个端子。

根据晶闸管的结构可知，晶闸管的阳极与阴极之间的正向和反向电阻在几百千欧以上，阳极和控制极之间的正向和反向电阻也在几百千欧以上（它们之间有两个 PN 结，而且方向相反，因此阳极和控制极正反向都不通）。如将万用表的两个表笔接到阳极和阴极之间或者阳极和控制极之间，万用表的指针基本不发生偏转，阻值很大；如将两个表笔交换位置，万用表指针还是基本不发生偏转。

如果用万用表测得其中两个电极的正向电阻较小，而交换表笔后测得反向电阻很大，那么以阻值较小的一次为准，黑表笔所接的就是门极 G，而红表笔所接的就是阴极 K，剩下的管脚便是阳极 A。这是因为晶闸管的控制极与阴极之间是一个 PN 结，因此它的正向电阻在几欧到几百欧，而反向电阻比正向电阻要大。

在检测时需要注意的是，由于晶闸管控制极和阴极之间的二极管特性是不太理想的，反向不是完全呈阻断状态，可以有比较大的电流通过，因此，有时测得控制极反向电阻也比较小。所以，在测量正反向电阻时，万用表应首先打到低挡进行测量，防止电压过高使得控制极反向击穿。

四、检测晶闸管质量

在对调光灯电路等由晶闸管构成的电力电子电路进行安装、制作或检修时，都要首先对晶闸管的质量进行检测。检测时可以采用数字式万用表，也可以采用指针式万用表。这里主要介绍采用指针式万用表检测小功率晶闸管的步骤及方法。

1. 测量晶闸管内部的 PN 结

晶闸管内部有 3 个 PN 结，可以用万用表检测晶闸管的 3 个电极，粗测其好坏。依据 PN 结单向导电原理，把万用表置在 $R\times10$（或 $R\times1$）挡，测量元件门极和阴极之间的阻值，如图 1—1—10a 所示，再把万用表置在 $R\times1$ k（或 $R\times10$ k）挡，检测晶闸管阳极和门极之间的阻值，如图 1—1—10b 所示，可初步判断晶闸管内部 PN 结的好坏。

如检测阳极和门极之间的正、反向电阻都很大，在几百千欧以上，且正、反向电阻相差很小；门极和阴极之间的阻值，其正向电阻小于或接近反向电阻，则这样的晶闸管是好的。若测得元件门极与阴极反向短路，或门极与阴极正向断路，或阳极与门极短路，则说明元件已损坏。

在检测时需要注意的是，由于晶闸管门极和阴极之间的二极管特性不太理想，反向不是完全呈阻断状态的，可能有比较大的电流通过，因此，有时测得的门极反向电阻也比较小，这时并不能说明晶闸管特性不好。

2. 测量晶闸管的关断状态

在晶闸管阳极和阴极之间加反向电压时，晶闸管是不导通的；如果给晶闸管加正向电压，但不给门极和阴极加正向的控制电压，它也是不导通的。在这两种情况下，晶闸管阳极和阴极之间没有电流流过，属于关断状态。把指针式万用表置于 $R\times1$ k（或 $R\times10$ k）挡，黑表笔（内部电池的正极）接晶闸管的阳极 A，红表笔（内部电池的负极）接阴极 K，晶闸管处于正向阻断状态，万用表上显示的电阻应很大。将万用表两个表笔对换后，使晶闸管处于反向阻断状态，此时万用表上显示的电阻仍然应该很大，如图 1—1—10c 所示。如阳极和阴极之间阻值在几百千欧以上，且正、反向电阻相差很小，说明晶闸管是好的。否则，说明晶闸管损坏。

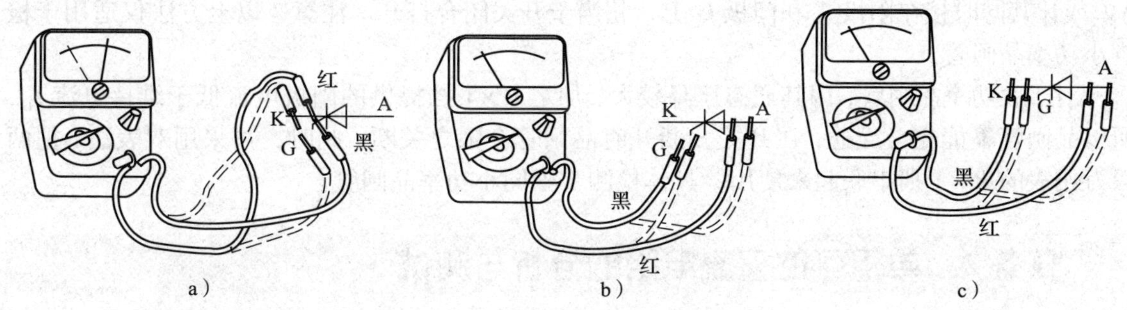

图 1—1—10 晶闸管的测量

用万用表 $R\times1$ k 挡分别测量 A—K、A—G 间正、反向电阻，G—K 间反向电阻；用 $R\times10\ \Omega$ 挡测量 G—K 间正向电阻，并记入表 1—1—5 中，依此可初步判别出晶闸管的好坏。

表 1—1—5 **测量晶闸管各极之间的阻值**

R_{AK}（kΩ）	R_{KA}（kΩ）	R_{AG}（kΩ）	R_{GA}（kΩ）	R_{GK}（kΩ）	R_{KG}（kΩ）	结论

3. 测量晶闸管的触发能力

检查小功率晶闸管触发能力的电路如图 1—1—11 所示。将万用表置于“$R\times1$”挡，测量分两步：

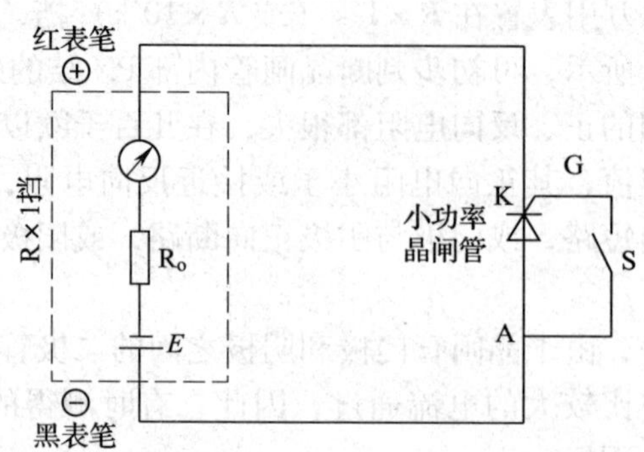

图 1—1—11　检查小功率晶闸管触发能力的电路

（1）黑表笔接晶闸管阳极 A，红表笔接阴极 K，指针应接近∞。当合上开关 S 时，表针应指向很小的阻值，为几欧到几十欧，表明单向晶闸管能触发导通。

（2）断开 S，表针基本保持不动，回不到∞，表明晶闸管是正常的（有些晶闸管因为维持电流较大，万用表的电流不足以维持它导通，当 S 断开后，表针会回到∞，也是正常的）。如果在 S 未合上时，阻值很小，或者在 S 合上时表针也不动，表明晶闸管质量太差或已击穿、断极。

图 1—1—11 中的开关可用一根导线代替，导线的一端固定在阳极上，另一端搭在控制极上时相当于开关闭合。也可以直接采用移动黑表笔的方法，通过移动黑表笔让其接在阳极 A，或让其同时接在阳极 A 和门极 G 上，相当于开关闭合打开。注意，以上方法仅适用于检查小功率晶闸管。

对于大功率晶闸管，因其通态压降较大，加之 $R\times1$ 挡提供的阳极电流低于维持电流 I_H，所以晶闸管不能完全导通，在开关 S 断开时晶闸管会随之关断。此时，可采用双表法，把两只万用表的 $R\times1$ 挡串联起来使用，具体检测步骤同小功率晶闸管。

任务 2　单相可控整流电路的分析与测试

学习目标

1. 掌握单相半波可控整流电路的结构、工作原理、计算、波形分析及测试方法。
2. 掌握单相全控桥式可控整流电路的结构、工作原理、计算、波形分析及测试方法。
3. 掌握单相半控桥式可控整流电路的结构、工作原理、计算、波形分析及测试方法。

任务描述

通常日常生活的供电电源是单相交流电，如果用电设备需要可调直流电，就需要由晶闸管构成单相可控整流电路，将单相交流电变为可调直流电。单相可控整流电路的电路结构有很多，比较常用的是单相半波可控整流电路、单相桥式整流电路（单相全控桥、单相半控桥）、单相双半波（全波）可控整流电路等。本任务的主要内容就是学习单相可控整流电路的基本知识和工作原理，并结合原理分析，通过示波器观察测试电路的波形。

相关知识

一、单相半波可控整流电路

1．电阻性负载

单相半波可控整流调光灯主电路实际上就是负载为阻性的单相半波可控整流电路，对电路的输出波形 u_d 和晶闸管两端电压 u_T 波形的分析在调试及修理过程中是非常重要的。一般分析是在假设主电路和触发电路均正常工作的前提条件下进行的。

如图 1—2—1 所示为单相半波可控整流电路，整流变压器（调光灯电路可直接由电网供电，不采用整流变压器）起变换电压和隔离的作用，其一次和二次电压瞬时值分别用 u_1 和 u_2 表示，二次电压 u_2 为 50 Hz 正弦波，其有效值为 u_2。当接通电源后，便可在负载两端得到脉动的直流电压，其输出电压的波形可以用示波器进行测量。

（1）工作原理

在分析电路工作原理之前，先介绍几个名词术语和概念。

控制角 α：控制角 α 也叫触发角或触发延迟角，是指晶闸管从承受正向电压开始到触发脉冲出现之间的电角度。

导通角 θ：导通角 θ 是指晶闸管在一个周期内处于导通的电角度。

移相：移相是指改变触发脉冲出现的时刻，即改变控制角 α 的大小。

移相范围：移相范围是指一个周期内触发脉冲的移动范围，它决定了输出电压的变化范围。

1）$\alpha=0°$时的波形分析

如图 1—2—2 所示是 $\alpha=0°$时实际电路中输出电压和晶闸管两端电压的理论波形。

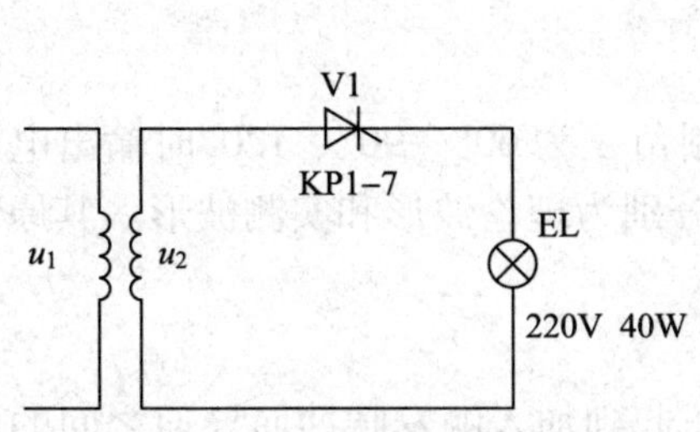

图 1—2—1 调光灯主电路（单相半波可控整流电路）

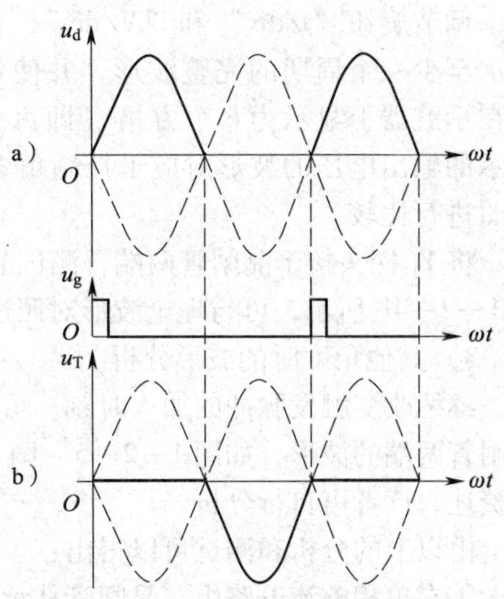

图 1—2—2 $\alpha=0°$时输出电压和晶闸管两端电压的理论波形

a）输出电压波形 b）晶闸管两端电压波形

图 1—2—2a 为 $\alpha=0°$时负载两端（输出电压）的理论波形。

从理论波形图中可以分析出，在电源电压 u_2 正半周区间内，在电源电压的过零点，即 $\alpha=0°$时刻加入触发脉冲触发晶闸管 VT 导通，负载上得到输出电压 u_d 的波形是与电源电压 u_2 相同形状的波形；当电源电压 u_2 过零时，晶闸管也同时关断，负载上得到的输出电压 u_d 为零；在电源电压 u_2 负半周内，晶闸管承受反向电压不能导通，直到第二周期 $\alpha=0°$触发电路再次施加触发脉冲时，晶闸管再次导通。

图 1—2—2b 为 $\alpha=0°$时晶闸管两端电压的理论波形图。在晶闸管导通期间，忽略晶闸管的管压降，$u_T=0$，在晶闸管截止期间，管子将承受全部反向电压。

2）$\alpha=30°$时的波形分析

改变晶闸管的触发时刻，即控制角 α 的大小，即可改变输出电压的波形。$\alpha=30°$时输出电压和晶闸管两端电压的理论波形如图 1—2—3 所示。图 1—2—3a 为 $\alpha=30°$的输出电压的理论波形。在 $\alpha=30°$时，晶闸管承受正向电压，此时加入触发脉冲晶闸管导通，负载上得到输出电压 u_d 的波形是与电源电压 u_2 相同形状的波形；同样，当电源电压 u_2 过零时，晶闸管也同时关断，负载上得到的输出电压 u_d 为零；在电源电压过零点到 $\alpha=30°$之间的区间上，虽然晶闸管已经承受正向电压，但由于没有触发脉冲，晶闸管依然处于截止状态。

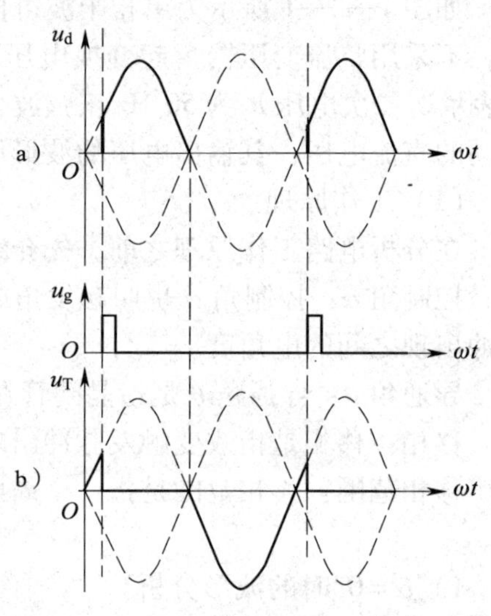

图 1—2—3　$\alpha=30°$时输出电压和晶闸管两端电压的理论波形

a）输出电压波形　b）晶闸管两端电压波形

图 1—2—3b 为 $\alpha=30°$时晶闸管两端的理论波形图。其原理与 $\alpha=0°$相同。

将示波器探头的测试端和接地端接于白炽灯两端，调节旋钮“t/div”和“V/div”，使示波器稳定显示至少一个周期的完整波形，并使每个周期的宽度在示波器上显示为 6 个方格（即每个方格对应的电角度为 60°），调节电路，使示波器显示的输出电压的波形对应于控制角 α 的角度为 30°，如图 1—2—4a 所示，可与理论波形对照进行比较。

将 Y_1 探头接于晶闸管两端，测试晶闸管在控制角 α 的角度为 30°时两端电压的波形，如图 1—2—4b 所示，可与理论波形对照进行比较。

3）其他角度时的波形分析

继续改变触发脉冲的加入时刻，可以分别得到控制角 α 为 60°、90°、120°时输出电压和晶闸管两端的波形，如图 1—2—5 ~ 图 1—2—10 所示分别为理论波形和实测波形。其原理不再赘述，读者可自行分析。

由以上的分析和测试可以得出：

①在单相整流电路中，晶闸管从承受正向阳极电压起到加入触发脉冲而导通之间的电角度 α 称为控制角。晶闸管在一个周期内导通时间对应的电角度用 θ 表示，称为导通角，且 $\theta=\pi-\alpha$。

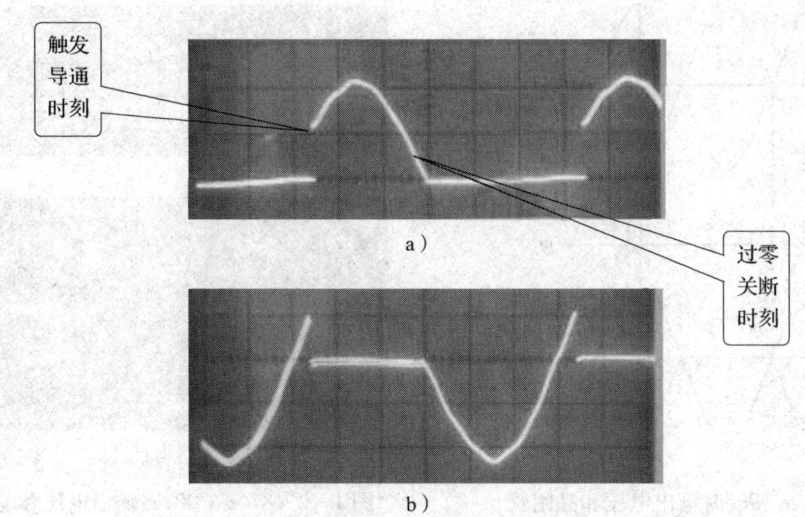

图1—2—4　$\alpha=30°$时输出电压和晶闸管两端电压的实测波形

a）输出电压波形　b）晶闸管两端电压波形

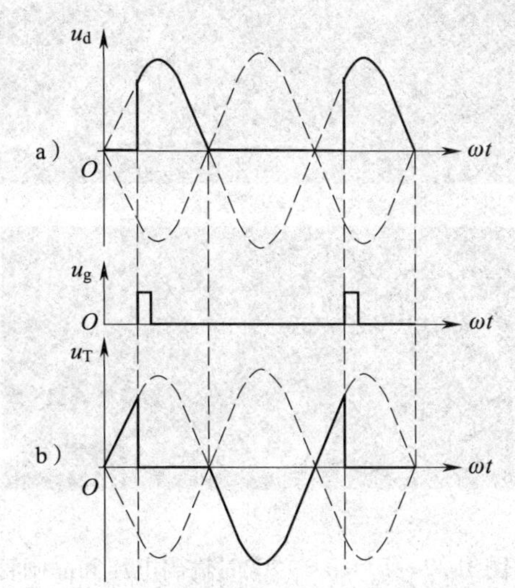

图1—2—5　$\alpha=60°$时输出电压和晶闸管两端电压的理论波形

a）输出电压波形　b）晶闸管两端电压波形

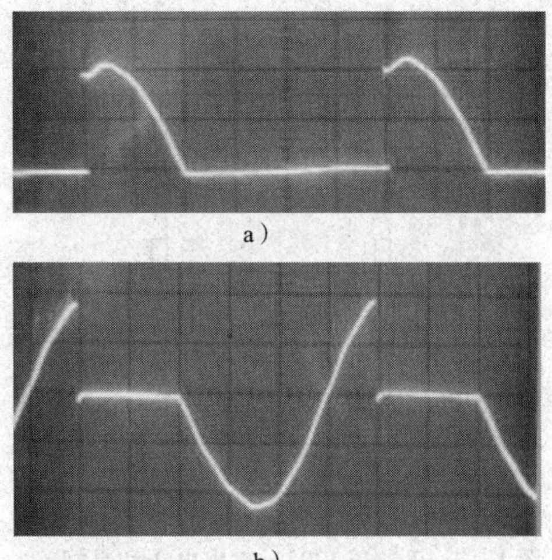

图1—2—6　$\alpha=60°$时输出电压和晶闸管两端电压的实测波形

a）输出电压波形　b）晶闸管两端电压波形

②在单相半波整流电路中，改变α的大小即改变触发脉冲在每周期内出现的时刻，则u_d和i_d的波形也随之改变，但是直流输出电压瞬时值u_d的极性不变，其波形只在u_2的正半周出现，这种通过对触发脉冲的控制来控制直流输出电压大小的控制方式称为相位控制方式，简称相控方式。

③理论上移相范围为0°～180°。在本课题中若要使移相范围达到0°～180°，则需要改进触发电路以扩大移相范围。

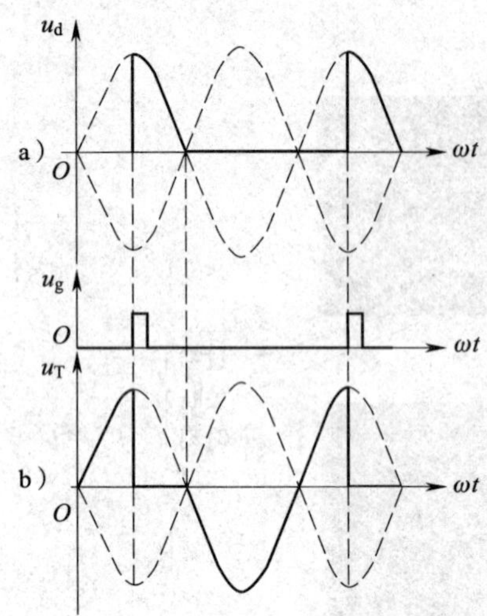

图 1—2—7　$\alpha=90°$时输出电压和晶闸管两端电压的理论波形

a）输出电压波形　b）晶闸管两端电压波形

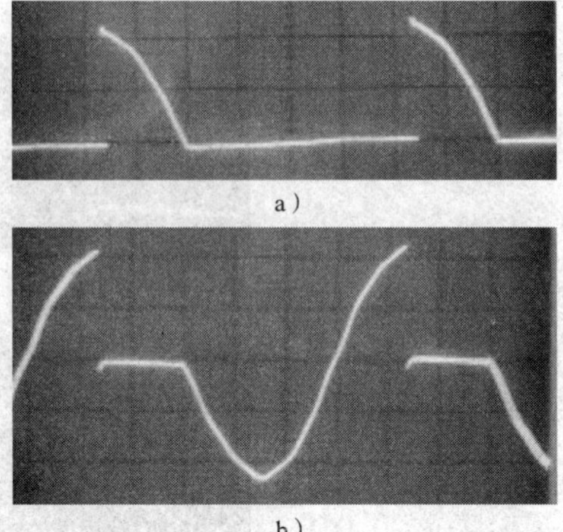

a）

b）

图 1—2—8　$\alpha=90°$时输出电压和晶闸管两端电压的实测波形

a）输出电压波形　b）晶闸管两端电压波形

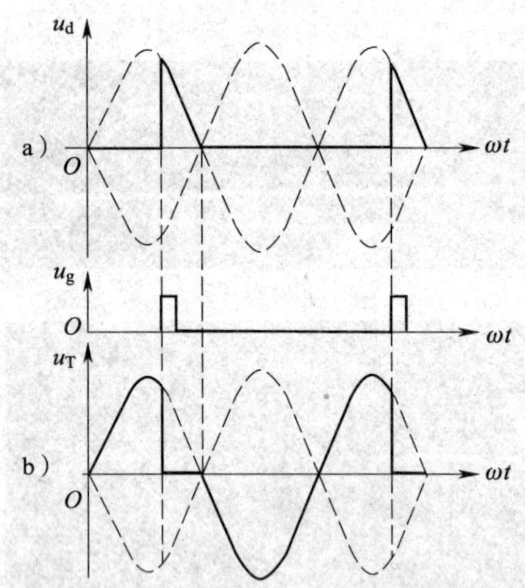

图 1—2—9　$\alpha=120°$时输出电压和晶闸管两端电压的理论波形

a）输出电压波形　b）晶闸管两端电压波形

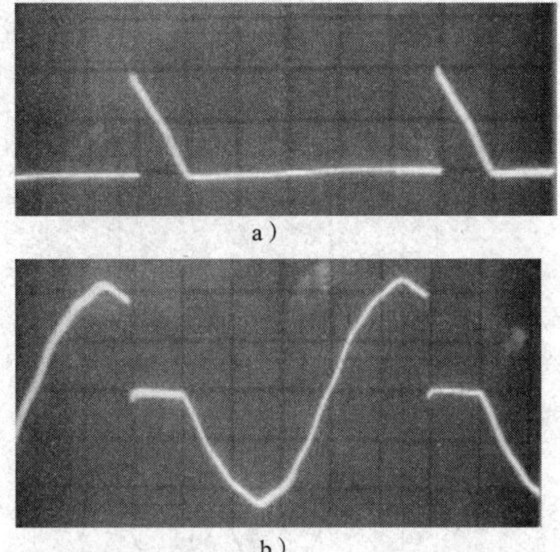

a）

b）

图 1—2—10　$\alpha=120°$时输出电压和晶闸管两端电压的实测波形

a）输出电压波形　b）晶闸管两端电压波形

（2）基本物理量的计算

1）输出电压平均值与平均电流的计算

$$u_d = \frac{1}{2\pi}\int_{\alpha}^{\pi}\sqrt{2}u_2\sin\omega t d(\omega t) = 0.45u_2\frac{1+\cos\alpha}{2}$$

$$I_d = \frac{u_d}{R_d} = 0.45\frac{u_2}{R_d}\frac{1+\cos\alpha}{2}$$

可见，输出直流电压平均值 u_d 与整流变压器二次侧交流电压 u_2 和控制角 α 有关。当 u_2 给定后，u_d 仅与 α 有关，当 $\alpha=0°$时，$U_{d0}=0.45\ u_2$，为最大输出直流平均电压。当 $\alpha=180°$

时，$u_d=0$。只要控制触发脉冲送出的时刻，u_d就可以在0~0.45 u_2之间连续可调。

2）负载上电压有效值与电流有效值的计算

根据有效值的定义，U应是u_d波形的均方根值，即：

$$U=\sqrt{\frac{1}{2\pi}\int_{\alpha}^{\pi}(\sqrt{2}u_2\sin\omega t)^2d(\omega t)}=u_2\sqrt{\frac{\pi-\alpha}{2\pi}+\frac{\sin2\alpha}{4\pi}}$$

负载电流有效值为：

$$I=\frac{u_2}{R_d}=\sqrt{\frac{\pi-\alpha}{2\pi}+\frac{\sin2\alpha}{4\pi}}$$

3）晶闸管电流有效值I_T与晶闸管两端可能承受的最大电压的计算

在单相半波可控整流电路中，晶闸管与负载串联，所以负载电流的有效值也就是流过晶闸管电流的有效值，其关系如下：

$$I_T=I=\frac{u_2}{R_d}\sqrt{\frac{\pi-\alpha}{2\pi}+\frac{\sin2\alpha}{4\pi}}$$

由u_T波形可知，晶闸管可能承受的正反向峰值电压为：

$$U_{TM}=\sqrt{2}u_2$$

4）功率因数$\cos\varphi$的计算

$$\cos\varphi=\frac{P}{S}=\frac{UI}{u_2I}=\sqrt{\frac{\pi-\alpha}{2\pi}+\frac{\sin2\alpha}{4\pi}}$$

【例1—2—1】 某单相半波可控整流电路，带阻性负载，电源电压u_2为220 V，要求直流输出电压为50 V，直流输出平均电流为20 A，试计算：

（1）晶闸管的控制角α；

（2）输出电流有效值；

（3）电路功率因数；

（4）晶闸管的额定电压和额定电流，并选择晶闸管的型号。

解：

（1）由$u_d=0.45u_2\frac{1+\cos\alpha}{2}$计算输出电压为50 V时的晶闸管控制角$\alpha$

$$\cos\alpha=\frac{2\times50}{0.45\times220}-1\approx0$$

求得$\alpha=90°$

（2）$R_d=\frac{u_d}{I_d}=\frac{50}{20}=2.5\ \Omega$

当$\alpha=90°$时，$I=\frac{u_2}{R_d}\sqrt{\frac{\pi-\alpha}{2\pi}+\frac{\sin2\alpha}{4\pi}}=44$ A

（3）$\cos\varphi=\frac{P}{S}=\frac{UI}{u_2I}=\sqrt{\frac{\pi-\alpha}{2\pi}+\frac{\sin2\alpha}{4\pi}}=0.5$

（4）根据额定电流有效值I_T大于等于实际电流有效值I的原则，即$I_T\geq I$，则$I_{T(AV)}\geq(1.5\sim2)\frac{I_T}{1.57}$，晶闸管的额定电流为$I_{T(AV)}\geq42\sim56$ A。

按电流等级可取额定电流 50 A。

晶闸管的额定电压为 U_{Tn} =（2 ~ 3）U_{TM} =（2 ~ 3）$\sqrt{2}\times 220 = 622 \sim 933$ V。

按电压等级可取额定电压 700 V，即 7 级。

选择晶闸管型号为：KP50 − 7。

2. 电感性负载

直流负载的感抗 ωL_d 和电阻 R_d 的大小相比不可忽略时，这种负载称为电感性负载。属于此类负载的有工业上电机的励磁线圈、输出串接电抗器的负载等。电感性负载与电阻性负载时有很大不同。为了便于分析，在电路中把电感 L_d 与电阻 R_d 分开，如图 1—2—11 所示。

电感线圈是储能元件，当电流 i_d 流过线圈时，该线圈就储存有磁场能量，i_d 越大，线圈储存的磁场能量也越大，当 i_d 减小时，电感线圈就要将所储存的磁场能量释放出来，试图维持原有的电流方向和电流大小。电感本身是不消耗能量的。众所周知，能量的存放是不能突变的，可见当流过电感线圈的电流增大时，L_d 两端就要产生感应电动势，即 $u_L = L_d\dfrac{di_d}{dt}$，其方向应阻止 i_d 的增大，如图 1—2—11a 所示。反之，i_d 要减小时，L_d 两端感应电动势的方向应阻碍 i_d 的减小，如图 1—2—1b 所示。

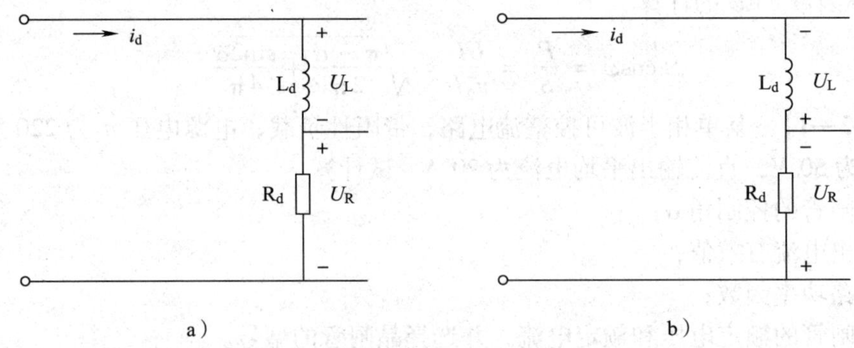

图 1—2—11　电感线圈对电流变化的阻碍作用

a）电流 i_d 增大时 L_d 两端感应电动势方向　b）电流 i_d 减小时 L_d 两端感应电动势方向

（1）无续流二极管时

如图 1—2—12 所示为电感性负载无续流二极管某一控制角 α 时输出电压、电流的理论波形。

由图 1—2—12 可以看出：

1）在 0 ~ α 期间：晶闸管阳极电压大于零，此时晶闸管门极没有触发信号，晶闸管处于正向阻断状态，输出电压和电流都等于零。

2）在 α 时刻：门极加上触发信号，晶闸管被触发导通，电源电压 u_2 施加在负载上，输出电压 $u_d = u_2$。由于电感的存在，在 u_d 的作用下，负载电流 i_d 只能从零按指数规律逐渐上升。

3）在 π 时刻：交流电压过零，由于电感的存在，流过晶闸管的阳极电流仍大于零，晶闸管会继续导通，此时电感储存的能量一部分释放变成电阻的热能，同时另一部分送回电网，电感的能量全部释放完后，晶闸管在电源电压 u_2 的反压作用下截止。直到下一个周期的正半周，即 $2\pi+\alpha$ 时刻，晶闸管再次被触发导通。

由以上分析可得结论：由于电感的存在，使得晶闸管的导通角增大，在电源电压由正到负的过零点也不会关断，使负载电压波形出现部分负值，其结果使输出电压平均值 u_d 减小。电感越大，维持导电时间越长，输出电压负值部分占的比例越大，u_d 减少越多。当电感 L_d 非常大时（满足 $\omega L_d \gg R_d$，通常 $\omega L_d > 10\ R_d$ 即可），对于不同的控制角 α，导通角 θ 将接近 $2\pi-2\alpha$，这时负载上得到的电压波形正负面积接近相等，平均电压 $u_d\approx 0$。可见，不管如何调节控制角 α，u_d 值总是很小，电流平均值 I_d 也很小，没有实用价值。

实际的单相半波可控整流电路在带有电感性负载时，都在负载两端并联有续流二极管。

（2）接续流二极管时

1）电路结构

为了使电源电压过零变负时能及时地关断晶闸管，使 u_d 波形不出现负值，又能给电感线圈 L_d 提供续流的旁路，可以在整流输出端并联二极管，如图1—2—13所示。该二极管是为电感负载在晶闸管关断时提供续流回路。

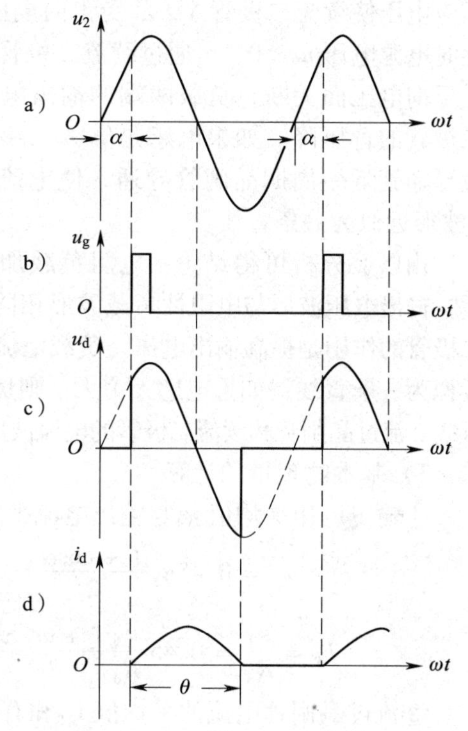

图1—2—12　单相半波电感性负载时输出电压及电流波形

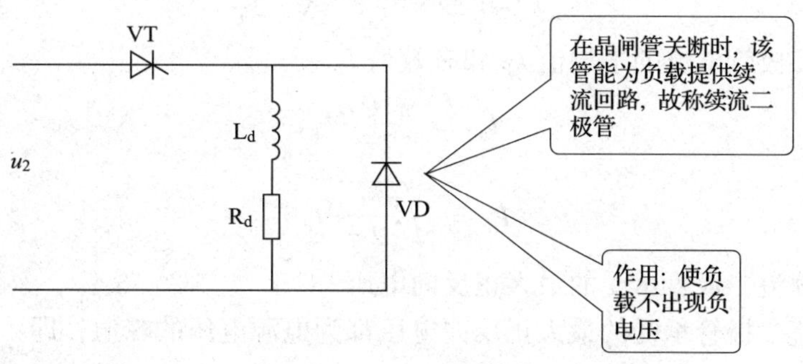

图1—2—13　电感性负载接续流二极管时的电路

2）工作原理

如图1—2—14所示为电感性负载接续流二极管某一控制角 α 时输出电压、电流的理论波形。

从图1—2—14可以看出：

①在电源电压正半周（$0\sim\pi$ 区间），晶闸管承受正向电压，触发脉冲在 α 时刻触发晶闸管导通，负载上有输出电压和电流。在此期间续流二极管VD承受反向电压而关断。

②在电源电压负半周（π~2π 区间），电感的感应电压使续流二极管 VD 承受正向电压导通续流，此时电源电压 $u_2<0$，u_2通过续流二极管使晶闸管承受反向电压而关断，负载两端的输出电压仅为续流二极管的管压降。如果电感足够大，续流二极管一直导通到下一周期晶闸管导通，使电流 i_d连续，且 i_d波形近似为一条直线。

由以上分析可得结论：电阻负载加续流二极管后，输出电压波形与电阻性负载波形相同，可见续流二极管的作用是提高输出电压。负载电流波形连续且近似为一条直线，如果电感无穷大，则负载电流为一直线。流过晶闸管和续流二极管的电流波形是矩形波。

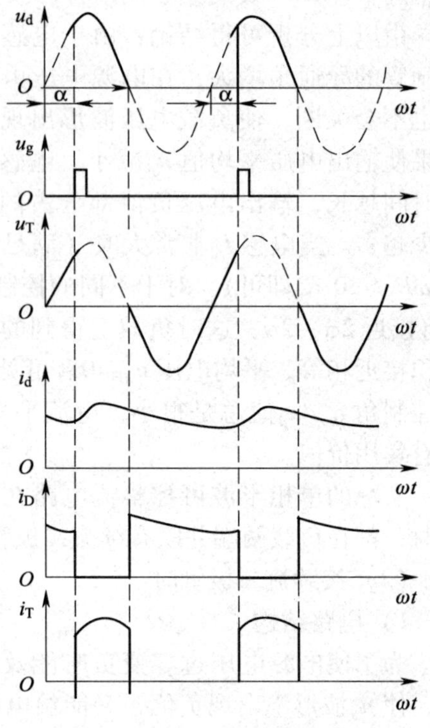

图 1—2—14　电感性负载接续流二极管时输出电压及电流波形

3）基本物理量的计算

①输出电压平均值 u_d与输出电流平均值 I_d

$$u_d = 0.45u_2\frac{1+\cos\alpha}{2}$$

$$I_d = \frac{u_d}{R_d} = 0.45\frac{u_2}{R_d}\frac{1+\cos\alpha}{2}$$

②流过晶闸管电流的平均值 I_{dT}和有效值 I_T

$$I_{dT} = \frac{\pi-\alpha}{2\pi}I_d$$

$$I_T = \sqrt{\frac{1}{2\pi}\int_{\alpha}^{\pi}I_d^2d(\omega t)} = \sqrt{\frac{\pi-\alpha}{2\pi}}I_d$$

③流过续流二极管电流的平均值 I_{dD}和有效值 I_D

$$I_{dD} = \frac{\pi+\alpha}{2\pi}I_d$$

$$I_D = \sqrt{\frac{\pi+\alpha}{2\pi}}I_d$$

④晶闸管和续流二极管承受的最大正反向电压

晶闸管和续流二极管承受的最大正反向电压都为电源电压的峰值，即：

$$U_{TM} = U_{DM} = \sqrt{2}u_2$$

二、单相桥式可控整流电路

由于单向半波可控整流电路输出电压只在半个周期内有波形，且容易造成铁芯直流磁化，所以，为了较好地满足负载的需要，在小容量的晶闸管整流装置中，较多使用单向桥式可控整流电路。

1．带电阻性负载的工作情况

（1）电路结构

单相全控桥带电阻性负载时的电路及波形如图 1—2—15 所示。

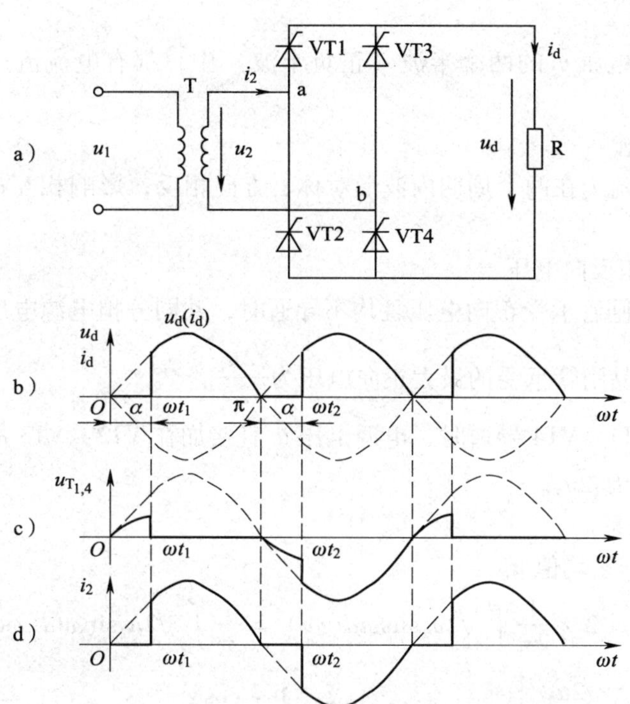

图 1—2—15　单相全控桥带电阻性负载时的电路及波形

晶闸管 VT1 和 VT4 组成一对桥臂，VT2 和 VT3 组成一对桥臂。在实际的电路中，一般都采用这种标注方法，即上面为 1、3，下面为 2、4。

（2）工作原理

u_2正半周：电源极性为 a“+”，b“-”。在 ωt_1 时刻，给 VT1、VT4 加触发脉冲。u_2负半周：电源极性为 a“-”，b“+”。在 ωt_2 时刻，给 VT2、VT3 加触发脉冲。

1）$0\sim\omega t_1$：即 u_2为正半周、未加触发脉冲之前，VT1 和 VT4 承受正向电压，但由于无触发脉冲而处于正向阻断状态，此时 VT1 和 VT4 共同承受电源电压，所以各分担 $u_2/2$ 的正向电压，即此时 $u_{T1,4}=u_2/2$ 。此时，VT2 和 VT3 承受反向电压截至，所以 $u_d=0$ ，$I_d=0$。

2）$\omega t_1\sim\pi$：即 u_2为正半周、加上触发脉冲之后，VT1 和 VT4 由于触发脉冲 u_g 的作用而导通，VT2 和 VT3 承受 u_2的反向电压阻断。电流流向：a→VT1→R→VT4→b 。忽略晶闸管压降，则此时 $u_{T1,4}=0$，$u_d=u_2$。

3）$\pi\sim\omega t_2$（$\pi+\omega t_1$）：u_2为负，VT2 和 VT3 无触发脉冲，处于正向阻断状态，VT2 和 VT3 分担 $u_2/2$ 的正向电压，VT1 和 VT4 承受反向电压而阻断，VT1 和 VT4 分担 $u_2/2$ 的反向电压，$u_d=0$。

4）ωt_2（$\pi+\omega t_1$）$\sim 2\pi$：u_2为负 ，VT2 和 VT3 由于触发脉冲 u_g的作用而导通，VT1 和 VT4 承受 u_2的反向电压阻断，电流流向：b→VT3→R→VT2→a。所以输出电流、电压方向保持不变 。忽略晶闸管压降，$u_d=u_2$。

所以，$0\sim\pi$：VT1、VT4 导通，$\pi\sim2\pi$：VT2、VT3 导通。2π 以后重复以上过程。

(3) 相关概念和特点

1) 全波

由于负载在电源电压 u_2的两个半波(正负半波)中,都有电流流过,所以属于全波整流。

2) 直流磁化问题

由于二次绕组电流 i_2在两个周期内波形对称、方向相反,影响相互抵消,所以不存在直流磁化问题。

3) 晶闸管承受正反向电压

正向电压:在晶闸管承受正向电压且均不导通时,共同分担电源电压 u_2,由于电源电压的峰值为$\sqrt{2}u_2$,所以晶闸管承受的最大正向电压为$\frac{\sqrt{2}u_2}{2}$。

反向电压:当 VT1、VT4 导通时,电源电压 u_2直接加在 VT2、VT3 的两端,所以晶闸管承受的最大反向电压为$\sqrt{2}u_2$。

(4) 基本数量关系

1) 直流输出电压平均值 u_d

$$u_d = 2 \times \frac{1}{2\pi}\int_{\alpha}^{\pi} \sqrt{2}u_2 \sin\omega t d(\omega t) = \frac{1}{\pi}\int_{\alpha}^{\pi} \sqrt{2}u_2 \sin\omega t d(\omega t)$$

$$= \frac{\sqrt{2}u_2}{\pi}(1 + \cos\alpha) = 0.9u_2 \frac{1 + \cos\alpha}{2}$$

可见,在同样的控制角 α 下,输出的平均电压 u_d是单相半波的两倍。

SCR 可控移相范围为 $0 \sim \pi$。

当 $\alpha = 0$ 时,u_d最大,$u_d = 0.9u_2$。

当 $\alpha = \pi$ 时,u_d最小,$u_d = 0$。

2) 直流输出电流平均值 I_d和 SCR 的平均电流 i_{dT}

$$I_d = \frac{u_d}{R} = 0.9\frac{u_2}{R}\frac{1 + \cos\alpha}{2}$$

由于 SCR 轮流导电,所以流过每个 SCR 的平均电流 i_{dT}只有负载上平均电流的一半。

$$I_{dT} = \frac{1}{2}I_d = 0.45\frac{u_2}{R}\frac{1 + \cos\alpha}{2}$$

3) 直流输出电流有效值 I,即为变压器二次侧绕组电流有效值 I_2

$$I = I_2 = \sqrt{2 \times \frac{1}{2\pi}\int_{\alpha}^{\pi}\left(\frac{\sqrt{2}u_2}{R}\sin\omega t\right)^2 d(\omega t)}$$

$$= \sqrt{\frac{1}{\pi}\int_{\alpha}^{\pi}\left(\frac{\sqrt{2}u_2}{R}\sin\omega t\right)^2 d(\omega t)} = \frac{u_2}{R}\sqrt{\frac{1}{2\pi}\sin 2\alpha + \frac{\pi - \alpha}{\pi}}$$

4) SCR 的有效电流 I_T

由于 SCR 轮流导电,所以 I_T为:

$$I_T = \sqrt{\frac{1}{2\pi}\int_{\alpha}^{\pi}\left(\frac{\sqrt{2}u_2}{R}\sin\omega t\right)^2 \mathrm{d}(\omega t)} = \frac{u_2}{\sqrt{2}R}\sqrt{\frac{1}{2\pi}\sin 2\alpha + \frac{\pi - \alpha}{\pi}}$$

2．带电感性负载的工作情况

为便于讨论，假设负载电感很大，电路已工作于稳态，输出电流 i_d 的平均值不变，即 i_d 波形连续且近似为一水平线。

（1）电路结构

单相全控桥带电感性质载时的电路及波形如图 1—2—16 所示。

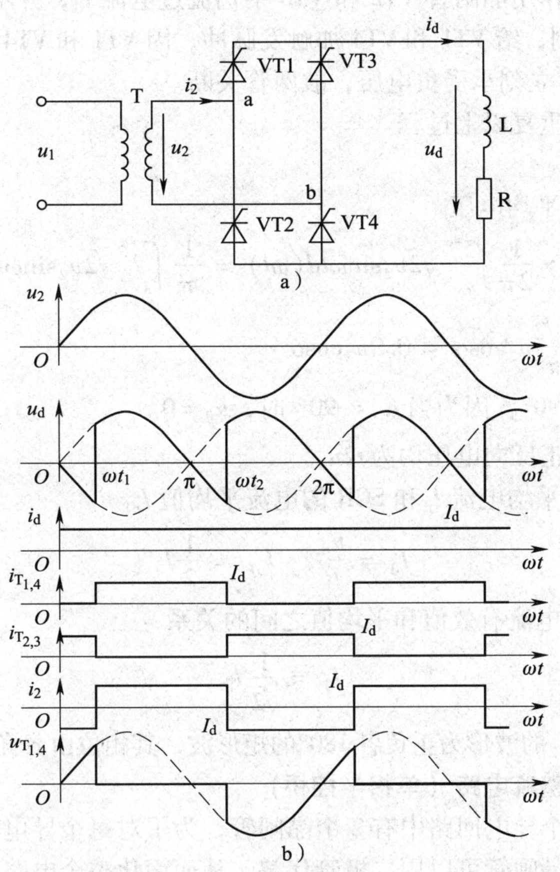

图 1—2—16 单相全控桥带电感性负载时的电路及波形

（2）工作原理

u_2 正半周：a“+”，b“-”

u_2 负半周：a“-”，b“+”

ωt_1 时刻给 VT1、VT4 加触发脉冲

ωt_2 时刻给 VT2、VT3 加触发脉冲

1）$\omega t_1 \sim \pi$：VT1 和 VT4 由于触发脉冲 u_g 的作用而导通，VT2 和 VT3 承受 u_2 的反向电压阻断。电流流向：a→VT1→L→R→VT4→b。忽略晶闸管压降，则此时 $u_{T1,4}=0$，$u_d=u_2$。

2）$\pi \sim \omega t_2$：u_2 过零变负时，由于电感的作用晶闸管 VT1 和 VT4 中仍流过电流 i_d，并不关断。

3）$\omega t_2 \sim 2\pi$：至 $\omega t_2 = \pi + \alpha$ 时刻，给 VT2 和 VT3 加触发脉冲，因 VT2 和 VT3 本已承受正电压，故两管导通，而 VT1 和 VT4 立刻承受负电压，故两管关断。

VT2 和 VT3 导通后，u_2通过 VT2 和 VT3，分别向 VT1 和 VT4 施加反压使 VT1 和 VT4 关断，流过 VT1 和 VT4 的电流迅速转移到 VT2 和 VT3 上，此过程称为换相。

4）$2\pi \sim \omega t_3$：u_2过零变正时，虽然此时电源电压为 a“+”，b“-”VT2、VT3 承受反向电压，但由于电感的作用晶闸管 VT2 和 VT3 中仍流过电流 i_d，并不关断。

至 $\omega t_3 = 2\pi + \alpha$ 时刻，给 VT1 和 VT4 加触发脉冲，因 VT1 和 VT4 本已承受正电压，故两管导通，而 VT2 和 VT3 立刻承受负电压，故两管关断。

从第二个周期开始重复以上过程。

3. 基本数量关系

（1）整流电路输出平均电压

$$u_d = 2 \times \frac{1}{2\pi}\int_{\alpha}^{\pi+\alpha} \sqrt{2}u_2 \sin\omega t d(\omega t) = \frac{1}{\pi}\int_{\alpha}^{\pi+\alpha} \sqrt{2}u_2 \sin\omega t d(\omega t)$$

$$= \frac{2\sqrt{2}}{\pi}u_2\cos\alpha = 0.9u_2\cos\alpha$$

晶闸管移相范围为 90°，因为当 $\alpha = 90°$ 时，$u_d = 0$。

晶闸管承受的最大正反向电压均为$\sqrt{2}u_2$。

（2）整流电路输出平均电流 I_d和 SCR 的电流平均值 I_{dT}

$$I_d = \frac{u_d}{R},\quad I_{dT} = \frac{1}{2}I_d$$

（3）整流电路输出电流有效值和平均值之间的关系

$$I_T = \frac{1}{\sqrt{2}}I_d$$

变压器二次侧电流 i_2的波形为正负各 180°的矩形波，其相位由 α 角决定，有效值 $I_2 = I_d$。

三、单相桥式半控整流电路（单相半控桥）

单相全控桥中，每个导电回路中有 2 个晶闸管，为了对每个导电回路进行控制，其实只需一个晶闸管，另一个晶闸管可以用二极管代替，从而简化整个电路，如此即成为单相桥式半控整流电路（单相半控桥）。

当负载为阻性负载时，单相半控桥与单相全控桥工作过程和波形完全一致。

单相半控桥中一般使用续流二极管 VD_R，它的作用是防止接感性负载时，出现失控现象。

1. 不带续流二极管电路

（1）电路结构

单相半控桥不带续流二极管电路及波形如图 1—2—17 所示。

（2）工作原理

当电源电压在正半周时，在控制角 α 时刻触发 VT1 使其导通，电源经 VT1 和 VD4 向负载供电，$u_d = u_2$。当 u_2过零变负时，因电感作用使电流连续，VT1 继续导通。但因 a 点电位低于 b 点电位，使得电流从 VD4 转移至 VD2，VD4 关断，电流不再流经变压器二次绕组，而是由 VT1 和 VD2 续流，u_d为零。

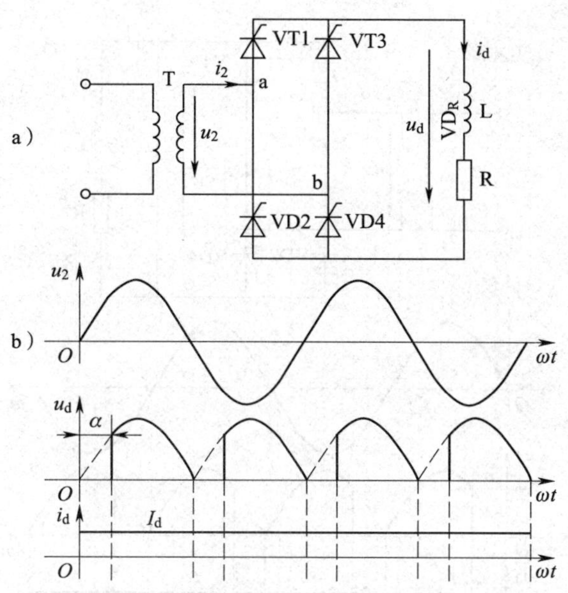

图 1—2—17　单相半控桥不带续流二极管电路及波形

在 u_2负半周触发角 α 时刻触发 VT3，VT3 导通，则向 VT1 加反压使之关断，u_2经 VT3 和 VD2 向负载供电，$u_d = -u_2$。u_2过零变正时，VD4 导通，VD2 关断。VT3 和 VD4 续流，u_d又为零。

由于大电感的存在，使得输出电流波形为一条平行线。

（3）存在的问题

当α 突然增大至180°或触发脉冲丢失时，会发生一个晶闸管持续导通而两个二极管轮流导通的情况。

例如，当 VT1 导通时切断触发电路，则 u_2过零变负时由于电感的作用，负载电流由 VT1 和 VD2 续流；当 u_2又为正时，因 VT1 已经导通，所以电源又通过 VT1、VD4 向负载供电。

这使 u_d成为正弦半波，即半周期 u_d为正弦，另外半周期 u_d为零，其平均值保持恒定，即 α 失去控制作用，称为失控，如图 1—2—18 所示。

有续流二极管 VD_R时，续流过程由 VD_R完成，晶闸管关断，避免了某一个晶闸管持续导通从而导致失控的现象。同时，续流期间导电回路中只有一个管压降，有利于降低损耗。

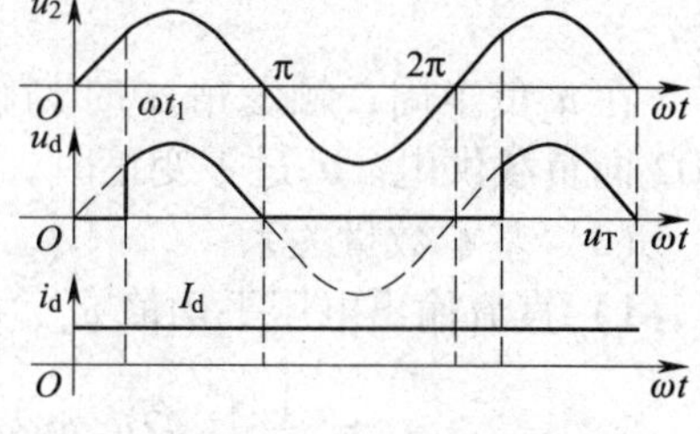

图 1—2—18　失控波形

2．带续流二极管电路

（1）电路结构

单相半控桥带续流二极管电路及波形如图 1—2—19 所示。

（2）工作原理

假设负载中电感很大，且电路已工作于稳态：

在 u_2正半周，触发角 α 处给晶闸管 VT1 加触发脉冲，u_2经 VT1 和 VD4 向负载供电；

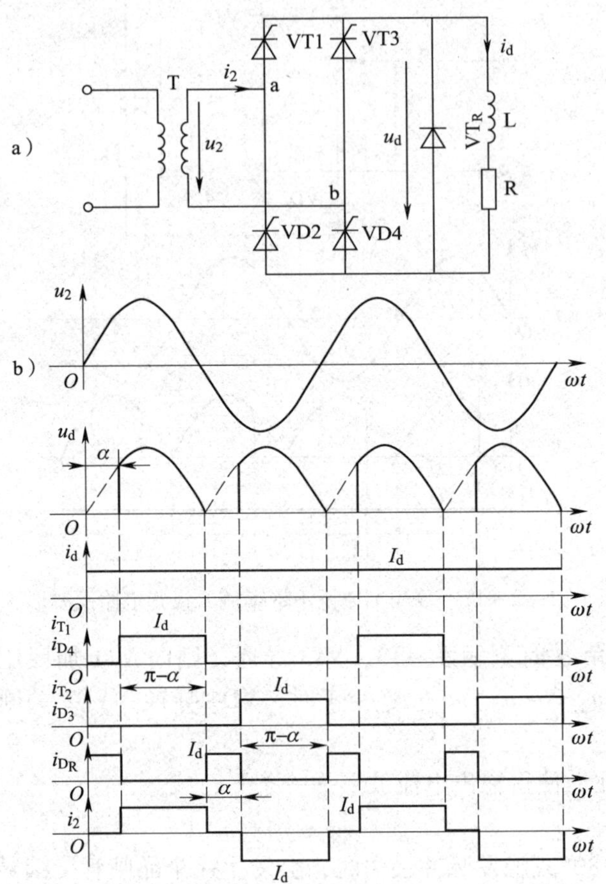

图 1—2—19　单相半控桥带续流二极管电路及波形

u_2过零变负时，因电感作用使电流连续，电流通过续流二极管 VD_R进行续流，u_d为零。此时，VT1 承受负压关断，VT3 承受正压，由于无触发脉冲而关断。变压器二次绕组无电流。

在 u_2负半周，触发角 α 时刻触发 VT3，VT3 导通，VD_R承受负压而关断，u_2经 VT3 和 VD2 向负载供电。u_2过零变正时，电流再次通过续流二极管 VD_R进行续流，u_d又为零。

（3）基本数量关系

1）直流输出电压平均值 u_d、电流平均值 I_d（和全控桥接电阻性负载时相同）

$$u_d = \frac{1}{\pi}\int_{\alpha}^{\pi}\sqrt{2}u_2\sin\omega td(\omega t) = \frac{\sqrt{2}u_2}{\pi}(1+\cos\alpha) = 0.9u_2\frac{1+\cos\alpha}{2}$$

$$I_d = \frac{u_d}{R}$$

由上式可以看出，晶闸管的可控移相范围为 180°。

2）流过晶闸管和二极管的电流有效值

$$I_T = I_D = \sqrt{\frac{\pi-\alpha}{2\pi}}I_d$$

3）流过续流二极管的电流有效值

$$I_{DR} = \sqrt{\frac{\alpha}{\pi}} I_d$$

4）变压器二次绕组电流有效值

$$I_2 = \sqrt{\frac{\pi - \alpha}{\pi}} I_d$$

3. 其他电路

单相桥式半控整流电路的另一种接法：相当于把 VT3 和 VT4 换为二极管 VD3 和 VD4，这样可以省去续流二极管 VD_R，续流由 VD3 和 VD4 来实现，如图 1—2—20 所示。

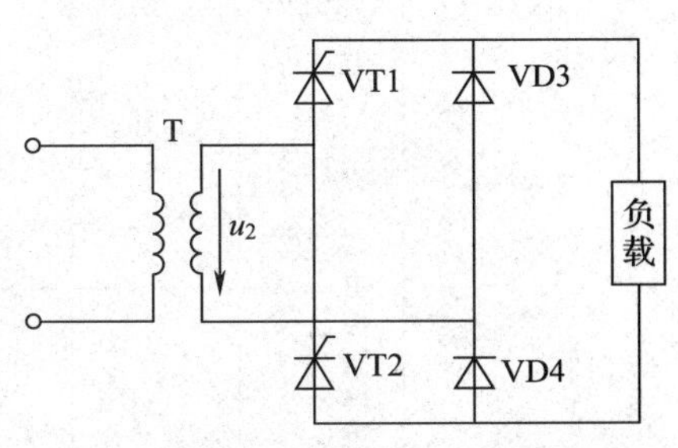

图 1—2—20 单相桥式半控整流电路的另一接法

任务实施

一、任务准备

1. MCL－Ⅱ型电机控制教学实验台主控制屏。
2. MCL－18 控制和检测单元及过流过压保护组件。
3. MCL－33 触发电路及晶闸管主回路组件。
4. MEL－03 三相可调电阻器组件（900 Ω，0.41 A）。
5. MEL－05 波形测试及开关板组件。
6. MCL－05 锯齿波触发电路组件。
7. 双踪示波器。
8. 万用表。

二、注意事项

1. 实验前必须先了解晶闸管的电流额定值（本装置为 5 A），并根据额定值与整流电路形式计算出负载电阻的最小允许值。

2. 为保护整流元件不受损坏，晶闸管整流电路的正确操作步骤为：

（1）在主电路不接通电源时，调试触发电路，使之正常工作。

（2）在控制电压 $U_{ct}=0$ 时，接通主电源。然后逐渐增大 U_{ct}，使整流电路投入工作。

（3）断开整流电路时，应先把 U_{ct} 降到零，使整流电路无输出，然后切断总电源。

3. 必须将 MCL－18 与 MCL－33 之间的脉冲连接断开。

4. 正确使用示波器，避免将示波器的两根地线接在非等电位的端点上，否则会造成短路事故。

三、测试步骤

1. 锯齿波触发电路调试及各点波形的观察

（1）按图 1—2—21 接线。

（2）将 MCL－05 面板左上角的同步电压输入端接 MCL－18 的 U、V 端，“触发电路选择”开关拨向“锯齿波”，如图 1—2—22 所示。

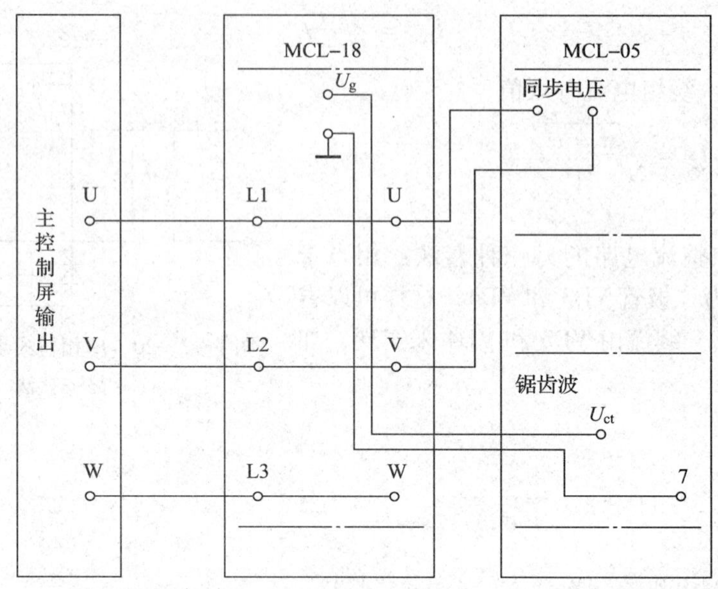

图 1—2—21　锯齿波触发电路接线图

(3) 将 MCL－05 面板中锯齿波发生电路的输出 G1、K1、G2、K2、G3、K3、G4、K4 接线端全部悬空，以便观察脉冲的移相范围，如图 1—2—23 所示。

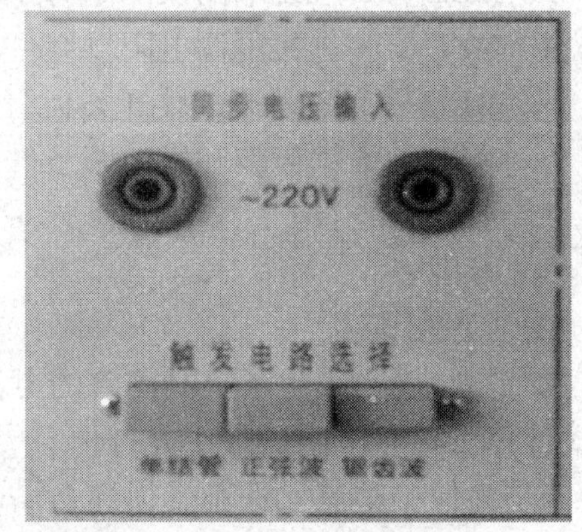

图 1—2—22　选择“锯齿波”

(4) 将主控制屏上的“交流电源输出调节”旋钮逆时针调到底，按下主控制屏绿色“闭合”开关按钮。

(5) 调节主控制屏“交流电源输出调节”旋钮，使输出电压 $U_{UV}=220$ V，打开 MCL－05 面板右下角的电源开关。

(6) 用示波器观察锯齿波触发电路各孔的波形，并调试触发电路。示波器地线通过低压线接于“7”端，如图 1—2—24 所示。

1) 使用示波器探头和导线测量“1”至“6”孔的波形，如图 1—2—25 所示。

2) 调节 MCL－05 中锯齿波触发电路中的 RP1 电位器，使“3”孔的锯齿波刚出现平顶，如图 1—2—26b 所示。

3) 调节 MCL－05 中锯齿波触发电路中的 RP2 电位器，使“5”孔和“6”孔出现脉冲，如图 1—2—27 所示。

4) 使用示波器双通道同时观察两路信号，连接方法如图 1—2—28a 所示。

5) 调节 MCL－05 中锯齿波触发电路中的 RP2 电位器，使“6”孔脉冲的前沿处于正弦波的 360°处，即 $\alpha=180°$，如图 1—2—29 所示。

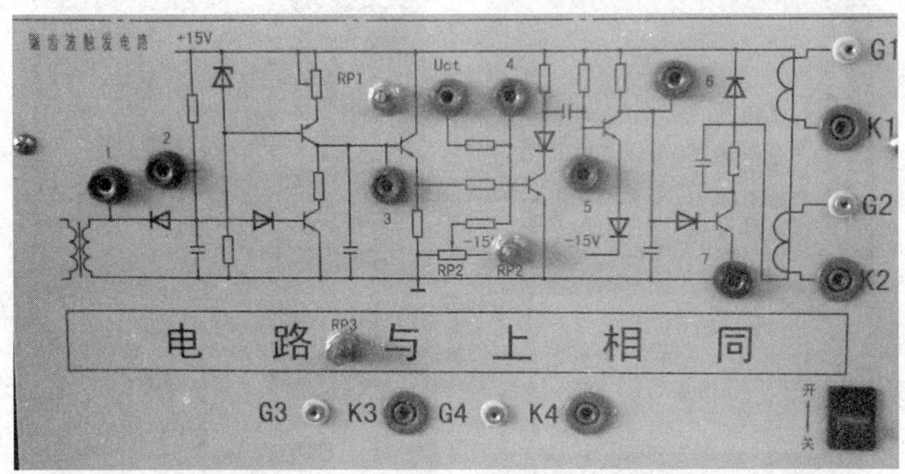

图 1—2—23　悬空锯齿波发生电路的接线端

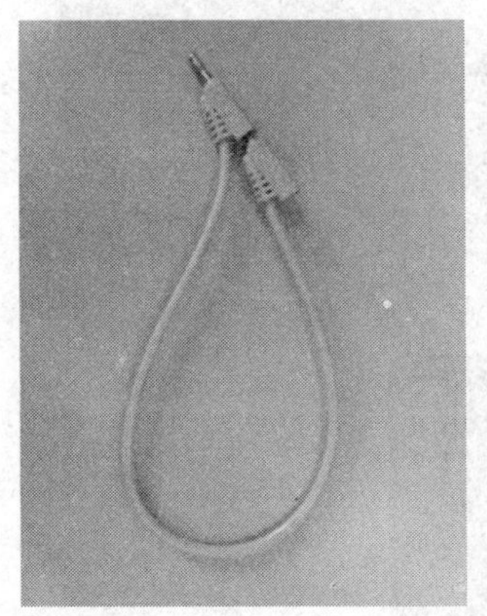

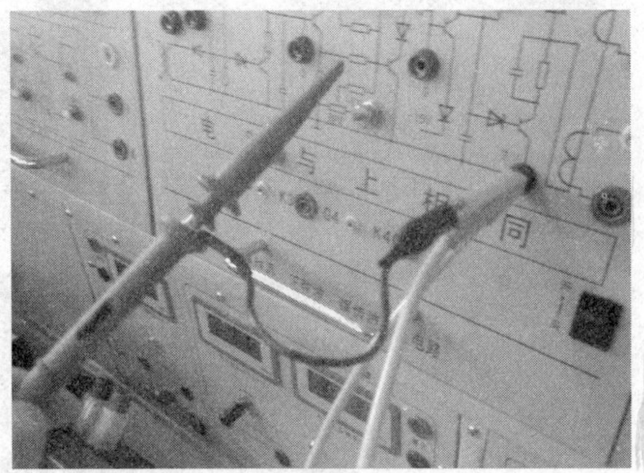

图 1—2—24　示波器地线的连接

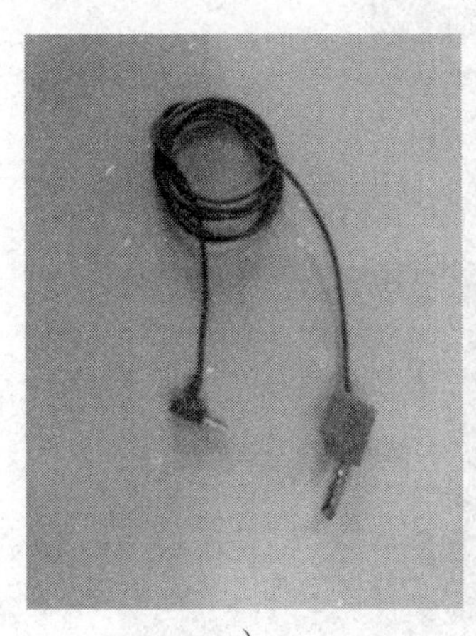

a）

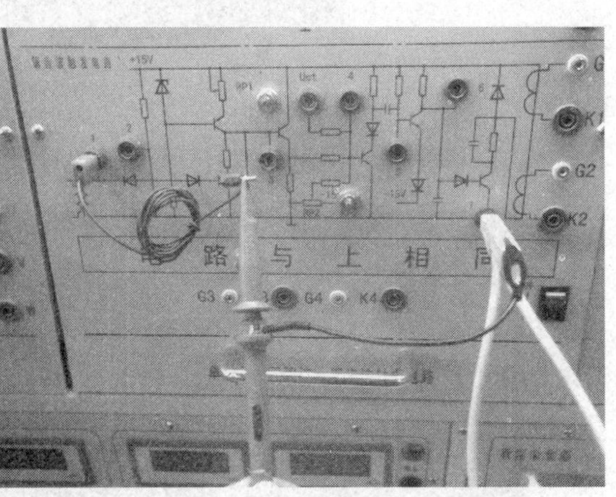

b）

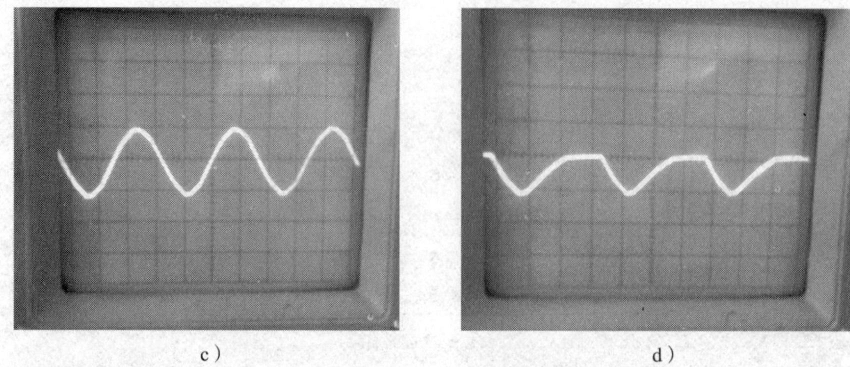

c) d)

图 1—2—25 测量"1"至"6"孔的波形

a）导线 b）测量示意图 c）"1"孔波形 d）"2"孔波形

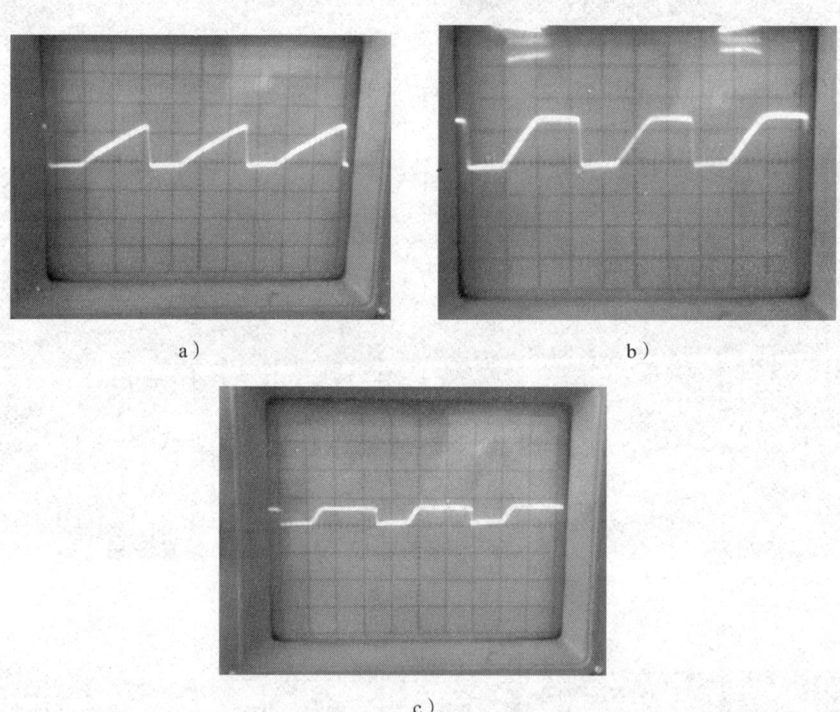

a) b)

c)

图 1—2—26 "3"孔和"4"孔的波形

a）未出现平顶的最大斜率波形 b）出现平顶的波形（错误） c）"4"孔波形

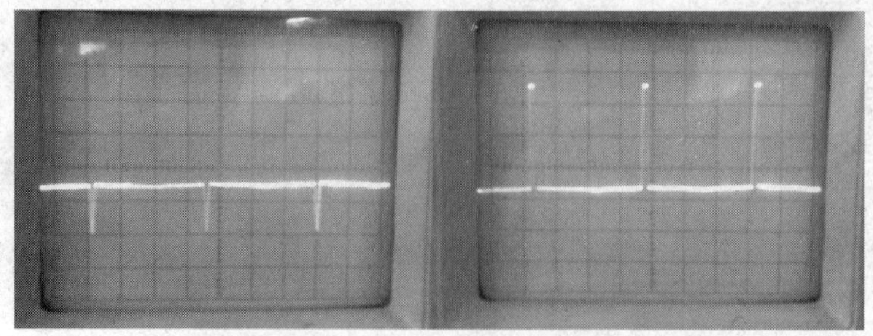

图 1—2—27 "5"孔和"6"孔的波形

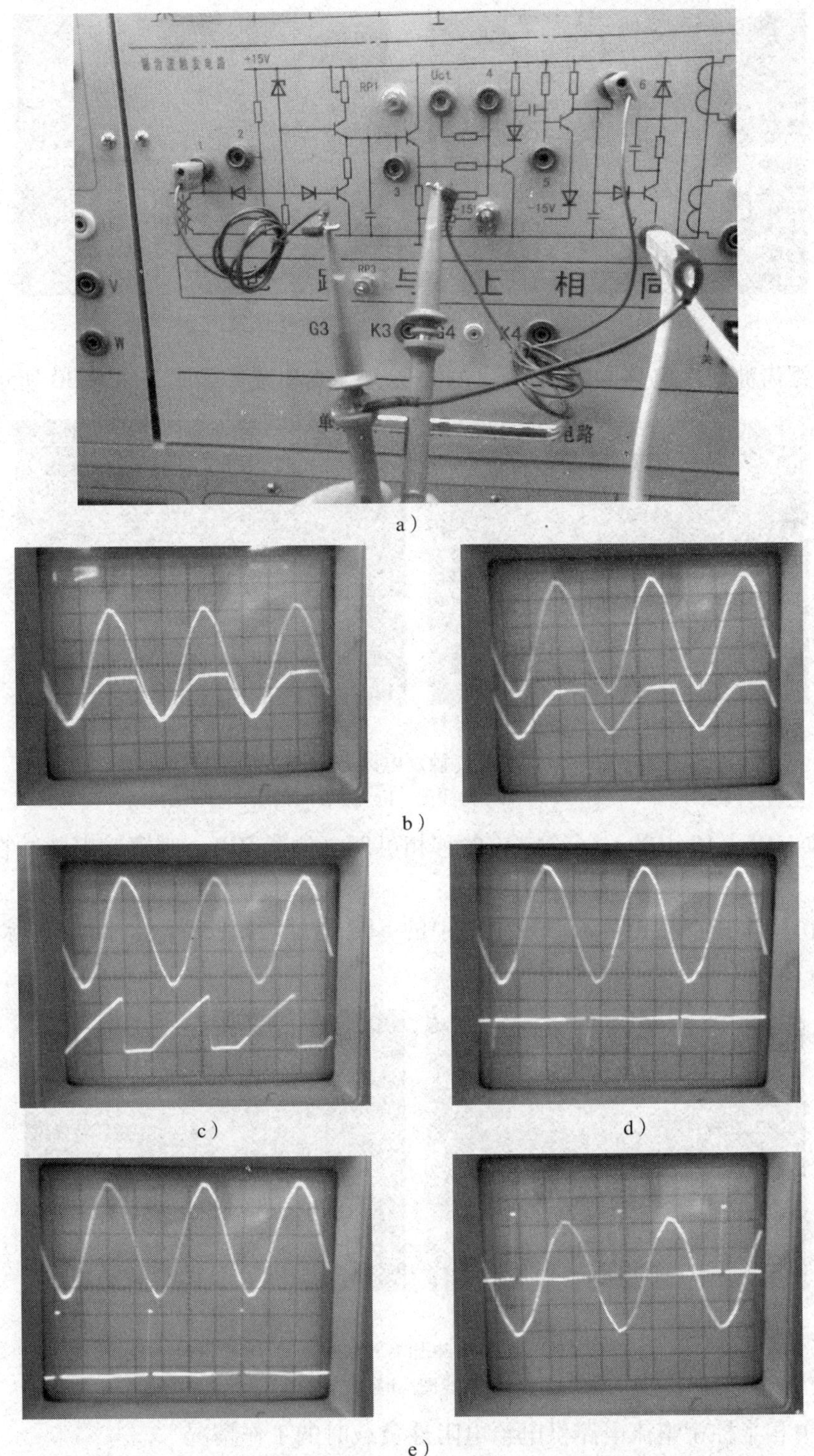

a）

b）

c） d）

e）

图1—2—28 使用示波器双通道同时观察两路信号

a）连接方法 b）同时观察“1”“2”孔点波形

c）同时观察“1”“3”孔点波形 d）同时观察“1”“5”孔点波形 e）同时观察“1”“6”孔点波形

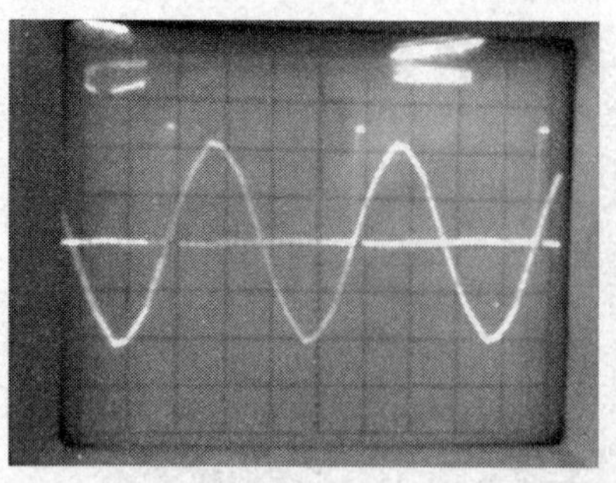
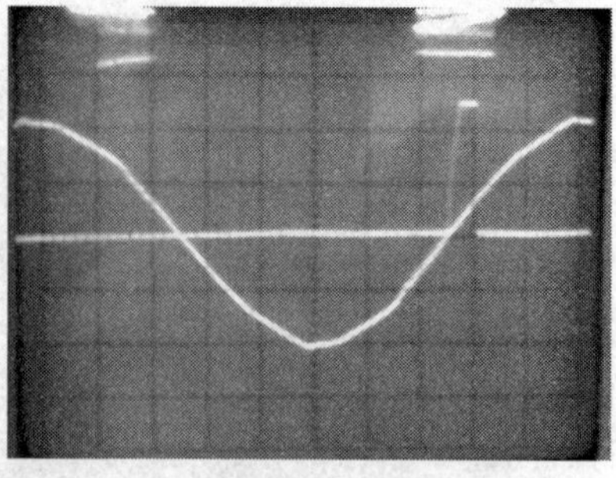

图 1—2—29　“6”孔脉冲的前沿处于正弦波的 360°处

6）观察锯齿波触发电路的输出 U_{G1K1} 的波形，接线和波形如图 1—2—30 所示。

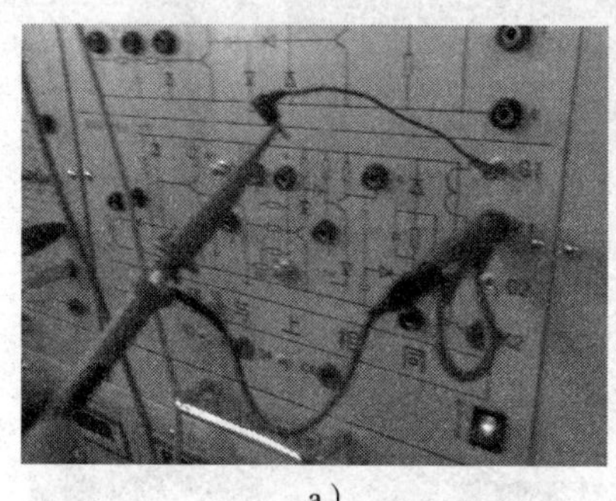
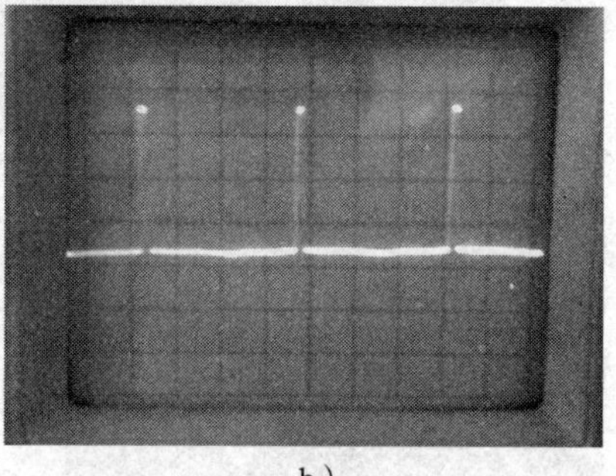

a）　　b）

图 1—2—30　锯齿波触发电路的输出 U_{G1K1} 的波形

a）接线图　b）波形

（7）调节 MCL－18 上的 G（给定）的移相可调电位器 RP1，观察输出脉冲在 30°～180°范围内移相。

（8）调节 MCL－05 中锯齿波触发电路中的 RP3 电位器，使 G1 脉冲和 G3 脉冲相差 180°相位，测量方法和图形如图 1—2—31 所示。

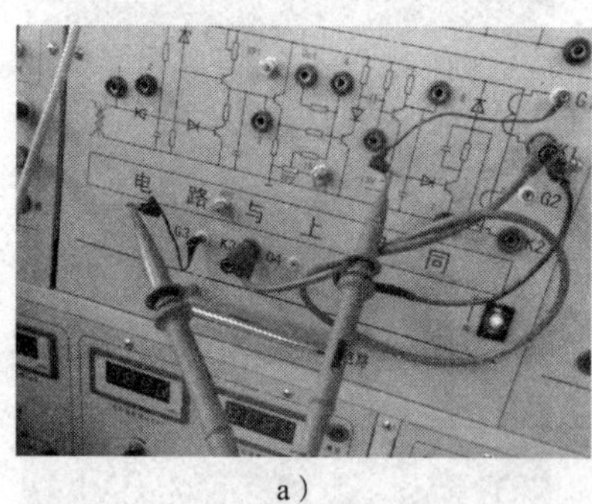
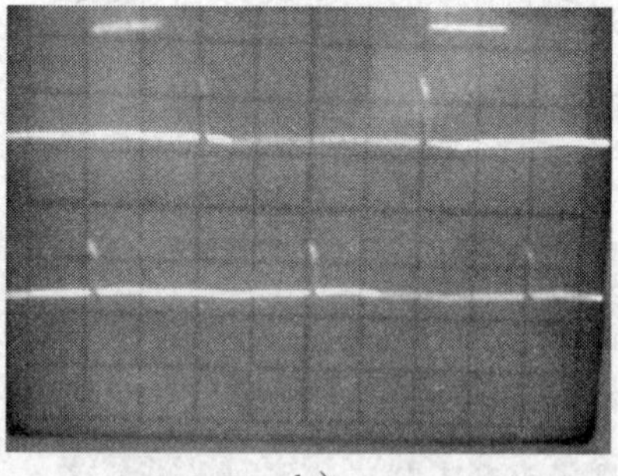

a）　　b）

图 1—2—31　G1 脉冲和 G3 脉冲相差 180°相位

a）接线图　b）波形

2. 研究单相半控桥整流电路供电给电阻性负载时的工作情况

（1）按图 1—2—21 接线。

（2）将 MEL－05 开关板中的开关 S2 拨向左侧，接入 MCL－03 组件的电阻 Rd（由两个 900 Ω 的电阻并联而成），如图 1—2—32 所示。

图 1—2—32　接入 MCL－03 组件的电阻 Rd

（3）将 MCL－18 组件上的开关 S1 拨至正给定，S2 拨至 0V，如图 1—2—33 所示。

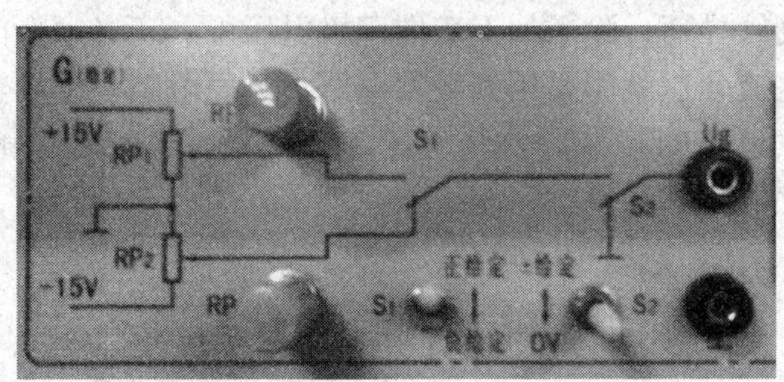

图 1—2—33　将开关 S1 拨至正给定

（4）将“交流电源输出调节”旋钮逆时针调到底，合上主电源，顺时针旋转“交流电源输出调节”旋钮使输出电压 $U_{UV}=220$ V。注意调节电阻 Rd，使电流在 0.8～0.1 A 之间。

（5）将 MCL－18 组件上的开关 S2 拨至给定，调节 MCL－18 上的 RP1，观察在不同控制角 α 时的 u_d、i_d、u_{VT}的波形。注意，若输出电压的波形不对称，可分别调整锯齿波触发电路中的 RP1、RP3 电位器。

（6）记录 $\alpha=90°$时 u_d、i_d、u_{VT}的波形。

（7）将 MCL－18 上的 RP1 调节为零，将“交流电源输出调节”旋钮逆时针调到底，然后断开主电源。

3．研究电阻－电感性负载时单相半控桥整流电路的工作情况

（1）将 MEL－05 开关板中的开关 S1 闭合，接入续流二极管 VD2。

（2）将 MEL－05 开关板中的开关 S2 拨向右侧，接入 MCL－33 的电抗器 L＝700 mH。

（3）将 MCL－18 的给定电位器 RP1 逆时针调到底，使 $U_{ct}=0$。

（4）将“交流电源输出调节”旋钮逆时针调到底，合上主电源，顺时针旋转“交流电源输出调节”旋钮使主控制屏输出电压 $U_{UV}=220$ V。

（5）调节 MCL－18 上的 RP1，观察不同 α 角下的 u_d、i_d、u_{VDR}、u_{VT1}的波形。

（6）记录 $\alpha=90°$时 u_d、i_d、u_{VDR}、u_{VT1}的波形。

（7）断开续流二极管，观察 u_d、i_d的波形。调节电阻 Rd，使电流至 0.4 A 左右。关闭

MCL－05 的右下角开关，即突然切断触发电路，观察失控现象。若不发生失控现象，继续调节电阻 Rd，增大负载电流。

（8）记录 u_d、i_d和两个晶闸管两端的波形。

任务 3 单结晶体管触发电路的分析与测试

学习目标

1．能认识并测试单结晶体管。

2．能制作并测试单结晶体管触发电路。

任务描述

前面已知要使晶闸管导通，除了加上正向阳极电压外，还必须在门极和阴极之间加上适当的正向触发电压与电流，这就需要用到触发电路，触发电路是可控整流电路的重要组成部分。单结晶体管是触发电路的基本器件。本任务的主要内容就是了解单结晶体管的基本知识，和单结晶体管振荡电路、触发电路的工作原理，并结合原理分析，通过示波器观察测试电路的波形。

相关知识

为门极提供触发电压与电流的电路称为触发电路。对晶闸管触发电路来说，首先，触发信号应该具有足够的触发功率（触发电压和触发电流），以保证晶闸管可靠导通；其次，触发脉冲应有一定的宽度，脉冲的前沿要陡峭；最后，触发脉冲必须与主电路晶闸管的阳极电压同步并能根据电路要求在一定的移相范围内移相。

如图 1—3—1 所示为单相半波可控整流调光灯电路的触发电路，其方式采用单结晶体管同步触发电路，其中，单结晶体管的型号为 BT33。

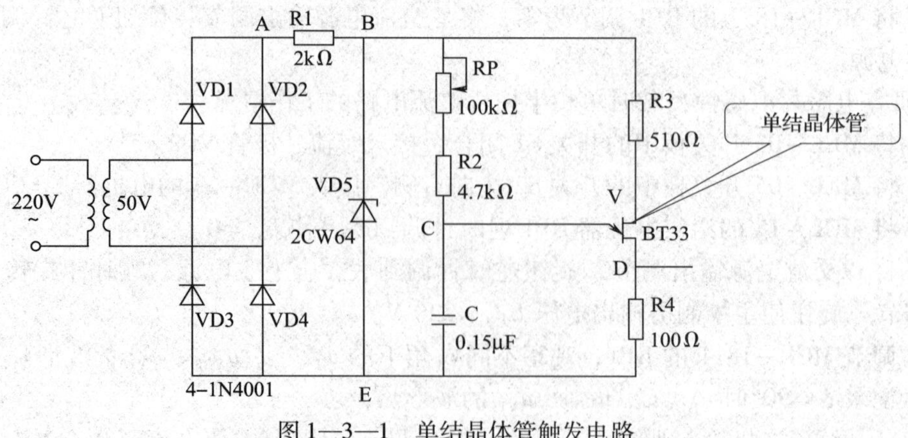

图 1—3—1 单结晶体管触发电路

一、单结晶体管

1. 单结晶体管的结构

单结晶体管的结构如图 1—3—2a 所示，图 1—3—2a 中 e 为发射极，b1 为第一基极，b2 为第二基极。由图 1—3—2a 可见，在一块高电阻率的 N 型硅片上引出两个基极 b1 和 b2，两个 基极之间的电阻就是硅片本身的电阻，一般为 2 ~ 12 kΩ。在两个基极之间靠近 b1 的地方采用合金法或扩散法掺入 P 型杂质并引出电极，成为发射极 e。它是一种特殊的半导体器件，有三个电极，只有一个 PN 结，因此称为“单结晶体管”，又因为管子有两个基极，所以又称为“双极二极管”。

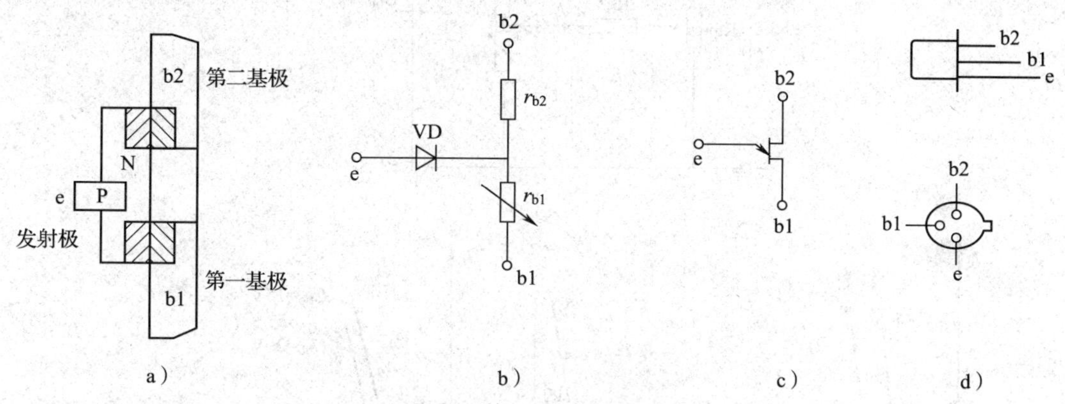

图 1—3—2　单结晶体管

a）结构　b）等效电路　c）图形符号　d）外形管脚排列

单结晶体管的等效电路如图 1—3—2b 所示，两个基极之间的电阻 $r_{bb} = r_{b1} + r_{b2}$，在正常工作时，r_{b1} 是随发射极电流大小而变化，相当于一个可变电阻。PN 结可等效为二极管 VD，它的正向导通压降常为 0.7 V。单结晶体管的图形符号如图 1—3—2c 所示。其外形与管脚排列如图 1—3—2d 所示。其实物图、管脚如图 1—3—3 所示。

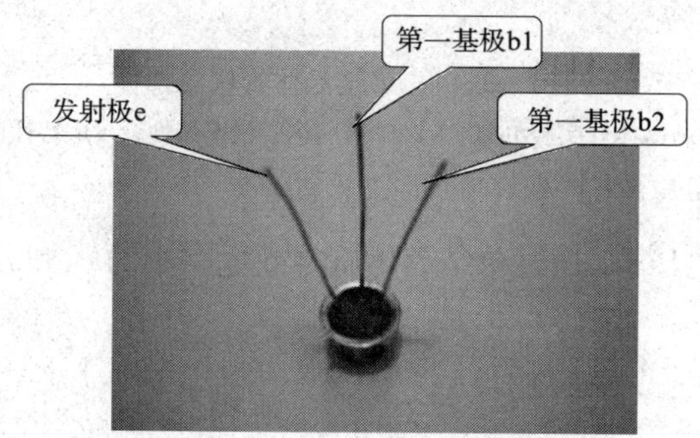

图 1—3—3　单结晶体管实物及管脚

2. 单结晶体管的伏安特性及主要参数

(1) 单结晶体管的伏安特性

当两基极 b1 和 b2 间加某一固定直流电压 U_{bb} 时，发射极电流 I_e 与发射极正向电压 U_e 之间的关系曲线称为单结晶体管的伏安特性 $I_e=f(U_e)$，实验电路图及特性如图 1—3—4 所示。

当开关 S 断开，I_{bb}为零，加发射极电压 U_e时，得到如图 1—3—4b 所示伏安特性曲线，该曲线与二极管伏安特性曲线相似。

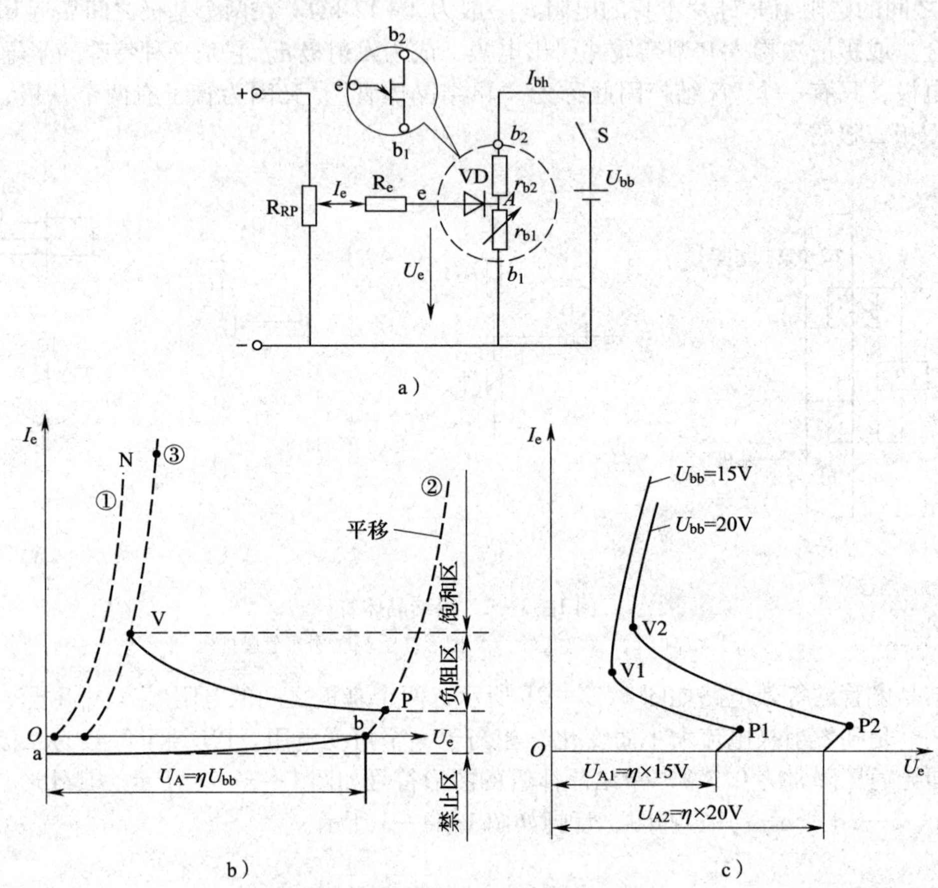

图 1—3—4　单结晶体管伏安特性

a）单结晶体管实验电路　b）单结晶体管伏安特性　c）特性曲线族

1）截止区——aP 段

当开关 S 闭合时，电压 U_{bb}通过单结晶体管等效电路中的 r_{b1}和 r_{b2}分压，得 A 点电位 U_A，可表示为：

$$U_A=\frac{r_{b1}U_{bb}}{r_{b1}+r_{b2}}=\eta U_{bb}$$

式中，η——分压比，是单结晶体管的主要参数，η 一般为 0.3 ~ 0.9。

当 U_e从零逐渐增加，但 $U_e<U_A$时，单结晶体管的 PN 结反向偏置，只有很小的反向漏电流。当 U_e增加到与 U_A相等时，$I_e=0$，即如图 1—3—4 所示特性曲线与横坐标交点 b 处。进一步增加 U_e，PN 结开始正偏，出现正向漏电流，直到当发射结电位 U_e增加到高出 ηU_{bb}一个 PN 结正向压降 U_D时，即 $U_e=U_P=\eta U_{bb}+U_D$时，等效二极管 VD 才导通，此时单结晶体

管由截止状态进入导通状态，并将该转折点称为峰点 P。P 点所对应的电压称为峰点电压 U_p，所对应的电流称为峰点电流 I_P。

2）负阻区——PV 段

当 $U_e > U_p$时，等效二极管 VD 导通，I_e 增大，这时大量的空穴载流子从发射极注入 A 点到 b1 的硅片，使 r_{b1}迅速减小，导致 U_A下降，因而 Ue 也下降。U_A的下降使 PN 结承受更大的正偏，引起更多的空穴载流子注入硅片中，使 r_{b1}进一步减小，形成更大的发射极电流 I_e，这是一个强烈的增强式正反馈过程。当 I_e 增大到一定程度，硅片中载流子的浓度趋于饱和时，r_{b1}减小至最小值，A 点的分压 U_A最小，因而 U_e也最小，得到曲线上的 V 点。V 点称为谷点，谷点所对应的电压和电流称为谷点电压 U_v和谷点电流 I_v。这一区间称为特性曲线的负阻区。

3）饱和区——VN 段

当硅片中载流子饱和后，欲使 I_e 继续增大，必须增大电压 U_e，单结晶体管处于饱和导通状态。

改变 U_{bb}，等效电路中的 U_A和特性曲线中的 Up 也随之改变，从而可获得一族单结晶体管伏安特性曲线，如图 1—3—4c 所示。

（2）单结晶体管的主要参数

单结晶体管的主要参数有基极间电阻 r_{bb}、分压比 η、峰点电流 I_P、谷点电压 U_V、谷点电流 I_V及耗散功率等。国产单结晶体管的型号主要有 BT31、BT33、BT35 等，BT 表示特种半导体管的意思，其主要参数见表 1—3—1。

表 1—3—1　　单结晶体管的主要参数

<table>
<tr><td colspan="2">参数名称</td><td>分压比
η</td><td>基极电阻
R_{bb}（kΩ）</td><td>峰点电流
I_P（μA）</td><td>谷点电流
I_V（mA）</td><td>谷点电压
U_v（V）</td><td>饱和电压
U_R（V）</td><td>最大反压
$U_{(V)}$</td><td>发射极反向漏电流
$I_{(}$μA)</td><td>耗散功率
P_{b2m}
（mW）</td></tr>
<tr><td colspan="2">测试条件</td><td>$U_u = 20$ V</td><td>$U_{bb} = 3$ V
$I_t = 0$</td><td>$U_{bb} = 0$</td><td>$U_{bb} = 0$</td><td>$U_{bb} = 0$</td><td>$U_{bb} = 0$
$I_t = I_{min}$</td><td></td><td>U_{bza}为
最大值</td><td></td></tr>
<tr><td rowspan="4">BT33</td><td>A</td><td rowspan="2">0.45 - 0.9</td><td rowspan="2">2 - 4.5</td><td rowspan="8"><4</td><td rowspan="8">>1.5</td><td rowspan="2"><3.5</td><td rowspan="2"><4</td><td>≥30</td><td rowspan="8"><2</td><td rowspan="4">300</td></tr>
<tr><td>B</td><td>≥60</td></tr>
<tr><td>C</td><td rowspan="2">0.3 - 0.9</td><td rowspan="2">>4.5 - 12</td><td rowspan="2"><4</td><td rowspan="2"><4.5</td><td>≥30</td></tr>
<tr><td>D</td><td>≥60</td></tr>
<tr><td rowspan="4">BT33</td><td>A</td><td rowspan="2">0.45 - 0.9</td><td rowspan="2">2 - 4.5</td><td><3.5</td><td rowspan="2"><4</td><td>≥30</td><td rowspan="4">500</td></tr>
<tr><td>B</td><td>>3.5</td><td>≥60</td></tr>
<tr><td>C</td><td rowspan="2">0.3 - 0.9</td><td rowspan="2">>4.5 - 12</td><td rowspan="2">>4</td><td rowspan="2"><4.5</td><td>≥30</td></tr>
<tr><td>D</td><td>≥60</td></tr>
</table>

二、单结晶体管振荡电路

利用单结晶体管的负阻特性和电容的充放电，可以组成单结晶体管振荡电路。单结晶体管张弛振荡电路和波形如图 1—3—5 所示。

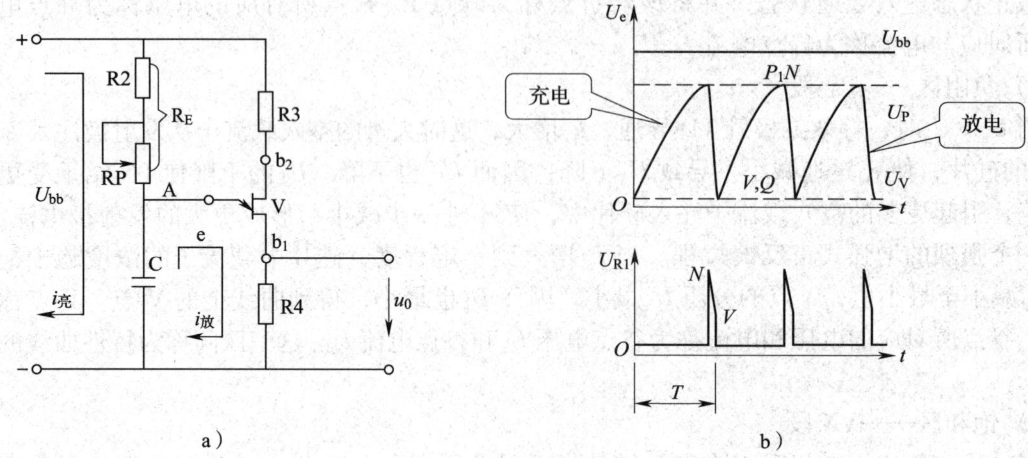

图 1—3—5　单结晶体管张弛振荡电路和波形

a）电路　b）波形

设电容器初始没有电压，电路接通以后，单结晶体管是截止的，电源经电阻 R、RP 对电容 C 进行充电，电容电压从零起按指数充电规律上升，充电时间常数为 $R_E C$；当电容两端电压达到单结晶体管的峰点电压 U_P时，单结晶体管导通，电容开始放电，由于放电回路的电阻很小，因此放电很快，放电电流在电阻 R4 上产生尖脉冲。随着电容放电，电容电压降低，当电容电压降到谷点电压 U_V以下，单结晶体管截止，接着电源又重新对电容进行充电，如此周而复始，在电容 C 两端会产生一个锯齿波，在电阻 R4 两端将产生一个尖脉冲波，如图 1—3—5b 所示。

三、单结晶体管触发电路

上述单结晶体管张弛振荡电路输出的尖脉冲可以用来触发晶闸管，但不能直接用作触发电路，还必须解决触发脉冲与主电路的同步问题。

图 1—3—1 所示的单结晶体管触发电路是由同步电路和脉冲移相与形成两部分组成的。

1．同步的定义

触发信号和电源电压在频率和相位上相互协调的关系叫同步。例如，在单相半波可控整流电路中，触发脉冲应出现在电源电压正半周范围内，而且每个周期的 α 角相同，确保电路输出波形不变，输出电压稳定。

2．同步电路组成

同步电路由同步变压器、桥式整流电路 VD1 ~ VD4、电阻 R1 及稳压管组成。同步变压器一次侧与晶闸管整流电路接在同一相电源上，交流电压经同步变压器降压、单相桥式整流后再经过稳压管稳压削波形成一梯形波电压，作为触发电路的供电电压。梯形波电压零点与晶闸管阳极电压过零点一致，从而实现触发电路与整流主电路的同步。

任务实施

1．单结晶体管触发电路波形分析

单结晶体管触发电路的调试以及在今后使用过程中的检修主要是通过几个点的典型波形

来判断各元器件是否正常，一般通过理论波形与实测波形的比较来进行分析。

（1）桥式整流后脉动电压的波形（图 1—3—1 中“A”点）

将 Y_1 探头的测试端接于“A”点，接地端接于“E”点，调节旋钮“t/div”和“V/div”，使示波器稳定显示至少一个周期的完整波形，测得波形如图 1—3—6a 所示。由电子技术知识可以知道“A”点为由 VD1 ~ VD4 四个二极管构成的桥式整流电路的输出波形，图 1—3—6b 为理论波形。

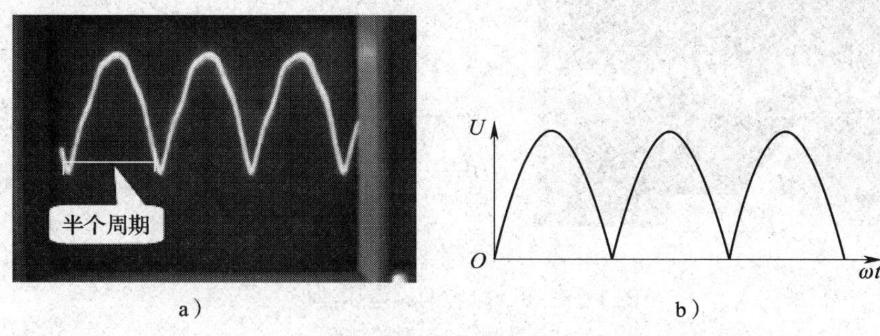

图 1—3—6　桥式整流后电压波形

a）实测波形　b）理论波形

（2）削波后梯形波电压波形（图 1—3—1 图中“B”点）

将 Y_1 探头的测试端接于“B”点，测得 B 点的波形如图 1—3—7a 所示，该点波形是经稳压管削波后得到的梯形波，图 1—3—7b 为理论波形。

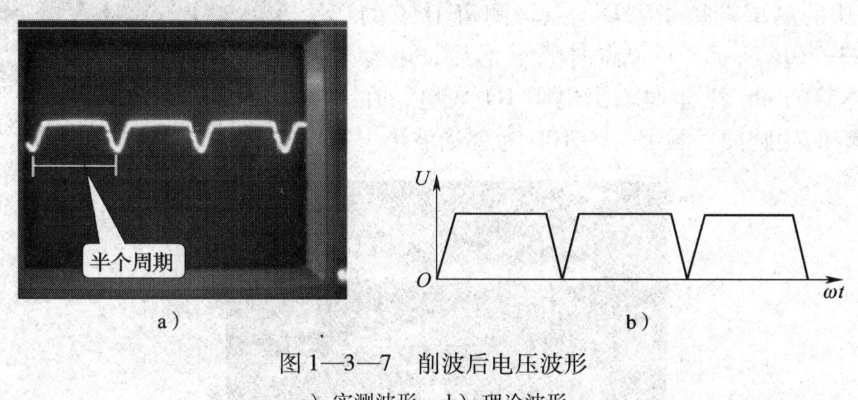

图 1—3—7　削波后电压波形

a）实测波形　b）理论波形

2．脉冲移相与形成

（1）电路组成

脉冲移相与形成电路实际上就是上述的张弛振荡电路。脉冲移相由电阻 R_E 和电容 C 组成，脉冲形成由单结晶体管、温补电阻 R3、输出电阻 R4 组成。

改变张弛振荡电路中电容 C 的充电电阻的阻值，就可以改变充电的时间常数，图 1—3—5 中用电位器 RP 来实现这一变化，例如：

RP↑→τ_C↑→出现第一个脉冲的时间后移→α↑→u_d↓

（2）波形分析

1）电容电压的波形（图 1—3—1 中“C”点）

将 Y_1 探头的测试端接于"C"点，测得 C 点的波形如图 1—3—8a 所示。由于电容每半个周期在电源电压过零点从零开始充电，当电容两端的电压上升到单结晶体管峰点电压时，单结晶体管导通，触发电路送出脉冲，电容的容量和充电电阻 R_E 的大小决定了电容两端的电压从零上升到单结晶体管峰点电压的时间，因此，本课题中的触发电路无法在电源电压过零点即 $\alpha=0°$时送出触发脉冲。图 1—3—8b 为理论波形。

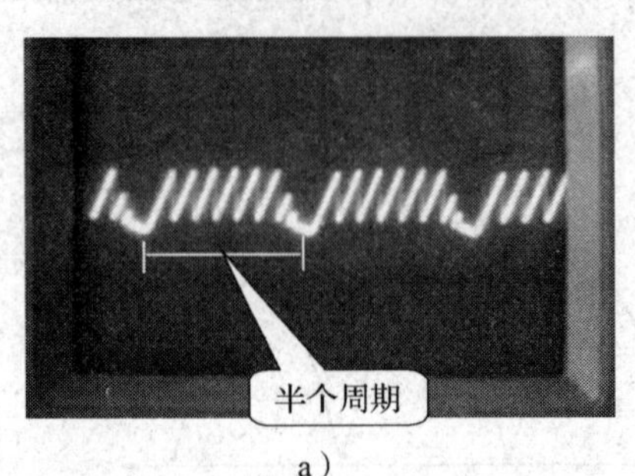

a）

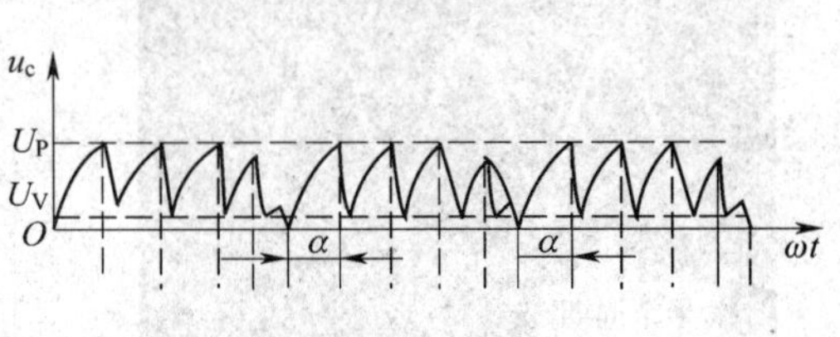

b）

图 1—3—8　电容两端电压波形

a）实测波形　b）理论波形

调节电位器 RP 的旋钮，观察 C 点波形的变化范围。如图 1—3—9 所示为调节电位器后得到的波形。

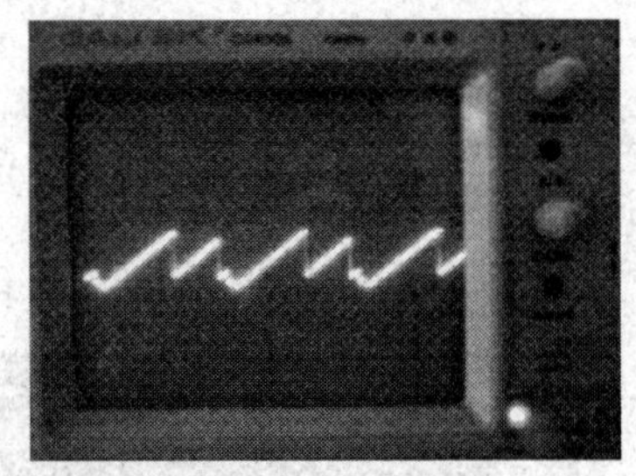

图 1—3—9　改变 RP 后电容两端的电压波形

2）输出脉冲的波形（图 1—3—1 中"D"点）

将 Y_1 探头的测试端接于"D"点，测得 D 点的波形如图 1—3—10a 所示。单结晶体管导通后，电容通过单结晶体管的 eb_1 迅速向输出电阻 R4 放电，在 R4 上得到很窄的尖脉冲。图 1—3—10b 为理论波形。

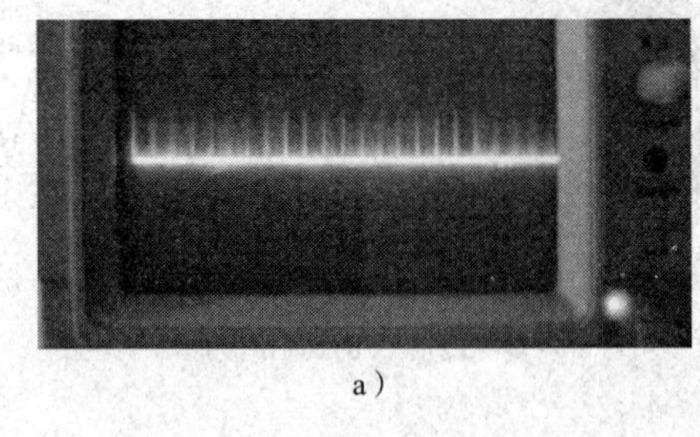

a）

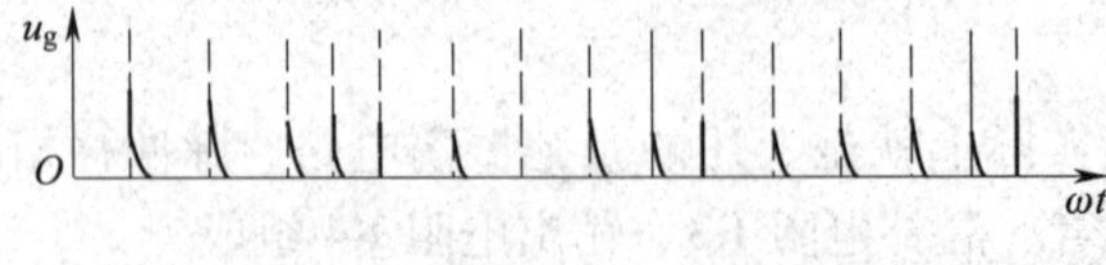

b）

图 1—3—10　输出波形

a）实测波形　b）理论波形

调节电位器 RP 的旋钮，观察 D 点波形的变化范围。如图 1—3—11 所示为调节电位器后得到的波形。

3. 触发电路各元件的选择

(1) 充电电阻 R_E 的选择

改变充电电阻 R_E 的大小，就可以改变张弛振荡电路的频率，但是频率的调节有一定的范围，如果充电电阻 R_E 选择不当，将使单结晶体管自激振荡电路无法形成振荡。

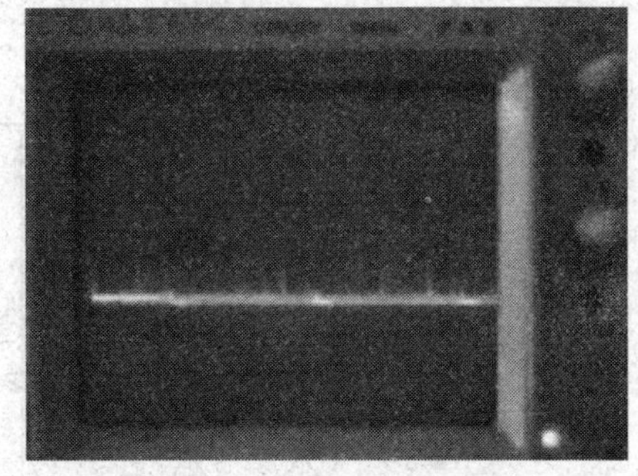

图 1—3—11 调节 RP 后输出的波形

充电电阻 R_E 的取值范围为：

$$\frac{U - U_V}{I_V} < R_E < \frac{U - U_P}{I_P}$$

式中 U——加于 B－E 两端的触发电路电源电压；

U_V——单结晶体管的谷点电压；

I_V——单结晶体管的谷点电流；

U_P——单结晶体管的峰点电压；

I_P——单结晶体管的峰点电流。

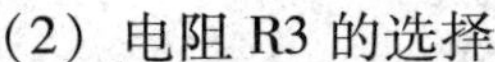

(2) 电阻 R3 的选择

电阻 R3 是用来补偿温度对峰点电压 U_P 的影响，取值范围为：200～600 Ω。

(3) 输出电阻 R4 的选择

输出电阻 R4 的大小将影响输出脉冲的宽度与幅值，取值范围为：50～100 Ω。

(4) 电容 C 的选择

电容 C 的大小与脉冲宽窄和 R_E 的大小有关，取值范围为：0.1～1 μF。

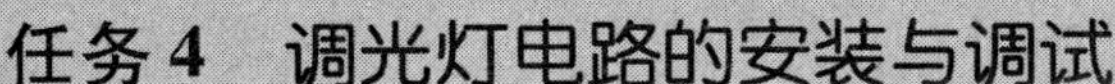

任务 4 调光灯电路的安装与调试

学习目标

1. 掌握调光灯电路的结构原理。
2. 能安装并调试调光灯电路。

任务描述

本任务的主要内容是在前面任务内容的基础上，综合运用所学知识，分析调光灯电路的工作原理，并完成电路的安装和调试。

相关知识

一、单结晶体管触发电路

本项目要安装、调试的调光灯电路图以及控制电路中单结晶体管触发电路所产生的触发脉冲如图 1—4—1 所示。

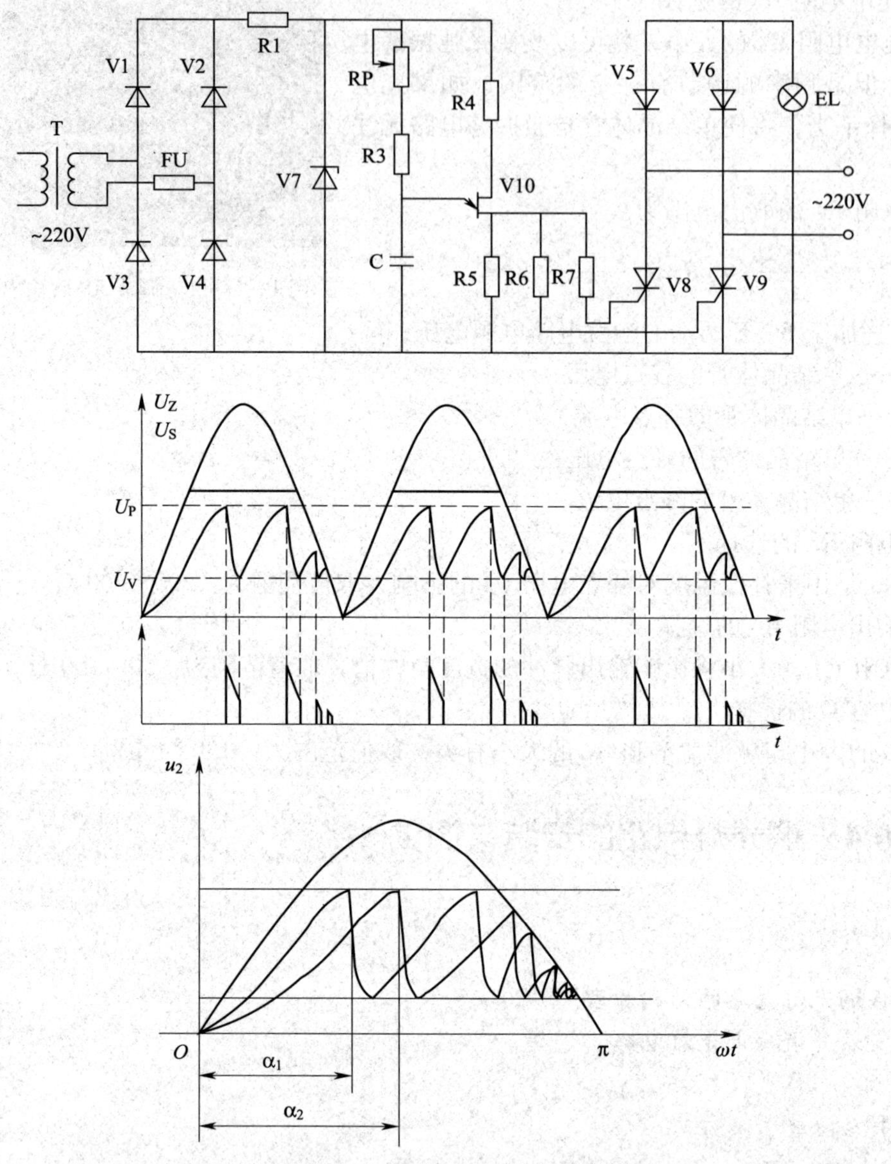

图 1—4—1 单结晶体管触发电路及波形

改变 RP 可改变充电时间常数，达到改变 α 的目的。实际应用中，可用晶体管代替 RP，实现自动移相。

二、电路原理分析

单结晶体管触发电路比较简单，温度特性比较好，有一定的抗干扰能力，脉冲前沿比较陡，输出功率比较小，脉冲宽度比较窄，只能手动调节 RP，无法加入其他信号，移相范围 180°，一般为 150°。此电路可以用在单相可控整流要求不高的场合，能触发 50 A 以下的晶闸管。

交流电压经桥式整流和稳压管削波而得到梯形电压。脉冲形成是梯形同步电压经 RP、

R5 对 C 充电，C 两端电压上升到单结晶体管峰点电压 U_P时，单结晶体管由截止变为导通，有电容 C 通过 e－b1、R3 放电，放电电流在电阻 R3 上产生一组尖顶脉冲电压，由 R3 输出一组触发脉冲，其中第一个脉冲使晶闸管触发导通，后面的脉冲对晶闸管的工作没有影响。随着 C 的放电，当电容两端电压下降至单结晶体管谷点电压 U_V时，单结晶体管重新截止；电容 C 不重新充电，重复上述过程，R3 上又输出一组尖顶脉冲电压，这个过程反复进行。

当梯形电压过零时，电容 C 两端电压也为零，因此电容每一次连续充放电的起点，就是电源电压过零点，这样就保证输出脉冲电压的频率和电源频率同步。

移相是通过改变 RP 的大小实现的。改变 RP 的大小，可以改变 C 充电的速度，由此就改变了第一个脉冲出现的时间，从而达到移相的目的。

任务实施

一、元件列表（见表 1—4—1）

表 1—4—1　　安装电路元件明细表

序号	符号	名称	型号与规格	件数
1	V1～V4	二极管	1N4007	4
2	V5、V6	二极管	1N4007	2
3	V8、V9	晶闸管	KP100－4	2
4	V10	单结晶体管	BT33	1
5	V7	稳压管	2CW 或 7 V、1 W	1
6	C	电容器	0.15 μF、50 V 以上	1
7	RP	电位器	100 kΩ、0.25 W	1
8	R1	电阻	1 kΩ、1 W	1
9	R3	电阻	5.1 kΩ、0.25 W	1
10	R4	电阻	330 Ω、0. 25 W	1
11	R5	电阻	110 Ω、0.25 W	1
12	R6、R7	电阻	10 Ω、0.25 W	1
13	T	变压器	220 V、12 V	1
14	FU	熔断器	B×0.2 A	1
15	EL	灯泡	24 V、0.25 W	1

二、安装与调试

1. 安装

（1）按单结晶体管触发电路元件明细表配齐元件和其他附件，并对其进行检测。

（2）用2 mm×100 mm×200 mm的层压布板制作空心铆钉板。根据原理图（见图1—4—1）合理安排元件位置和走线，并为元件位置和走线做好标记。

（3）清除元件引脚、空心铆钉、连接导线端的氧化层。

（4）焊接元件，并特别注意稳压管极性检查。

2. 调试

（1）用万用表测量同步电源电压 U_0，用示波器检查①点电压是不是梯形波，检查稳压管 V5 是否发热温度过高。如果电压和波形符合要求，则表示同步电源正常。

（2）用示波器在②点观察电容 C 上的波形是不是锯齿波。

（3）如果②点不是锯齿波，就要进行检查。如果二极管和电阻都没问题，应检查单结晶体管 V10 是否良好。如果也没问题则调整电阻 RP 的大小，使②点出现锯齿波。

（4）用示波器观察③点是否有触发脉冲，幅度是否符合晶闸管触发电压要求，如果脉冲电压幅度偏小达不到要求，可换分压比大一些的单结晶体管。

3. 故障分析及维修

（1）电源接通后，熔断器立即烧断

这一现象出现可能是变压器一次侧或二次侧接线短路，也可能是晶闸管或二极管短路。应检查元件是否短路。

（2）直流输出电压为零

可能是二极管 V5、V6 两只元件都已断路，或者是 V8、V9 两只元件都已损坏，也可能是未接通负载。

（3）晶闸管 V8、V9 不导通

用示波器检查稳压管两端有无梯形波，幅度是否合适；电容两端是否有锯齿波，其波形是否可移动；然后检查晶闸管 V8、V9 的控制极与阴极之间有无可移动的触发脉冲，触发脉冲的极性是否为正，触发脉冲的幅度是否够大。如一切正常，V8、V9 仍不导通，则可能是控制极断路；如果电容两端有锯齿波电压，但无触发脉冲输出，可能是控制极断路。确定 V8、V9 损坏后，拆焊下该元件，换上好的元件，重新调试。

知识拓展

把交流电变成大小可调的单一方向直流电的过程称为可控整流。由调光灯电路可以得出晶闸管可控整流的原理框图如图1—4—2所示。可控整流装置由主电路和触发电路两部分构成。整流装置的输入端一般接在交流电网上。为了适应负载对电源电压大小的要求，或者为了提高可控整流装置的功率因数，一般在主电路输入端接整流变压器，把一次侧电压 u_1 变成二次侧电压 u_2。由晶闸管等组成的可控整流主电路，其输出端的负载可以是电阻性负载（如白炽灯、电炉、电焊机等）、大电感性负载（如直流电动机的励磁绕组、滑差电动机的电枢线

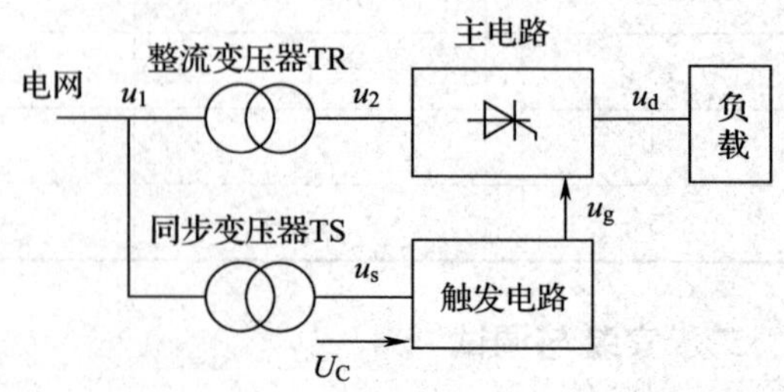

图1—4—2　可控整流装置原理框图

圈等）以及反电势负载（如直流电动机的电枢反电势负载、充电状态下的蓄电池等）。以上负载往往要求整流能输出在一定范围内变化的直流电压。为此，只要改变触发电路所提供的触发脉冲送出的时刻（即控制角），就能改变晶闸管在交流电压 u_2 一周期内导通的时间，这样负载上直流电压的平均值就可以得到控制。为了使触发电路能和主电路电压同步，在触发电路输入端接同步变压器。

项目二　直流调速装置电路

任务1　三相可控整流电路的安装、调试与维修

学习目标

1. 掌握三相半波可控整流电路、三相全控桥式整流电路和三相半控桥式整流电路的结构、原理及分析计算方法。

2. 能对三相半波可控整流电路、三相全控桥式整流电路和三相半控桥式整流电路进行接线、安装调试与维修。

任务描述

在工业生产和日常生活中，直流电源技术的应用越来越多，不仅应用于一般工业领域，也广泛应用于交通运输、电力系统、通信系统、能源系统及其他领域。工业中大量应用的各种直流电动机的调速均采用整流电力电子装置；电气化铁道（电气机车、磁悬浮列车等）、电动汽车、飞机、船舶、电梯等交通运输工具中也广泛采用整流电力电子技术；各种电子装置，如通信设备中交换机的直流电源、大型计算机所需的工作电源、微型计算机内部的电源，都可以利用整流电路构成的直流电源供电。可见整流电路，尤其是三相整流电路是电力电子技术中最为重要，也是应用比较广泛的电路。

在实际应用中，当整流负载容量超过 4 kW，要求的直流电压脉动较小时，应采用三相可控整流电路，这样可以避免因单相电路造成的三相电网不平衡，提高整流电路供电质量。三相可控整流电路的类型很多，包括三相半波可控整流电路、三相全控桥式整流电路、三相半控桥式整流电路、双反星形以及由此发展起来适用于大功率的 12 相整流电路等。本任务将学习三相半波可控整流电路、三相全控桥式整流电路和三相半控桥式整流电路的基本工作原理和特点，并完成相关电路的安装、调试与维修。

相关知识

一、三相半波可控整流电路

1. 电阻性负载

三相半波可控整流电路如图 2—1—1a 所示。为了得到零线，变压器二次侧接成星形，一次侧多接成三角形，避免 3 次谐波流入电网。3 个晶闸管的阳极分别接入 a、b、c 三相电源，其阴极连接在一起，称为共阴极接法，这对触发电路有公共线者连线较方便，使用较广泛。

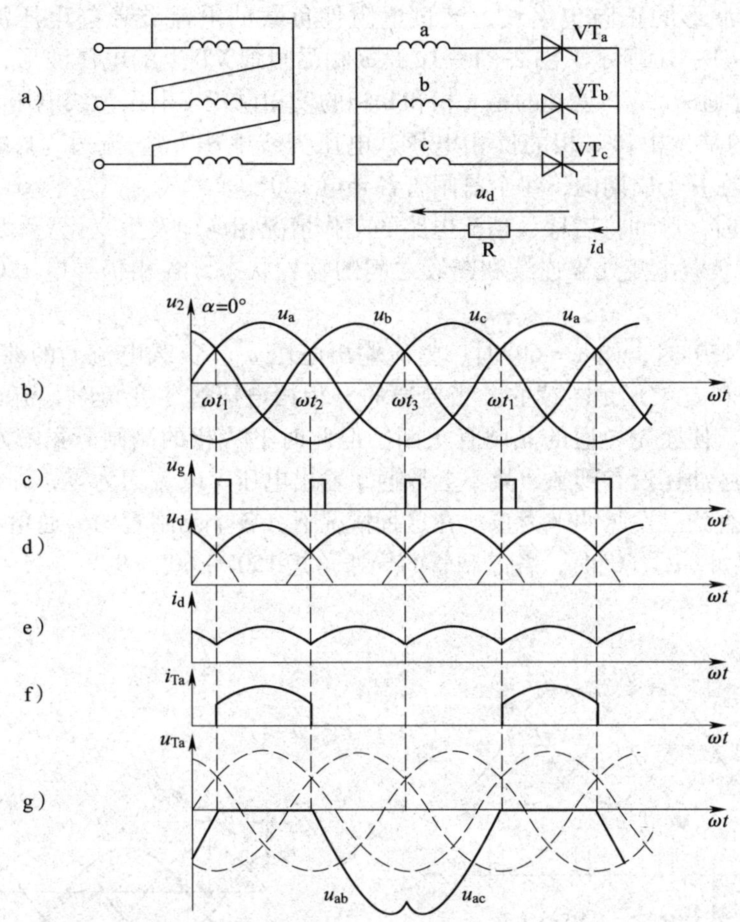

图 2—1—1 三相半波可控共阴极整流电路接电阻性负载，$\alpha=0°$时电路及波形

图 2—1—1b 为输入相电压的波形图，在 $\omega t_1 \sim \omega t_2$ 期间，a 相电压最高，假设在 ωt_1 时刻触发了晶闸管 VT_a，那么负载上的电压 u_d 等于 u_a。在 $\omega t_2 \sim \omega t_3$ 期间，b 相电压最高，在 ωt_2 时刻触发了晶闸管 VT_b，VT_b将会导通，而 VT_a承受反向电压而关断，负载上的电压 u_d 等于 u_b。同样在 $\omega t_3 \sim \omega t_1$ 期间，c 相电压最高，在 ωt_3 时刻触发晶闸管 VT_c，VT_b承受反向电压而关断，负载上的电压 u_d 等于 u_c。晶闸管触发电压波形及顺序如图 2—1—1c 所示。

由上面分析可知，晶闸管整流电路的换流点不一定在自然换流点上，而取决于触发脉冲的相位控制角 α。在图 2—1—1b 中，相电压的交点处 ωt_1、ωt_2 和 ωt_3 是各相晶闸管能触发导通的最早时刻，所以将其作为计算各晶闸管触发角 α 的起点，即 $\alpha=0°$，这个交点叫自然换相点。因此，在三相可控整流电路中，α 角的起始点不再是坐标原点，而是在距离相应的相电压原点 30°的位置。要改变控制角，只能是在此位置沿时间轴向后移动触发脉冲，而且三相触发脉冲的间隔必须和三相电源相电压的相位差一致，即均为 120°，其相序也要与三相交流电源的相序一致。

所以当 $\alpha=0°$ 时，触发脉冲就在自然换相点加入，负载电压 u_d 由三相电源轮换供给，其波形是三相电源波形的正向包络线，流过电阻性负载的电流波形与电压波形相同，如图 2—1—1d、图 2—1—1e 所示。图 2—1—1g 是 a 相晶闸管 VT_a 上的电压波形，当 VT_a 导通时，$u_{Ta}=0$；当 VT_b 导通时，VT_a 承受的是 a 相和 b 相的反相电压，电压为线电压 u_{ab}；在 VT_c 导通期间，VT_a 承受的是 a 相和 c 相的反相电压，电压为线电压 u_{ac}。流过 VT_a 的电流波形如图 2—1—1f 所示，在一个周期内，每个晶闸管各导电 120°。

当增大 α 值时，脉冲将后移，整流电路的工作情况相应地发生变化。

当 $\alpha=30°$ 时负载电流处于连续和断续之间的临界状态，各相仍导电 120°，各波形如图 2—1—2 所示。

当 $30°<\alpha\leqslant150°$ 时，如 $\alpha=60°$ 时，整流输出电压 u_d、负载电流 i_d 的波形如图 2—1—3 所示。此时，u_d 和 i_d 波形是断续的。当导通的一相相电压过零变负时，流过该相的晶闸管电流也降低为零，使原先导通的晶闸管关断。但此时下一相的晶闸管虽然承受正向的相电压，可它的触发脉冲还没有到来，故不会导通，输出电压、电流均为零，即出现了电压、电流断续的情况，直到触发脉冲来为止。在这种情况下，各个晶闸管的导通角不再是 120°，而是小于 120°。例如，$\alpha=60°$ 时，各晶闸管的导通角是 150° - 60° = 90°。

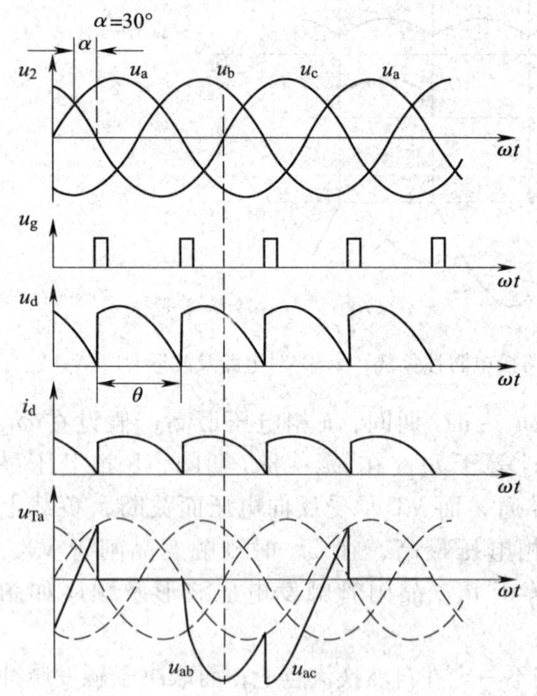

图 2—1—2　三相半波可控整流电路 $\alpha=30°$ 时波形图

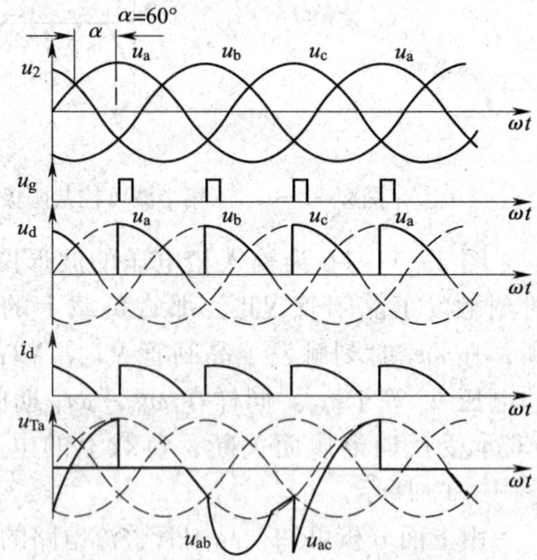

图 2—1—3　三相半波可控整流电路 $\alpha=60°$ 时波形图

当 $\alpha=150°$ 时，输出电压为零，所以三相半波可控整流电路接电阻性负载时，要求电路中的 α 的移相范围为 0° ~ 150°。

输出电压平均值的计算分为两种情况：

（1）当$\alpha \leqslant 30°$时：

$$u_d = 1.17u_2 \cos\alpha$$

当$\alpha = 0°$时，输出电压最大，$U_d = 1.17U_2$。

（2）当$\alpha > 30°$时：

$$u_d = 0.675u_2\left[1 + \cos\left(\frac{\pi}{6} + \alpha\right)\right]$$

输出电流平均值为$I_d = U_d/R_L$，流过每个晶闸管的平均电流为$I_{dt} = \frac{1}{3}I_d$，晶闸管承受的最大反向电压为线电压的峰值，为$U_{RM} = \sqrt{6}U_2 = 2.45U_2$。在电流断续时，晶闸管承受的是各自的相电压，故其承受的最大正向电压是相电压的峰值，为$U_{FM} = \sqrt{2}U_2$。

2. 电感性负载

当三相半波可控整流电路的负载为大电感时，由于L值很大，整流电流基本是持续平直的。如图2—1—4所示为三相半波可控整流电路接电感性负载及$\alpha = 60°$时波形图。

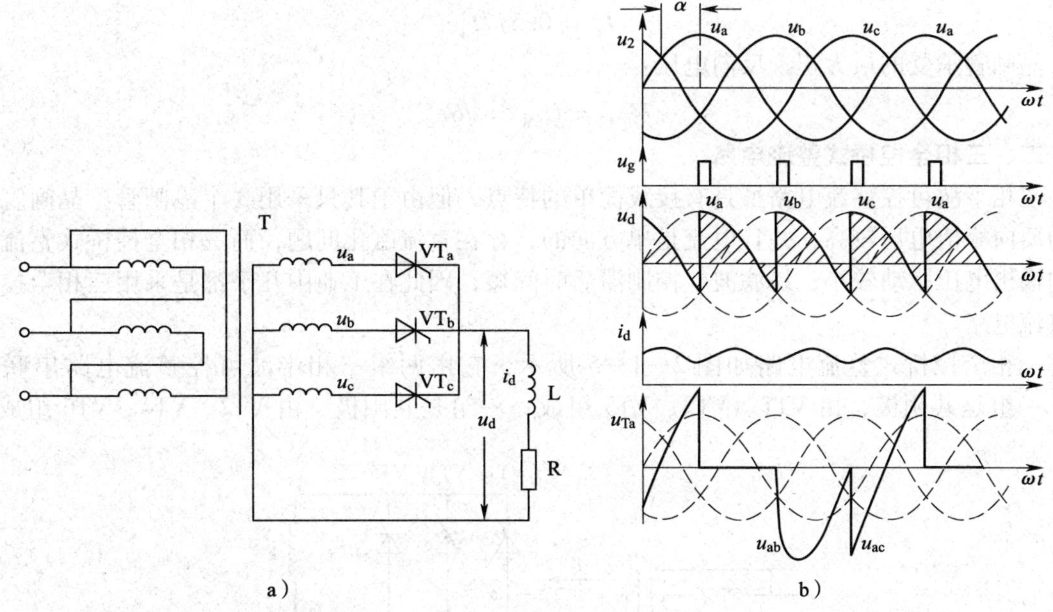

图2—1—4　三相半波可控整流电路接电感性负载及$\alpha = 60°$时波形图

a）电路图　b）波形图

当$\alpha \leqslant 30°$时，整流电路输出电压波形与纯电阻性负载时相同，晶闸管导通角为120°，但电流i_d波形则变为一水平直线。

当$\alpha > 30°$时，直流输出电压u_d的波形出现负值，这是由于负载中电感的存在，使得当电流变化时电感产生了自感电动势来阻碍电流的变化，当电源电压过零变负时，由于此时电流是减小的，电感两端产生的自感电动势对晶闸管而言是正向的，因此，即使电源电压变为负值，但是只要自感电动势的数值大于相应的相电压的数值，那么晶闸管就仍能维持导通状态，直到下一相晶闸管的触发脉冲到来。当与a相相连的晶闸管VT_a导通时，电路的整流输

出电压为 $u_d = u_a$，至 a 相相电压过零变负时，由于自感电动势的作用，晶闸管 VT_a 会继续导通，此时，输出电压 u_d 为负值。直到 VT_b 的触发脉冲到来，由于共阴极的电路中阳极电位高的晶闸管优先导通，而此时 b 相的相电压高于 a 相相电压，所以晶闸管 VT_a 会让位给 VT_b，电流由 VT_a 换流给 VT_b，输出电压变为 $u_d = u_b$，后面以此类推。

从图 2—1—4 中可以分析出，尽管 $\alpha > 30°$，仍然能使各相晶闸管导通 120°，保证电流连续。虽然输出电压波形的脉动很大，甚至出现负值，但电流 i_d 的脉动却很小。输出电压 u_d 的平均值：

$$u_d = 1.17u_2\cos\alpha$$

当 $\alpha = 90°$ 时，$u_d = 0$，此时电压波形正负面积相等，所以在接大电感负载时，触发脉冲的移相范围为 0° ~ 90°。

输出直流平均值：

$$i_d = u_d/R_L = \frac{1.17u_2\cos\alpha}{R_L}$$

流过晶闸管的电流有效值：

$$I_T = 0.577I_d$$

晶闸管承受的最大正、反向电压：

$$U_{RM} = U_{FM} = \sqrt{6}u_2$$

二、三相全控桥式整流电路

三相半波可控整流电路虽具有接线简单的特点，但由于其只采用 3 个晶闸管，晶闸管承受的反向峰值电压较高，并且电流是单方向的，存在直流磁化问题，而三相全控桥式整流电路的输出电压脉动较小，易滤波，控制滞后时间短，因此在工业中几乎都是采用三相全控桥式整流电路。

三相全控桥式整流电路如图 2—1—5 所示，它由两组三相半波可控整流电路串联而成。一组是共阴极，由 VT1、VT3、VT5 组成；一组是共阳极，由 VT2、VT4、VT6 组成。

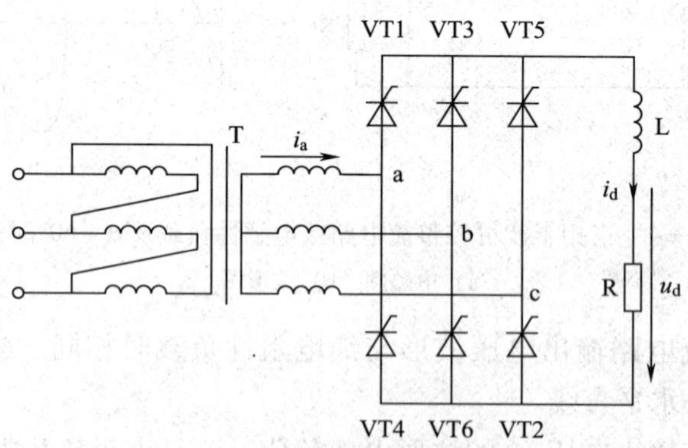

图 2—1—5　三相全控桥式整流电路

如图 2—1—6 所示为三相全控桥式整流电路接电感性负载 $\alpha = 0°$ 时的波形。根据晶闸管的换相情况，把一个交流周期分成 6 个相等的时间段（即Ⅰ、Ⅱ、Ⅲ、Ⅳ、Ⅴ、Ⅵ,）来讨论。在第Ⅰ阶段，a 相电压最高，b 相电压最低，所以在触发脉冲作用下，共阴极组的 VT1 导通，共阳极的 VT6 导通。电流由 a 相流出，经 VT1→负载→VT6 流回 b 相，负载电压为 ab 两相的线电压 u_{ab}。经过 60°进入第Ⅱ阶段，a 相电压仍保持最高，VT1 继续导通，但 c 相的电压变为最低，在自然换相点触发 VT2，VT6 承受反向电压而关断，负载电流从 b 相换到 c 相，电流仍由 a 相流出，经 VT1→负载→VT2 流回 c 相，负载电压为 ac 两相的线电压 u_{ac}。再经过 60°进入第Ⅲ阶段后，b 相电压变为最高，在自然换相点触发了 VT3，c 相仍为最低，VT2 继续导通，电流从 a 相换到 b 相，电流由 b 相流出，经 VT3→负载→VT2 流回 c 相，负载电压为 bc 两相的线电压 u_{bc}。以此类推可推出，在第Ⅳ阶段，b、a 相供电，VT3、VT4 管导通。在第Ⅴ阶段，c、a 相供电，VT5、VT4 管导通。第Ⅵ阶段，c、b 相供电，VT5、VT6 管导通。再从第Ⅰ阶段开始循环。三相全控桥式整流电路的输出电压为输入线电压的包络线，输出电压在一个周期内脉动 6 次。

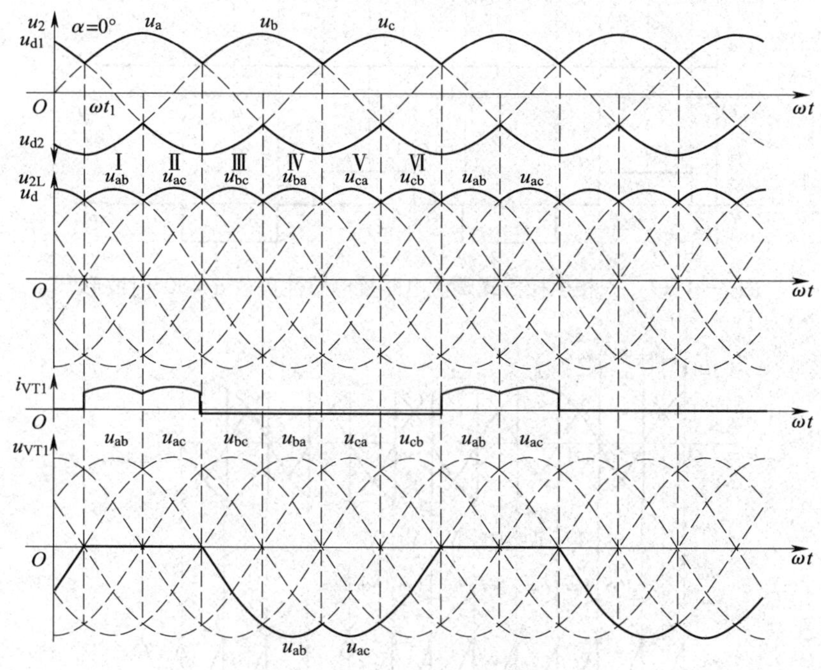

图 2—1—6　三相全控桥式整流电路接电感性负载 $\alpha=0°$时波形

在三相全控桥式整流电路中，晶闸管导通顺序是：VT6、VT1→VT1、VT2→VT2、VT3→VT3、VT4→VT4、VT5→VT5、VT6→VT6、VT1……

当 $\alpha>0°$时，每个晶闸管都不在自然换相点处换相，而是从自然换相点处向后移 α 角开始换相，所以输出电压波形将发生变化，其分析方法与 $\alpha=0°$时相同。当 $\alpha\leqslant60°$时，整流输出电压 u_d 均为正值，如图 2—1—7 所示；当 $\alpha>60°$时，晶闸管换相时瞬时值已为负值，由于大电感的作用，整流输出电压波形出现了负的电压波形，但正面积大于负面积，输出电压 u_d 仍为正值。当 $\alpha=90°$时，此时输出电压波形的正负面积相等，即 $u_d=0$，如图 2—1—8 所示。

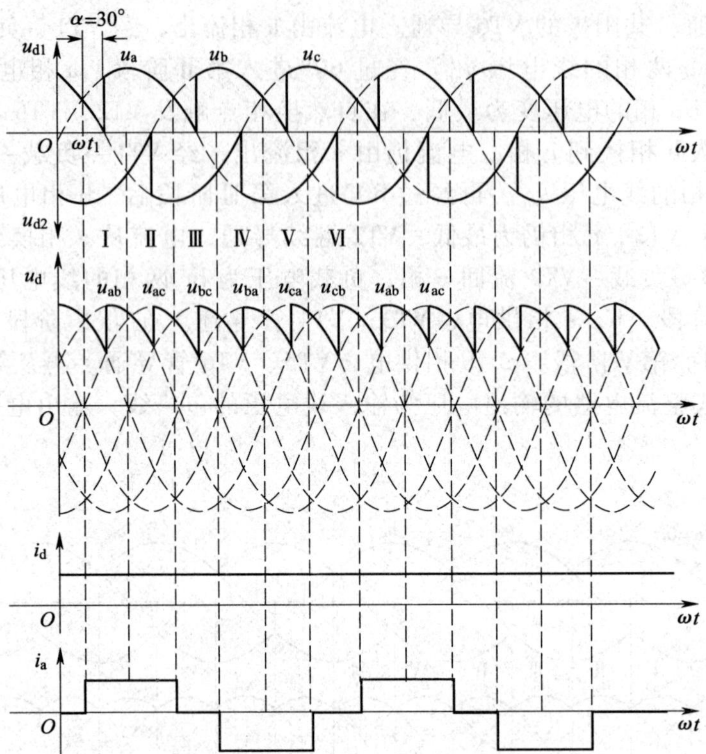

图 2—1—7　三相全控桥式整流电路接电感性负载 $\alpha=30°$时波形

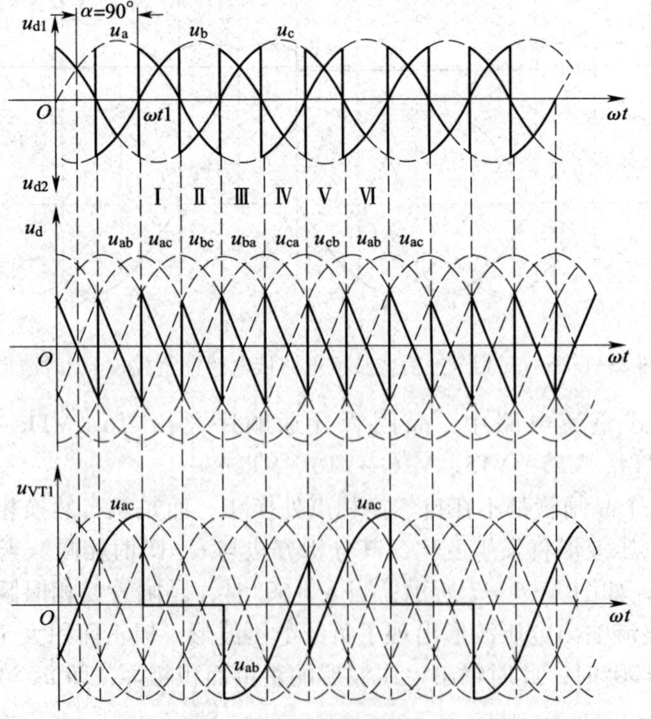

图 2—1—8　三相全控桥式整流电路接电感性负载 $\alpha=90°$时波形

负载为电阻性负载时，当 $\alpha \leq 60°$ 时，输出电压、电流波形连续，在一周期内，每个晶闸管导通 120°。当 $60° < \alpha < 120°$ 时，输出电压、电流波形断续，在一周期内，每个晶闸管导通两次。当 $\alpha = 120°$ 时，输出电压为零，所以负载为电阻性负载时，其控制角移相范围为 0 ~ 120°。

通过上述分析，可归纳出三相全控桥式整流电路有如下特点：

1. 三相全控桥式整流电路在任意时刻必须有两个晶闸管同时导通才能构成回路，共阳极与共阴极组各有一个晶闸管导通，且不能是同相的两个。

2. 共阴极组中晶闸管 VT1、VT3、VT5 的触发脉冲相位互差 120°，共阳极组中晶闸管 VT2、VT4、VT6 的触发脉冲相位也是互差 120°；接在同一相上的两管触发脉冲相位互差 180°，如 VT1 与 VT4，VT3 与 VT6，VT5 与 VT2；由于电路中共阴极与共阳极换流点间隔 60°顺序导通，所以两个触发脉冲相位互差 60°。

3. 为了保证整流装置能正常启动工作，或在电流断续后能再次导通，必须对两组中应导通的一对晶闸管同时给触发脉冲。为此可采取两种方法，一种是宽脉冲触发，使每一个触发脉冲的宽度大于 60°（必须小于 120°，一般取 80° ~ 100°）。另一种是双窄脉冲触发，即在触发某一个晶闸管的同时给前一个晶闸管补发一个脉冲，使共阴极与共阳极的两个应导通的晶闸管上都有触发脉冲，相当于用两个窄脉冲等效代替了大于 60°的宽脉冲。如图 2—1—9 所示为三相全控桥式整流电路接电感性负载 $\alpha = 0°$ 时的晶闸管触发脉冲波形，包括宽脉冲触发与双窄脉冲触发两种方法。双窄脉冲触发电路比较复杂，但减小了触发电路的功率与脉冲变压器铁芯体积。宽脉冲触发脉冲次数少一半，为了不使脉冲变压器饱和，其铁芯体积要做得大些，绕组匝数多些，因而漏感增大，导致脉冲的前沿不够陡，增加去磁绕组可以改变这一情况，但又使装置复杂化，所以双窄脉冲采用较多。

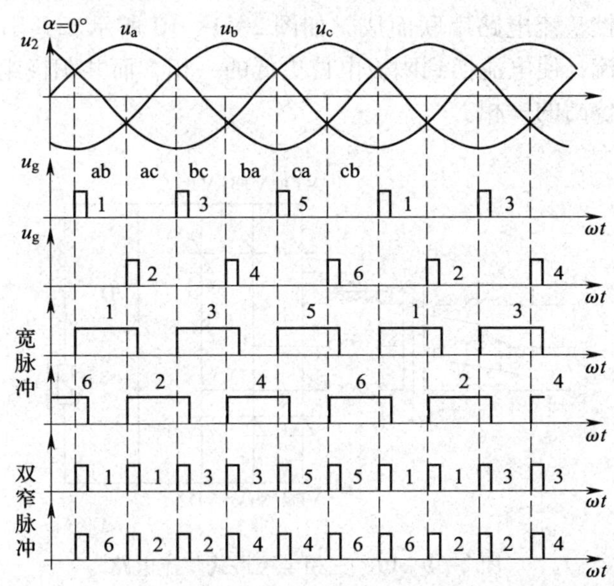

图 2—1—9 三相全控桥式整流电路 $\alpha = 0°$ 时的晶闸管触发脉冲波形

4. 三相全控桥式整流电路的输出电压是 6 个不同线电压的组合，当 $\alpha = 0°$ 时，输出电压为三相线电压的正向包络线，整流电压在一个周期内脉动 6 次，脉动频率为 6 × 50 Hz = 300 Hz。三相全控桥式整流电路的控制角 α 仍从自然换相点算起。

5．对于电感性负载，其移相范围为90°，由于电感的原因输出电流几乎是平直的。对于电阻性负载，$0° \leqslant \alpha \leqslant 60°$时电流连续，$\alpha > 60°$时输出电流开始出现断续，当$\alpha = 120°$时，输出电压为零，所以移相范围为120°。

6．三相全控桥式整流电路输出电压与控制角的关系

（1）电阻性负载

1）当$0° \leqslant \alpha \leqslant 60°$时

$$u_d = 2.34u_2\cos\alpha = 1.35U_{2L}\cos\alpha$$

2）当$60° < \alpha < 120°$时

$$u_d = 2.34u_2\left[1 + \cos\left(\frac{\pi}{3} + \alpha\right)\right]$$

（2）电感性负载

整流电压：

$$u_d = 2.34u_2\cos\alpha = 1.35U_{2L}\cos\alpha$$

流过晶闸管的电流有效值：

$$I_T = \frac{I_d}{\sqrt{3}} = 0.577I_d$$

晶闸管所承受的最大正反向电压与三相半波时相同，都是线电压的峰值$\sqrt{6}U_2$。

三、三相半控桥式整流电路

在中等容量的整流装置或要求不可逆的电力拖动中，可采用比三相全控桥式整流电路更简单、更经济的三相半控桥式可控整流电路。它由共阴极接法的三相半波整流电路与共阳极接法的三相半波不可控整流电路串联而成，如图2—1—10所示。共阳极组3个整流二极管总是在自然换流点换流，使电流换到阴极电位更低的一相，而共阴极组3个晶闸管则要在触发后才能换到阳极电位高的一相。

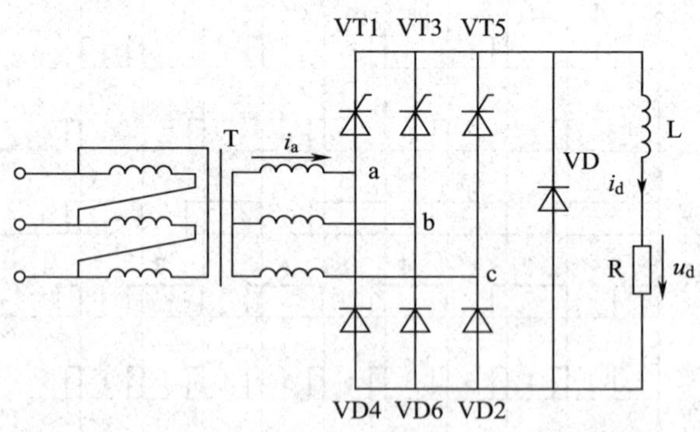

图2—1—10　三相半控桥式整流电路

三相半控桥式整流电路$\alpha = 0°$时波形如图2—1—11所示。

在图2—1—11中，同样根据晶闸管的换相情况，把一个交流周期分成6个相等的时间段（即Ⅰ、Ⅱ、Ⅲ、Ⅳ、Ⅴ、Ⅵ）来讨论。一个周期中参与导通的晶闸管及输出整流电压的情况见表2—1—1，共阳极组的二极管是在自然换相点自动切换导通的。

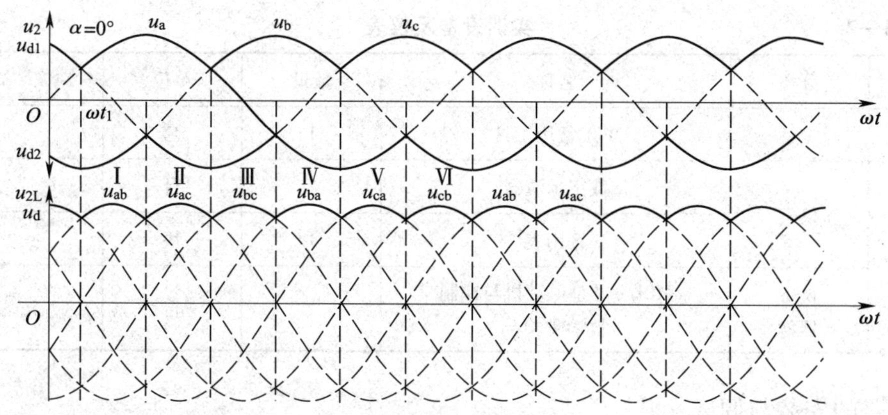

图 2—1—11　三相半控桥式整流电路 $\alpha=0°$时波形

表 2—1—1　　　　三相半控桥式整流电路一周期内导通晶闸管的情况

时段	Ⅰ	Ⅱ	Ⅲ	Ⅳ	Ⅴ	Ⅵ
共阴极组导通的晶闸管	VT1	VT1	VT3	VT3	VT5	VT5
共阳极组导通的二极管	VD6	VD2	VD2	VD4	VD4	VD6
整流输出电压 u_d	u_{ab}	u_{ac}	u_{bc}	u_{ba}	u_{ca}	u_{cb}

三相半控桥式整流电路的特点如下：

1. 三相半控桥式整流电路只用 3 个晶闸管，只需 3 套触发电路，且不需要双窄脉冲或大于 60°的宽脉冲。

2. 三相半控桥式整流电路只能工作于可控整流，不能工作于逆变状态。

3. 三相半控桥式整流电路无论是接电阻性负载还是接电感性负载，移相范围都是 0°~180°，$\alpha=60°$为临界连续点。

4. 三相半控桥式整流电路带大电感负载时，如负载端不接续流二极管，当突然切断触发信号或把控制角突然调到 180°以外时，与单相半控桥式整流电路一样，也会发生某个导通着的晶闸管不关断，而共阳极组的 3 个整流管轮流导通的现象，即失控现象。

5. 为避免失控现象，必须在负载两端并联续流二极管，但只有在 $\alpha>60°$时，续流二极管才有电流通过。

6. 在 $0°<\alpha\leqslant180°$中，输出电压平均值：

$$u_d = 1.17u_2(1+\cos\alpha)$$

任务实施

一、三相半波可控整流电路的接线、安装调试与维修

1. 任务准备

实施本任务所需要的实训设备及仪表见表 2—1—2。

表 2—1—2　　实训设备及仪表

序号	分类	名称	数量	单位	备注
1	工具	电工常用工具	1	套	
2	仪表	数字示波器	1	台	
3		万用表	1	块	
4	设备器材	MCL－Ⅱ型电动机与控制教学实验台	1	台	

2. 线路的安装与调试

(1) 线路安装与通电前测试

按如图 2—1—12 所示的三相半波可控整流电路接线图对主电路和控制电路进行接线。

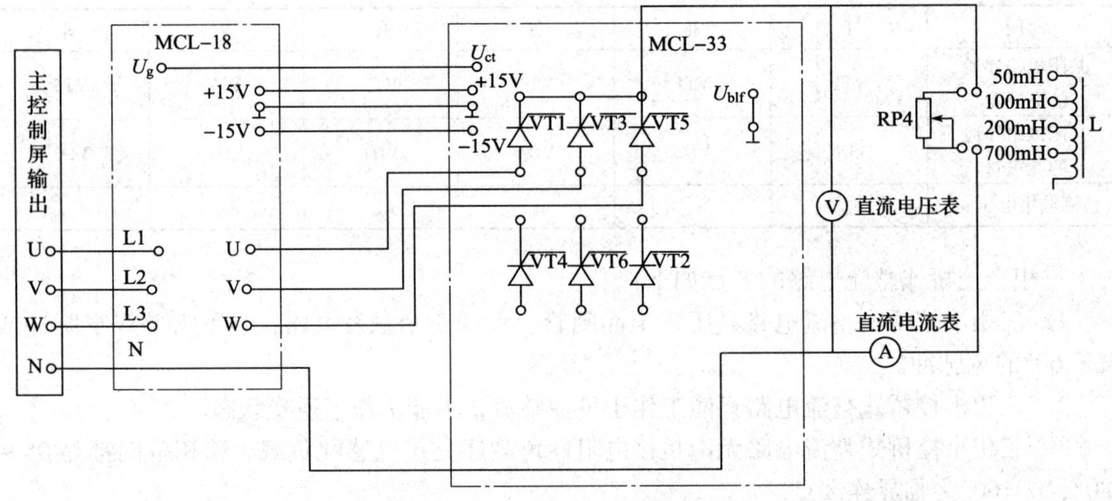

图 2—1—12　三相半波可控整流电路接线图

RP4：负载电阻，可选 MEL—03（900 Ω 并联），要求最大允许电流不大于 0.8 A，阻值大于 200 Ω。

1）打开 MCL－18 电源开关，给定电压有电压显示。

2）用示波器观察同步电压，同步电压相序关系如图 2—1—13 所示，U 相超前于 V 相 120°，其他关系同理。

3）用示波器观察 MCL－33 的双脉冲观察孔，应有间隔均匀、幅度相同的双脉冲。

4）用示波器观察“1”“2”单脉冲观察孔，“1”脉冲超前“2”脉冲 60°，则相序正确，否则，应调整输入电源。

5）调节 MCL－33 上锯齿波偏移电压，使 $U_{ct}=0$ 时，触发脉冲滞后同步信号 180 °(即 $\alpha=150°$）。

6）用示波器观察每只晶闸管的控制极、阴极，应有幅度为 1～2 V 的脉冲。

7）将“交流电源输出调节”旋钮逆时针调到底，主回路串联电阻 RP4 调至最大。

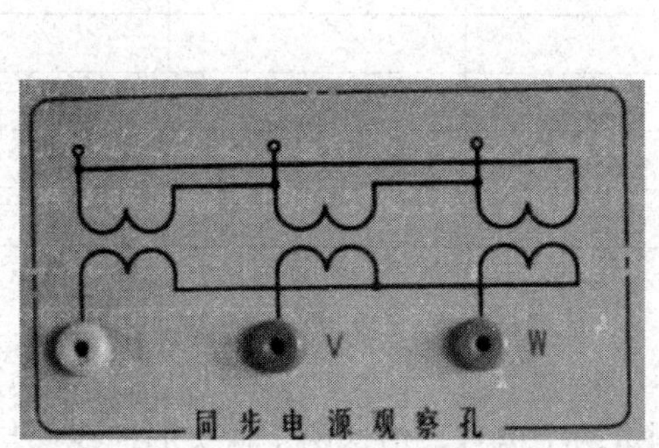

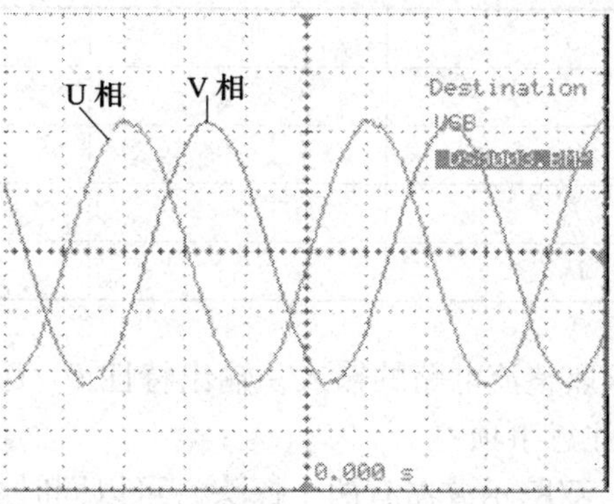

图 2—1—13　同步电压相序关系

（2）通电调试

1）电阻性负载（无须接平波电抗器）

①接入 MEL－03 组件的电阻 RP_4（由两个 900 Ω的电阻并联而成）。

②接通主电源，顺时针旋转三相调压器，调节主控制屏输出电压，从 0 V 调至 110 V。

③将 MCL－18 组件上的开关 S1 拨至正给定，S2 拨至给定。

④调节 MCL－18 上的脉冲移相电位器 RP1 旋钮，改变控制电压 U_{ct}，观察在不同控制角 α 时的 u_d、i_d、u_{cT}的波形。

⑤记录 $\alpha=0°$、$\alpha=30°$、$\alpha=60°$、$\alpha=90°$、$\alpha=120°$、$\alpha=150°$时 u_d、i_d、u_{ct}、u_2的波形，并记录在表 2—1—3 中。

表 2—1—3　　接电阻性负载通电调试记录表

α	0°	30°	60°	90°	120°	150°
U_{ct}						
U_d						
I_d						
U_2						

⑥测试完成后，将 MCL－18 上的脉冲移相电位器 RP1 旋钮调节到零，将“交流电源输出调节”旋钮逆时针调到底，然后关闭电源。

2）电感性负载

接入 MCL－33 的电抗器 $L=700$ mH，可把原负载电阻 R_d 调小，监视电流，不宜超过 0.8 A（若超过 0.8 A，可用导线把负载电阻短路），操作方法同上。

①观察不同移相角 α 时的 u_d、i_d、u_{ct}。

②记录 $\alpha=0°$、$\alpha=30°$、$\alpha=60°$、$\alpha=90°$时 u_d、i_d、u_{ct}、u_2的波形，并记录在表 2—1—4 中。

表 2—1—4　　接电感性负载通电调试记录表

α	0°	30°	60°	90°
U_{ct}				
U_d				
I_d				
U_2				

③求取整流电路的输入－输出特性 $U_d/U_2 = f(\alpha)$。

3．注意事项

（1）双踪示波器有两个探头，可以同时测量两个信号，但这两个探头的地线都与示波器的外壳相连接，所以两个探头的地线不能同时接在某一电路的不同两点上，否则将使这两点通过示波器发生电气短路。为此，在实验时可将其中一根探头的地线取下或外包以绝缘，只使用其中一根地线。当需要同时观察两个信号时，必须在电路上找到这两个被测信号的公共点，将探头的地线接上，两个探头各接至信号处，即能在示波器上同时观察到两个信号，而不致发生意外。

（2）为保护整流元件不受损坏，需注意试验步骤：

1）整流电路与三相电源连接时，一定要注意相序。

2）在主电路不接通电源时，调试触发电路，使之正常工作。

3）在控制电压 $U_{ct}=0$ 时，接通主电路电源，然后逐渐加大 U_{ct}，使整流电路投入工作。断开整流电路时，应先把 U_{ct}降到零，使整流电路无输出，然后切断总电源。

4）正确选择负载电阻或电感，须注意防止过流。在不能确定的情况下，尽可能选择较大的电阻或电感，然后根据电流值来调整。

5）晶闸管具有一定的维持电流 I_H，只有流过晶闸管的电流大于 I_H，晶闸管才可靠导通。若负载电流太小，可能出现晶闸管时通时断，所以试验中应保持负载电流不小于 100 mA。

二、三相全控桥式整流电路的接线、安装调试与维修

1．任务准备

实施本任务所需要的实训设备及仪表见表 2—1—5。

表 2—1—5　　实训设备及仪表

序号	分类	名称	数量	单位	备注
1	工具	电工常用工具	1	套	
2	仪表	数字示波器	1	台	
3	仪表	万用表	1	块	
4	设备器材	MCL－Ⅱ型电机与控制教学实验台	1	台	

2．线路的安装与调试

（1）线路安装与通电前测试

按如图 2—1—14 所示的三相全控桥式整流电路接线图对主电路和控制电路进行接线。

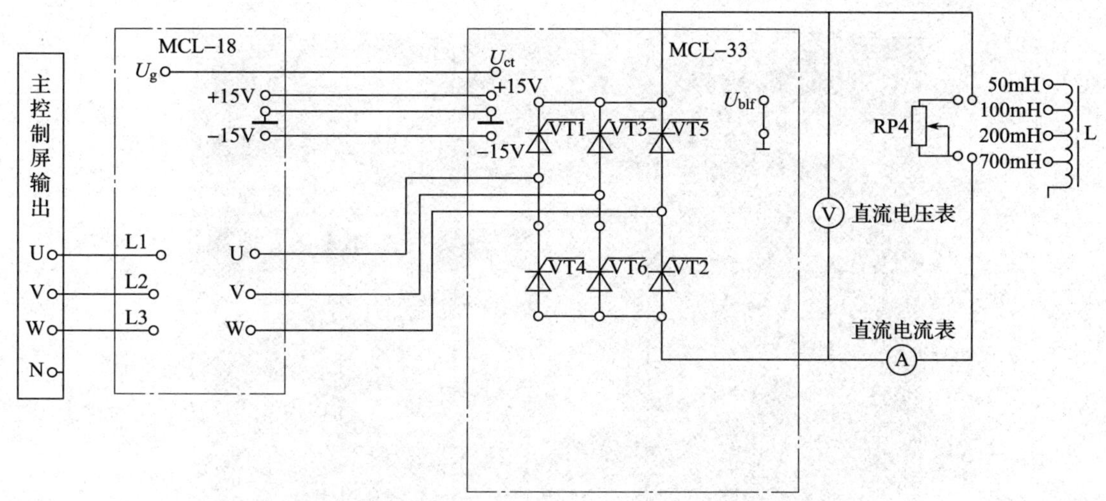

图 2—1—14　三相全控桥式整流电路接线图

RP4：负载电阻，可选 MEL—03（900 Ω 并联），要求最大允许电流不大于 0.8 A，阻值大于 200 Ω。

1）打开 MCL－18 电源开关，给定电压有电压显示。

2）用示波器观察同步电压，相序关系如图 2—1—13 所示，U 相超前于 V 相 120°，其他关系同理。

3）用示波器观察 MCL－33 的双脉冲观察孔，应有间隔均匀、相互间隔 60°的幅度相同的双脉冲，如图 2—1—15 所示。图 2—1—15 中 $\alpha=60°$，可由同步电压和对应的脉冲相角关系来确定，图 2—1—15 中为 U 相和脉冲观察孔“1”对应的 α 角。

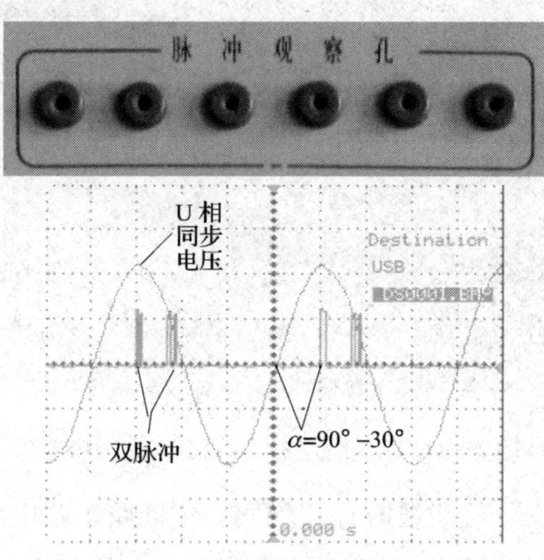

图 2—1—15　同步电压和 α 角的关系

4）用示波器观察每只晶闸管的控制极、阴极，应有幅度为 1 ~2 V 的脉冲。

注：将面板上的 U_{blf} 接地，I 组脉冲放大电路进行放大；将 I 组桥式触发脉冲的六个开关均拨到“接通”。脉冲观察孔、脉冲放大控制端子如图 2—1—16 所示。

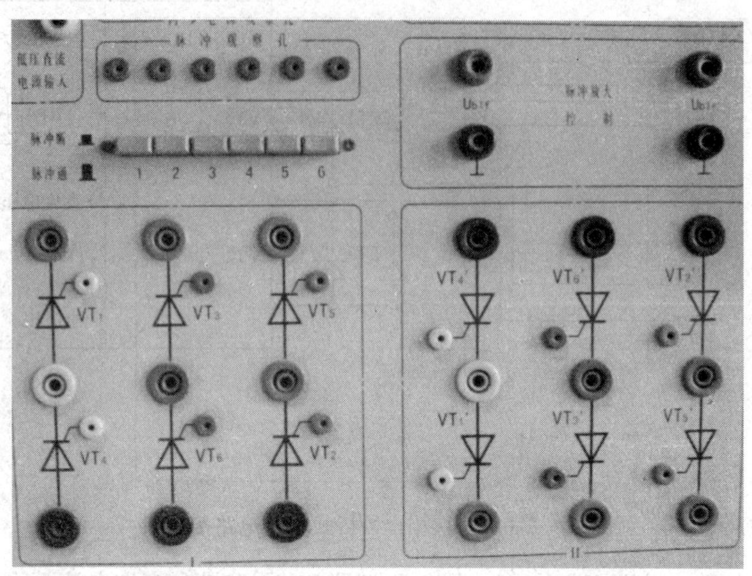

图 2—1—16　脉冲观察孔、脉冲放大控制端子

5）将给定器输出 U_g 接至 MCL－33 面板的 U_{ct} 端，调节偏移电压 U_b，在 $U_{ct}=0$ 时，使 $\alpha=150°$。给定器、移相控制电压端子如图 2—1—17 所示。

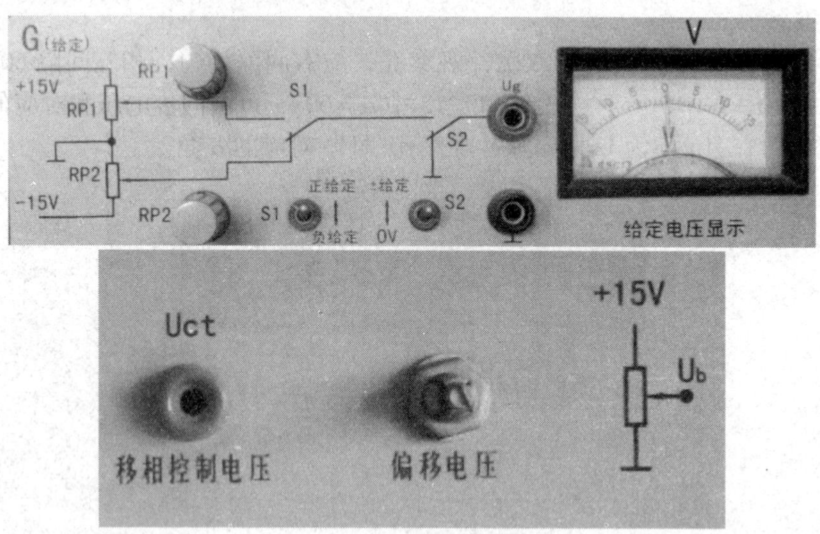

图 2—1—17　给定器、移相控制电压端子

6）“交流电源输出调节”旋钮逆时针调到底，主回路串联电阻 RP_4 调至最大。

（2）通电调试

1）电阻性负载（无须接平波电抗器）

按图接线后，合上主电源，调节主控制屏输出电压，从 0 V 调至 220 V。

调节 U_{ct}，使 α 在 0°～120°范围内，用示波器观察 $\alpha=0°$、30°、60°、90°、120°时，u_d、i_d、u_{ct}、u_2 的波形，并记录于表 2—1—6 中。

表 2—1—6 通电调试记录表

α	0°	30°	60°	90°	120°
U_{ct}					
U_d					
I_d					
U_2					

电路模拟故障现象观察：在 $\alpha=60°$时，断开某一晶闸管元件的触发脉冲开关，则该元件无触发脉冲即该支路不能导通，观察并记录此时的 u_d波形。

2）电感性负载

接入 MCL—33 的电抗器 $L=700$ mH 后，同样调节 U_{ct}，使 α 在 0°~90°范围内，用示波器观察 $\alpha=0°$、30°、60°、90°时，u_d、i_d、u_{ct}、u_2的波形，并记录于表 2—1—7 中。

表 2—1—7 通电调试记录表

α	0°	30°	60°	90°
U_{ct}				
U_d				
I_d				
U_2				

电路模拟故障现象观察：在 $\alpha=30°$时，断开某一晶闸管元件的触发脉冲开关，则该元件无触发脉冲即该支路不能导通，观察并记录此时的 u_d波形。

3. 注意事项

与三相半波可控整流电路注意事项相同。

4. 故障分析

（1）断开负载后，晶闸管不能导通，没有输出电压，$U_d=0$ V。

故障原因：因负载开路，整流输出电流 I_d 没有达到晶闸管维持电流 I_H，晶闸管不能导通。

（2）断开快熔后，系统不能工作。

故障原因：电路保护，缺相保护启动。

（3）某桥臂断路。

故障原因：引线断路或 U_g丢失。

例如，VT1 管在桥臂断路（感性负载）的波形如图 2—1—18 所示。

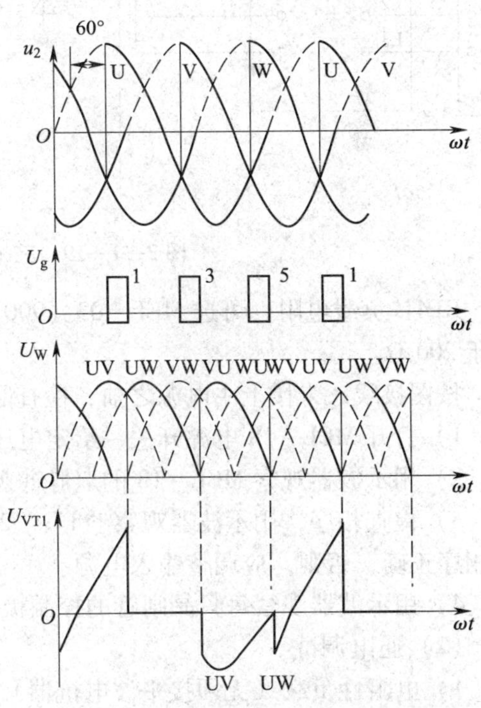

图 2—1—18 VT1 管在桥臂断路（感性负载）的波形

三、三相半控桥式整流电路的接线、安装调试与维修

1．任务准备

实施本任务所需要的实训设备及仪表见表 2—1—8。

表 2—1—8　　　　实训设备及仪表

序号	分类	名称	数量	单位	备注
1	工具	电工常用工具	1	套	
2	仪表	数字示波器	1	台	
3		万用表	1	块	
4	设备器材	MCL－Ⅱ型电机与控制教学实验台	1	台	

2．线路的安装与调试

（1）线路安装与通电前测试

按如图 2—1—19 所示的三相半控桥式整流电路接线图对主电路和控制电路进行接线。

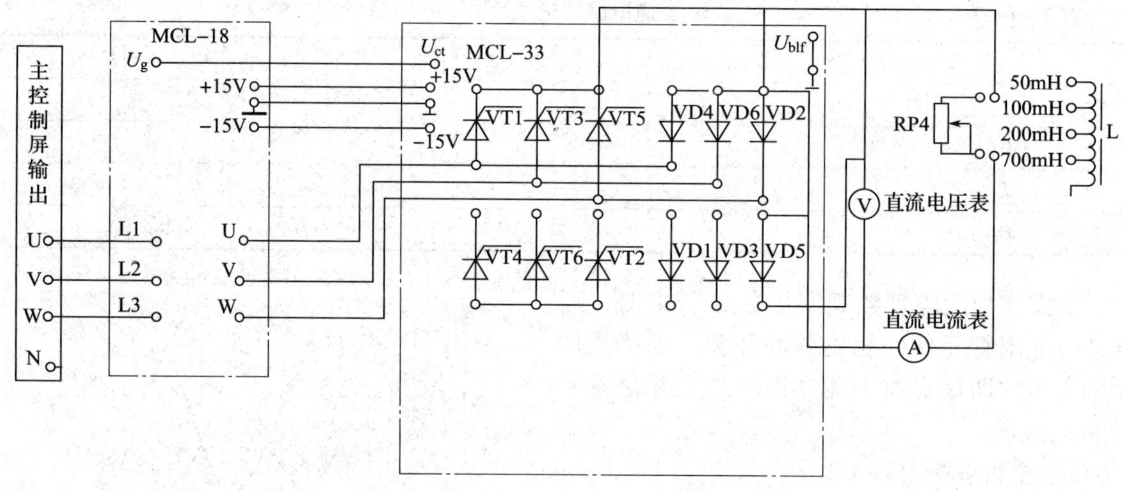

图 2—1—19　三相半控桥式整流电路接线图

RP4：负载电阻，可选 MEL－03（900 Ω 并联），要求最大允许电流不大于 0.8 A，阻值大于 200 Ω。

按图接线，未接上主电源之前，检查晶闸管的脉冲是否正常。

1）打开 MCL－18 电源开关，给定电压有电压显示。

2）用示波器观察 MCL－18 的双脉冲观察孔，应有间隔均匀、幅度相同的双脉冲。

3）检查相序，用示波器观察“1”“2”单脉冲观察孔，“1”脉冲超前“2”脉冲 60°，则相序正确，否则，应调整输入电源。

4）用示波器观察每只晶闸管的控制极、阴极，应有幅度为 1～2 V 的脉冲。

（2）通电调试

1）电阻性负载（无须接平波电抗器）

调节 Uct，观察 $\alpha=30°$、60°、90°、120°等不同移相范围内，u_d、i_d、u_{ct}、u_2的波形并记录于表 2—1—9 中。

表 2—1—9　　通电调试记录表

α	0°	30°	60°	90°	120°
U_{ct}					
U_d					
I_d					
U_2					

测试完成后，将 MCL－18 上的脉冲移相电位器 RP1 旋钮调节到零，将“交流电源输出调节”旋钮逆时针调到底，然后关闭电源。

2）电感性负载

接入 MCL－33 的电抗器 $L=700$ mH，续流二极管接入电路中。

调节 U_{ct}，观察 $\alpha=30°$、60°、90°、120°等不同移相范围内，u_d、i_d、u_{ct}、u_2的波形并记录于表 2—1—10 中。

表 2—1—10　　通电调试记录表

α	0°	30°	60°	90°
U_{ct}				
U_d				
I_d				
U_2				

断开续流二极管，重复上述步骤实验，观察 u_d、i_d波形是否与不接续流二极管时相同。

断开触发电路直流电源，观察脉冲突然消失时的失控现象，并记录失控时输出电压 u_d的波形。

3．注意事项

与三相半波可控整流电路注意事项相同。

任务 2　集成触发电路的安装与调试

学习目标

1．熟悉同步信号为锯齿波的触发电路的工作原理，能够对同步信号为锯齿波的触发电路进行调试。

2．认识 KC04 集成芯片，并能够对集成触发电路进行调试。

任务描述

晶闸管可控整流电路能够正常工作，是通过控制触发角 α 的大小，即控制触发脉冲起始相位来控制输出电压的大小。为保证电路的正常工作，很重要的一点是保证按触发角 α 的大小在正确的时刻向电路中晶闸管施加有效的触发脉冲。可见在可控整流电路中，几乎所有的调节和控制都是通过触发电路实现的，所以触发电路是最重要的组成部分之一。

触发电路的形式多种多样，常用的触发电路主要有单结晶体管触发电路、同步信号为锯齿波的触发电路、同步信号为正弦波的触发电路和 KC 系列的集成触发电路。目前随着半导体技术的不断提高，触发电路从早期的分立元件电路向集成电路和智能控制模块方向发展。本任务将重点学习同步信号为锯齿波的触发电路和 KC 系列的集成触发电路基本知识，并完成相关电路的安装与调试。

相关知识

为使晶闸管稳定可靠地工作，对触发电路的输出脉冲提出以下要求：

（1）足够的脉冲宽度，以保证晶闸管阳极电流超过维持电流，使晶闸管开通稳定。对于纯电阻性负载，一般要求脉冲宽度为 6 ~ 30 μs；对于感性负载，因阳极电流上升缓慢，要求脉冲宽度大于 50 μs。

（2）保证控制电路与主电路之间有可靠的电隔离，并触发脉冲与主回路电源电压必须同步，以保持一定的相位关系。

（3）要有足够的触发功率，脉冲必须具有足够的功率，且不超过晶闸管门极最大允许功率。

（4）触发脉冲的移相范围应满足可控整流装置提出的要求。如电阻性负载下的三相半波和三相全控桥整流电路，移相范围分别为 0° ~ 150°和 0° ~ 120°，而电感性负载（电流连续时）皆为 0° ~ 90°。

（5）触发脉冲前沿要陡，脉冲顶部尽可能平直。常见的触发脉冲电压波形如图 2—2—1 所示。

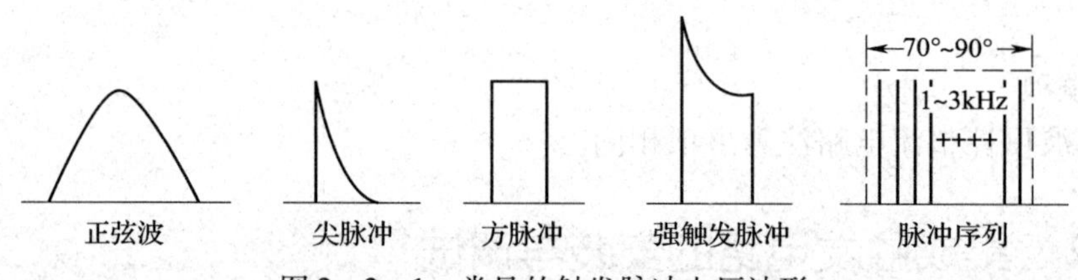

图 2—2—1　常见的触发脉冲电压波形

一、同步信号为锯齿波的触发电路

锯齿波触发电路输出为单窄脉冲，也可为双窄脉冲，适用于有两个晶闸管同时导通的电路，如三相全控桥。另外，该电路还具有不受电网电压波动和波形畸变影响的特点。如图 2—2—2 所示为同步信号为锯齿波的触发电路，电路由脉冲的形成与放大、锯齿波的形成和脉冲移相、同步 3 个基本环节组成。此外，还有强触发、双窄脉冲形成和脉冲输出等环节。

1. 脉冲形成与放大环节

脉冲形成环节由晶体管 V4、V5 组成，放大环节则由 V7、V8 组成。控制电压 u_{co}加在 V4 基极上，触发脉冲由脉冲变压器 TP 二次侧输出，其一次侧绕组接在 V8 集电极电路中。

V4 基极电压是锯齿波电压 u_h、偏移电压 u_p和控制电压 u_{co}的综合信号。当 U_{b4}（V4 基极电压）<0.7 V 时，V4 截止，+15 V 电源通过 R11 给 V5 一个足够大的基极电流，使 V5、V6 饱和导通，V5 的集电极电压 U_{c5}接近 −15 V，V7、V8 处于截止状态，无脉冲输出。此时电容 C3 经 +15 V、R9、V5 发射结到 −15 V 充电至 30 V。

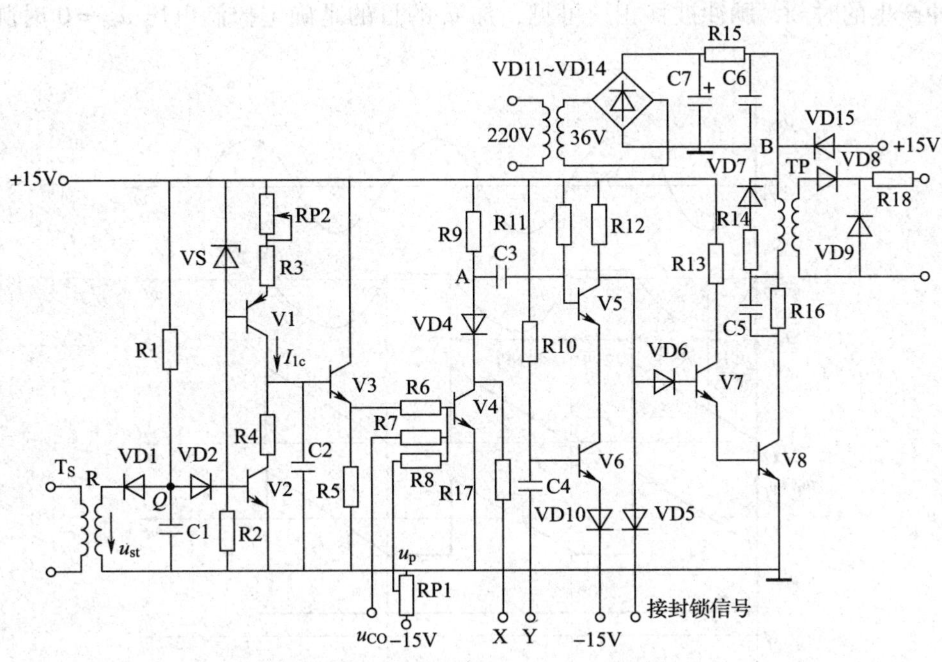

图 2—2—2　同步信号为锯齿波的触发电路

当 V4 的基极电压 $U_{b4}>0.7$ V 时，V4 导通，A 点电位从 +15 V 突降到 1 V 左右，电容 C3 两端电压不能突变，V5 基极电位也突降到 -30 V，V5 发射结反偏，V5 立即截止，V5 集电极电位迅速上升到 2.1 V 时，于是 V7、V8 导通，输出触发脉冲。同时，V4 的导通，使电容 C3 由 +15 V 经 R11、VD4、V4 放电并反充电，V5 基极电位逐渐上升。直到 $U_{b5}>-15$ V 时，V5 由截止变为导通，U_{c5}又立即由 2.1 V 下降为 -15 V，V7、V8 截止，输出脉冲终止。可见，脉冲前沿由 V4 导通时刻确定，V5（V6）的截止时间就是输出脉冲的宽度，由时间常数 $\tau=R_{11}C_3$来确定。

2. 锯齿波的形成和脉冲移相环节

本电路采用恒流源电路来形成锯齿波电压，在图中恒流源电路是由 V1、V2、V3 和 C2 等元件组成，其中 V1、VS、RP2 和 R3 组成恒流源电路。

当 V2 截止时，恒流源电流 I_{1c}对电容 C2 充电，所以 C2 两端电压 u_c按线性规律增长。调节电位器 RP2，即改变 C2 的恒定充电电流 I_{1c}，可见 RP2 是用来调节锯齿波斜率的。当 V2 导通时，由于 R4 阻值很小，所以 C2 迅速放电，使 u_{B3}电位迅速降到零附近。当 V2 周期性地导通和关断时，u_{B3}便形成一锯齿波。同样 u_{E3}也是一个锯齿波电压，如图 2—2—3 所示。射极跟随器 V3 的作用是减小控制回路的电流对锯齿波电压 u_{B3}的影响。

在图 2—2—3 中，如果控制电压 $u_{co}=0$，偏移电压 u_p为负值时，V4 基极的波形由锯齿波电压 $u_h+u'_p$确定。当 u_{co}为正值时，V4 基极的波形由 $u_h+u'_p+u'_{co}$确定。由于 V4 的存在，上述电压波形与实际波形有出入，当 V4 基极电压等于 0.7 V 后，V4 导通。之后 u_{B4}一直被钳位在 0.7 V。图 2—2—3 中 M 点是 V4 由截止到导通的转折点。由前面分析可知，V4 经过 M 点时使电路输出脉冲。因此，当 u_p为固定值时，改变 u_{co}便可改变 M 点的时间坐标，即改变了脉冲产生的时刻，脉冲被移相。可见，加 u_p 的目的是确定控制电压 $u_{co}=0$ 时脉冲的初始相位。

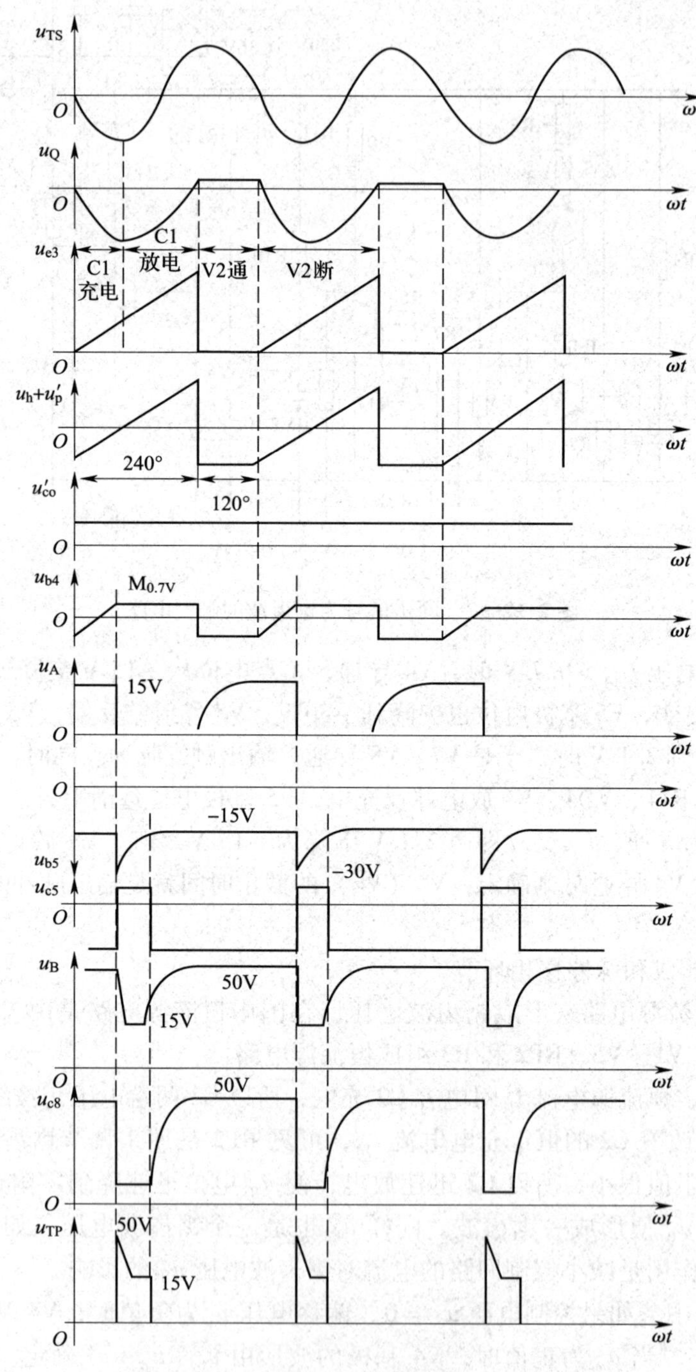

图 2—2—3 锯齿波触发电路的工作波形图

3. 同步环节

在锯齿波同步的触发电路中，触发电路与主电路的同步是指要求锯齿波的频率与主电路电源频率相同且相位关系确定。图 2—2—2 中，锯齿波是由 V2 来控制的，V2 由导通变截止期间产生锯齿波，V2 截止状态持续的时间就是锯齿波的宽度，V2 开关的频率就是锯齿波的频率。要使触发脉冲与主电路电源同步，使 V2 开关的频率与主电路电源频率同步就可达到。图 2—2—2 中的同步环节，是由同步变压器 TS 和作同步开关用的晶体管 V2 组成的。同步变压器和整流变压器接在同一电源上，用同步变压器的二次侧电压来控制 V2 的通断作用，这就保证了触发脉冲与主电路电源同步。

同步变压器 TS 二次电压 u_{TS}经二极管 VD1 间接加在 V2 的基极上。当二次电压波形在负半周的下降段时，VD1 导通，电容 C1 被迅速充电。因 Q 点接地为零电位，R 点为负电位，Q 点电位与 R 点相近，故在这一阶段 V2 基极为反向偏置，V2 截止。在负半周的上升段，$+E_1$电源通过 R1 给电容 C1 反向充电，u_Q为电容反向充电波形，其上升速度比 u_{TS}波形慢，故 VD1 截止。当 Q 点电位达 1.4 V 时，V2 导通，Q 点电位被钳位在 1.4 V。直到 TS 二次电压的下一个负半周到来时，VD1 重新导通，C1 迅速放电后又被充电，V2 截止。如此周而复始，在一个正弦波周期内，V2 包括截止与导通两个状态，对应锯齿波波形恰好是一个周期，与主电路电源频率和相位完全同步，达到同步的目的。可以看出，Q 点电位从同步电压负半周上升段开始时刻到达 1.4 V 的时间越长，V2 截止时间越长，锯齿波就越宽，可知锯齿波的宽度是由充电时间常数 R_1C_1决定的。

4. 强触发环节

图 2—2—2 中右上方是强触发环节。单向桥式整流电路作为电源，C7 两端获得 50 V 的强触发电源，晶体管 V8 导通前，B 点电位为 50 V，当 V8 导通时，B 点电位迅速下降到 14.3 V 时，二极管 VD15 导通，B 点电位钳制在 14.3 V，当 V8 由导通变截止时，B 点电位又上升到 50 V，准备下一次强触发。电容 C5 是为提高强触发脉冲前沿陡度而附加的。

5. 双窄脉冲形成环节

电路可在一个周期内发出间隔 60°的两个窄脉冲。图 2—2—2 中 V5、V6 两个晶闸管构成一个“或”门。当 V5、V6 都导通时，u_{C5}约为 -15 V，使 V7、V8 都截止，没有脉冲输出。但 V5、V6 只要中有一个截止，都会使 u_{C5}变为正电压，使 V7、V8 导通，就有脉冲输出。所以只要用适当的信号来控制 V5 和 V6 的截止（前后间隔 60°），就可以产生符合要求的双脉冲。其中，第一个脉冲由本相触发单元的 u_{CO}对应的控制角 α 所产生，使 V4 由截止变为导通，造成 V5 瞬时截止，于是 V8 输出脉冲。间隔 60°的第二个脉冲是由滞后 60°相位的后一相触发单元产生，在其生成第一个脉冲时刻将其信号引至本相触发单元的 V6 基极，使 V6 瞬时截止，于是本相触发单元的管 V8 又导通，第二次输出一个脉冲，因而得到间隔 60°的双脉冲。其中 VD4 和 R18 的作用主要是防止双脉冲信号互相干扰。

在三相桥式全控整流电路中，器件的导通顺序为 VT1—VT2—VT3—VT4—VT5—VT6，彼此间隔 60°，相邻器件成双导通。因此触发电路中双脉冲环节的接线方式：以 VT1 器件的触发单元而言，图 2—2—2 电路中的 Y 端应该接 VT2 器件触发单元的 X 端，因为 VT2 器件的第一个脉冲比 VT1 器件的第一个脉冲滞后 60°，所以当 VT2 触发单元的 V4 由截止变为导通时，本身输出一个脉冲，同时使 VT1 器件触发单元的 V6 管截止，给 VT1 器件补送一个脉冲。同理，VT1 器件触发单元的 X 端应当接 VT6 器件触发单元的 Y 端。依次类推，可以确定六个器件相应触发单元电路的双脉冲环节间的相互接线，如图 2—2—4 所示。

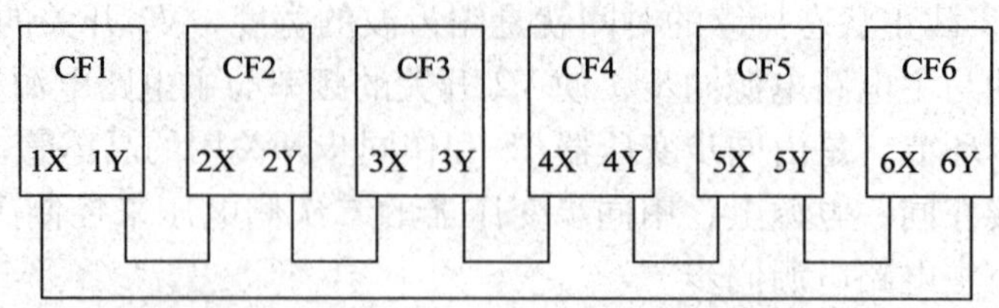

图 2—2—4 六个触发器的连接顺序图

二、触发电路与主电路的同步

1. 同步的概念

在可控整流电路中，触发脉冲必须在晶闸管阳极电压为正时的某一区间内出现，晶闸管才能被触发导通，而在常用的正弦波移相和锯齿波移相触发电路中，送出脉冲的时刻是由接到触发电路不同相位的同步电压来定位，由控制与偏移电压的大小来决定移相，因此必须根据被触发晶闸管的阳极电压相位，正确供给各触发电路特定相位的同步信号电压，才能使触发电路分别在各晶闸管需要触发脉冲的时刻输出脉冲。这种正确选择同步信号电压相位以及得到不同相位同步信号电压的方法，称为晶闸管装置的同步或定相。

现在以三相全控桥式电路来说明。如图 2—2—5a 所示为同步主电路，电网电压 U_{u1}、U_{v1}、U_{w1}，经整流变压器 T 供给晶闸管桥路，对应电压为 U_u、U_v、U_w，其波形如图 2—2—5 c 所示。假定控制角 $\alpha=0$，则 $u_{g1}\sim u_{g6}$六个触发脉冲应出现在各自的自然换流点 $\omega t_1\sim\omega t_6$，依次间隔 60°。要保证每个晶闸管的控制角 α 一致，六块触发板 1CF ~ 6CF 输入的同步信号电压 u_s也必须依次相隔 60°。为了得到六个不同相位的同步电压，通常用一只三相同步变压器 TS，它具有两组二次绕组，二次侧得到相隔 60°的六个同步信号电压分别输入六个触发电路。同步信号电压 u_s下标的符号与被触发晶闸管阳极电压符号一致，如图 2—2—5b 所示。因此，只要一块触发板的同步信号电压相位符合要求，那其他五个同步信号电压相位也肯定正确。

每一个触发电路的同步信号电压 u_s与被触发晶闸管的阳极电压之间的相位关系，取决于主电路的不同形式、不同的触发电路、负载性质以及不同的移相要求。

现以触发 VT3 管的触发电路 3CF 为例。输入的同步电压为 u_{sv}，与 VT3 管的阳极电压 u_v 对应，两者在三相桥式电路中要求特定的相位关系如图 2—2—6 所示，触发电路晶体管类型（PNP 还是 NPN）是指信号综合的晶体管。

触发电路为正弦波移相，由 NPN 晶体管组成，在大电感负载要求可逆工作时，常把同步电压 u_{sv}由负变正过零点定在主电路 $\alpha=90°$位置 ωt_2时刻，如图 2—2—6a 所示。$\alpha=0°$ 对准同步电压最大负值 ωt_1时刻，因此 u_{sv}应滞后对应的晶闸管阳极电压 u_v 120°。如改用 PNP 晶体管电路，则 u_{sv}应超前对应的 u_v 60°，如图 2—2—6b 所示。对于锯齿波移相电路而言，通常 u_{sv}与 u_v相差 180°，使主电路 $\alpha=90°$，即 ωt_2时刻接近在锯齿波的中点附近，如图 2—2—6c 所示。当锯齿波移相采用 PNP 晶体管触发电路时，u_{sv}与 u_v同相，如图 2—2—6 所示。

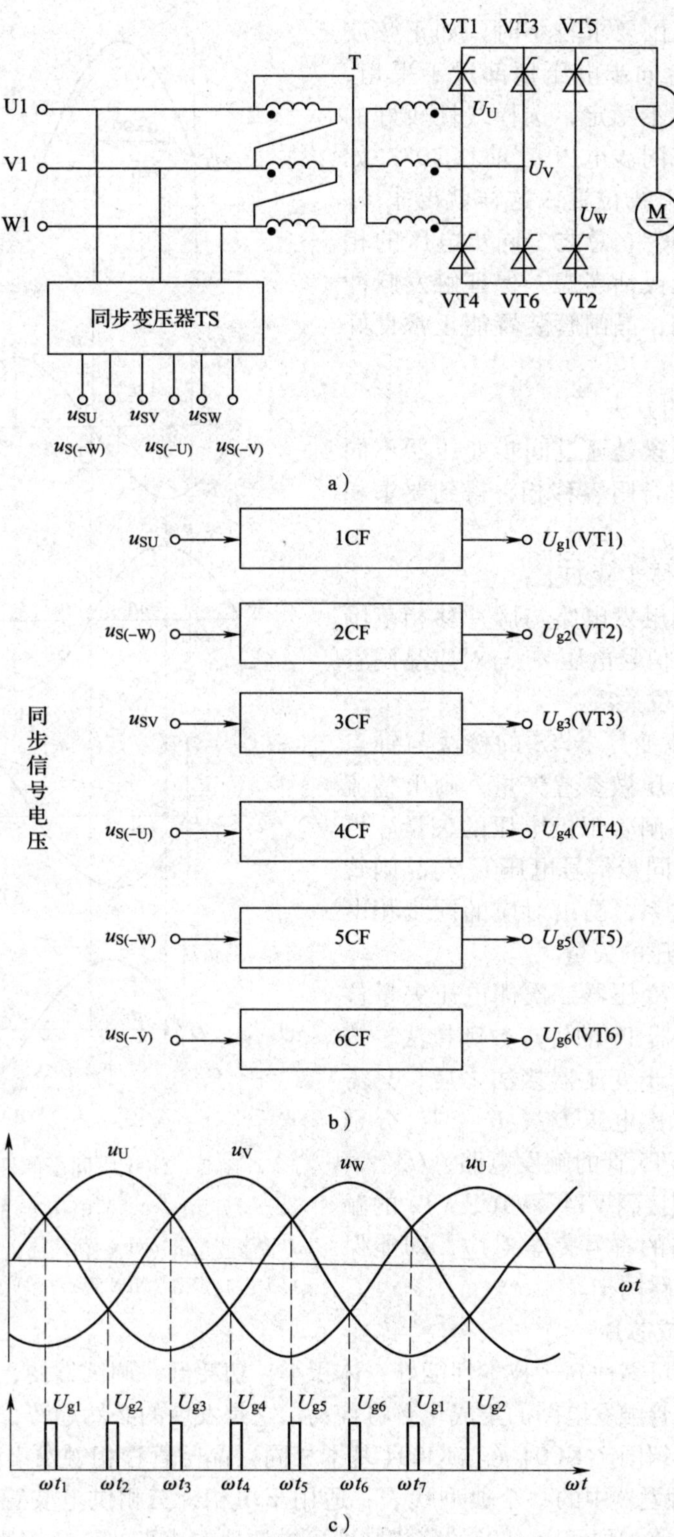

图 2—2—5 触发脉冲与主电路的同步

当脉冲移相范围要求较小时，如正弦波移相电路，为避免同步电压顶部过于平坦，交点不明确，工作不稳定，选择线性较好的工作段，也可以将同步电压 u_{sv} 前移 30°，如图 2—2—6a 所示虚线位置，这样就要求 u_{sv} 比对应的 u_v 滞后 90°。总之，同步电压的相位要根据具体情况灵活考虑，保证触发脉冲在需要范围内移相，晶闸管装置能正常良好地工作。

2. 实现同步的方法

晶闸管整流装置是通过同步变压器不同的连接方式或再配合阻容移相，得到要求相位的同步信号电压。

实现同步的具体步骤如下：

（1）根据不同触发电路与脉冲移相范围的要求，确定同步信号电压 u_s 与对应晶闸管阳极电压之间的相位关系。

（2）根据整流变压器 TS 的接法与钟点数，以电网某线电压做参考矢量，画出整流变压器二次侧即晶闸管阳极电压的矢量。再根据第一点确定的同步信号电压 u_s 与晶闸管阳极电压的相位关系，画出对应的同步相电压矢量和同步线电压的矢量。

（3）根据同步变压器二次侧电压矢量位置，定出同步变压器 TS 的钟点数和接法。按照上述步骤确定同步变压器接法之后，只需要把同步变压器二次电压 U_{su}、U_{sv}、U_{sw} 分别接到 VT1、VT3、VT5 管的触发电路，$U_{s(-u)}$、$U_{s(-v)}$、$U_{s(-w)}$ 分别接到 VT4、VT6、VT2 的触发电路，与主电路的符号完全对应，即能保证触发脉冲与主电路同步。

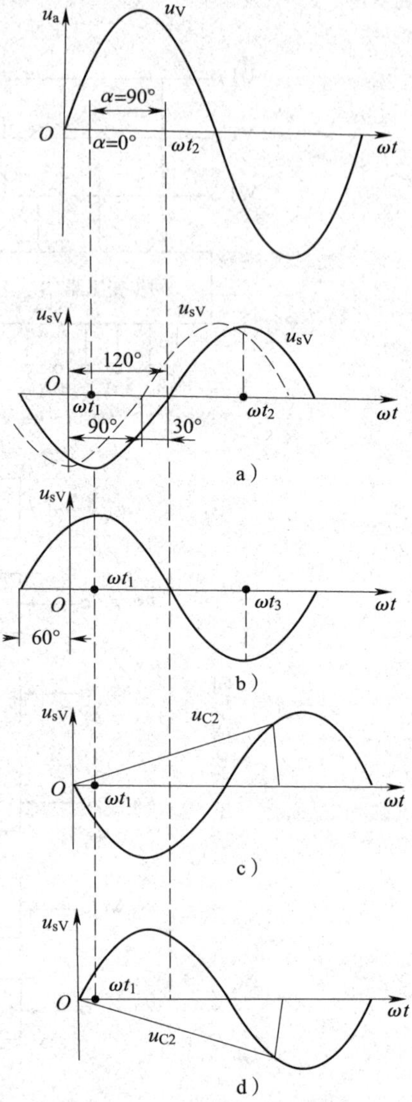

图 2—2—6　同步信号电压 u_s 与主电压 u_a 的对应关系

a）正弦波移相（NPN 管）　b）正弦波移相（PNP 管）

c）锯齿波移相（NPN 管）　d）锯齿波移相（PNP 管）

三、KC04 集成芯片

由于集成电路可靠性高，技术性能好，体积小，功耗低，调试方便，随着集成电路制作技术的提高，晶闸管触发电路的集成化必将普及，它是发展的必然趋势，现在正逐步取代分立式电路。以下介绍国产 KC04（与 KJ004 基本相同）晶闸管移相触发集成电路的工作原理。KC04 是 KC 系列触发器中的一个典型代表，适用于单相、三相供电装置中作晶闸管双路脉冲移相触发，其两路相位间隔 180°的移相脉冲可方便地构成半控、全控桥式触发线路。该集成电路具有负载能力大、移相性能好、正负半周脉冲相位值均衡性好、移相范围宽、对同步电压要求不严、有脉冲列调制输入及脉冲封锁控制等优点，在实际线路中有着十分广泛的应用。

1．KC04 集成芯片各引脚定义

如图 2—2—7 所示为 KC04 集成芯片封装图。

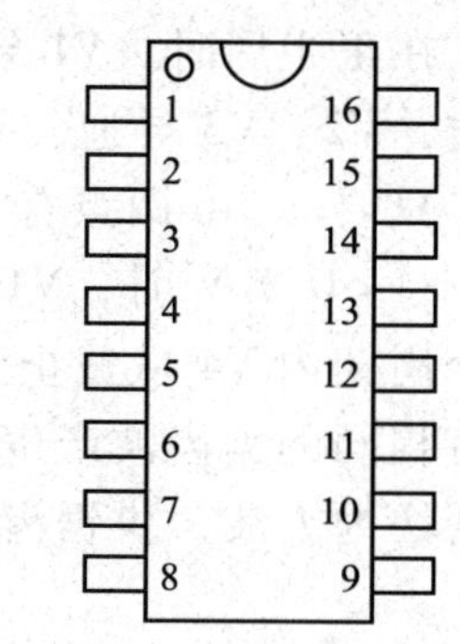

图 2—2—7　KC04 集成芯片封装图

1 脚：脉冲输出（在同步电压正半周）。

3 脚和 4 脚：接电容形成锯齿波。

5 脚：电源（负）。

7 脚：接地（零电位）。

8 脚：接同步电压输入。

9 脚：移相信号控制端。

11 脚与 12 脚：接电容，控制 V7 产生脉冲。

15 脚：脉冲输出（在同步电压负半周）。

16 脚：+15 V 电源。

2．KC04 集成芯片电路组成

KC04 集成电路触发器电路由同步电源环节、锯齿波形成环节、脉冲移相环节、脉冲形成环节、脉冲分配环节和放大输出环节组成。KCO4 电路原理如图 2—2—8 所示。

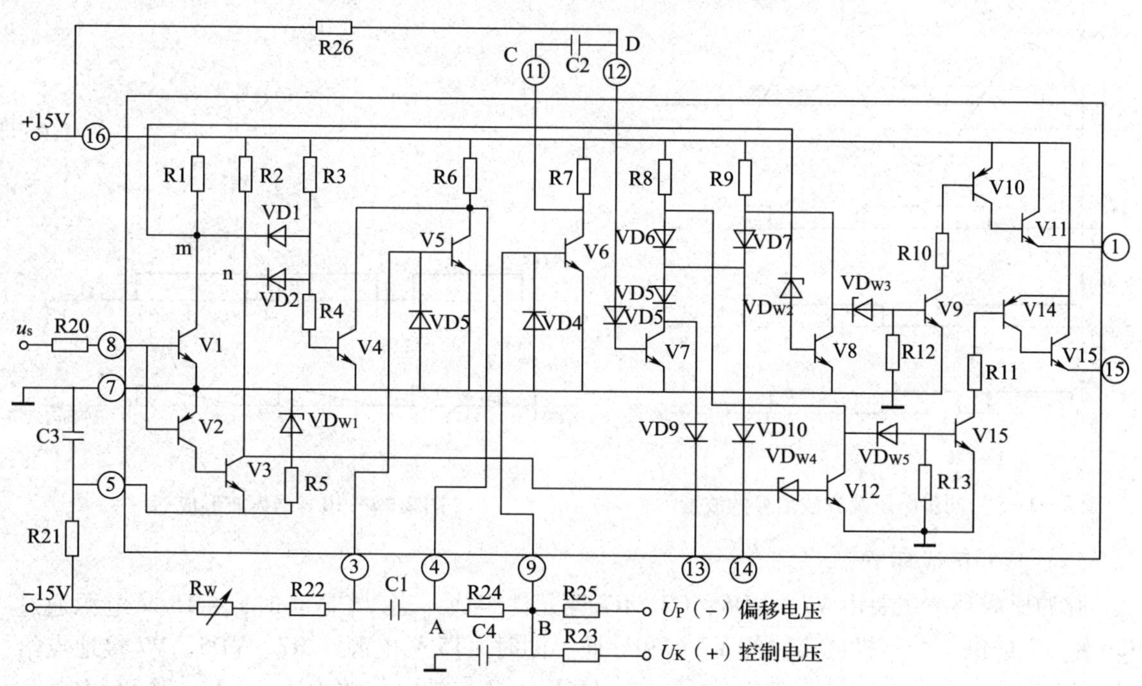

图 2—2—8　KC04 电路原理图

（1）同步电源环节

通过“主电路同步变压器”输入与主电路同相位的三相交流电，由此作为产生脉冲的同步点，为锯齿波形成、脉冲移相提供初始相位和起始计算点。

同步电源环节主要由 V1 ~ V4 等元件组成，同步电压 u_s 经限流电阻 R20 加到 V1、V2 基

极。当 u_s 在正半周时，V1 导通，V2、V3 截止，m 点为低电平，n 点为高电平。当 u_s 在负半周时，V2、V3 导通，V1 截止，n 点为低电平，m 点为高电平。VD1、VD2 组成与门电路，只要 m、n 两点有一处是低电平，就将 U_{b4} 钳位在低电平，V4 截止，只有在同步电压 $|u_s|<0.7$ V 时，V1 ~ V3 都截止，m、n 两点都是高电平，V4 才饱和导通。所以，每个周期内 V4 从截止到导通变换两次，锯齿波形成环节在同步电压 u_s 的正、负半周内均有相同的锯齿波产生，且两者有固定的相位关系。这个环节是将输入的正弦波同步信号变换为方波，供锯齿波发生电路使用。同步电压及方波信号的波形如图 2—2—9 所示。

（2）锯齿波形成环节

锯齿波形成环节主要由 V5、C1 等元件组成，电容 C1 接在 V5 的基极和集电极之间，组成一个电容负反馈的锯齿波发生器。V4 截止时，+15 V 电压经 R6、R22、R_W、-15 V 电源给 C1 充电，V5 的集电极电位 U_{C5} 逐渐升高，锯齿波的上升段开始形成，当 V4 导通时，C1 经 V4、VD3 迅速放电，形成锯齿波的回程电压。所以，当 V4 周期性导通、截止时，在 4 端即 U_{C5} 就形成了一系列线性增长的锯齿波，如图 2—2—10 所示。锯齿波的斜率是由 C1 的充电时间常数 $\tau=(R_6+R_{22}+R_W)C_1$ 决定的。由此输出的锯齿波与外加的直流电平（经 R23 和 R25）输入叠加后送入脉冲形成环节。

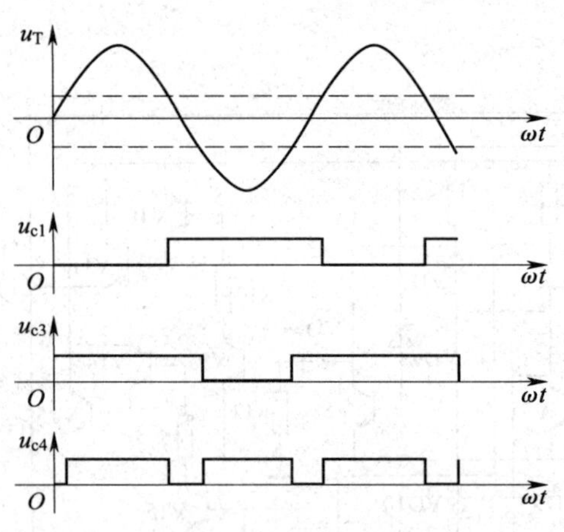

图 2—2—9 同步电压及方波信号的波形

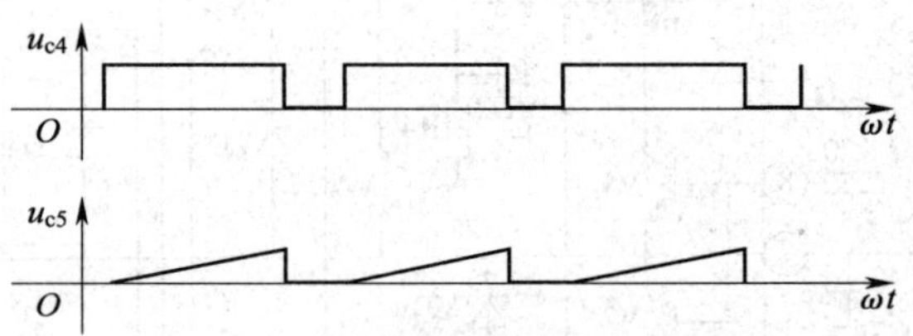

图 2—2—10 锯齿波形成

（3）脉冲形成环节

脉冲形成环节主要由 V7、VD6、C2、R7 等元件组成，当 V6 截止时，+15 V 电源通过 R26 给 V7 提供一个基极电流，使 V7 饱和导通。同时 +15 V 电源经 R7、VD5、V7 接地点给 C2 充电，充电结束时，C2 左端电位 $U_{C6}=+15$ V，C2 右端电位约为 +1.4 V，当 V6 由截止转为导通时，U_{C6} 从 +15 V 迅速跳变到 +0.3 V，由于电容两端电压不能突变，C2 右端电位从 +1.4 V 也迅速下跳到 -13.3 V，这时 V7 立刻截止。此后 +15 V 电源经过 R26、V6 接地点给 C2 反向充电，当充电到 C2 右端电压大于 1.4 V 时，V7 又重新导通，这样，在 V7 的集电极就得到了固定宽度的脉冲。窄脉冲形成如图 2—2—11 所示。显然，脉冲宽度由 C2 的反向充电时间常数 R_{26}、C_2 决定。

（4）脉冲移相环节

脉冲移相环节主要由 V6、U_P、U_K及外接元件组成，锯齿波电压 U_{C5}经 R24，偏移电压 U_P经 R25。控制电压 U_K经 R23 在 V6 的基极叠加，当 V6 的基极电压 $U_{b6}>0.7$ V 时，V6 管导通（即 V7 截止），若固定 U_{c5}、U_P不变，使 U_K变动，V6 管导通的时刻将随之改变，即脉冲产生的时刻随之改变，这样脉冲也就得以移相。

显然，V7 脉冲输入的时刻受到三个电压的控制，分别是 V5 产生的锯齿波电压；经 R25 加入的外加偏移电压 U_P、经 R23 外加的控制电压 U_K，这三个电压在 V6 管基极叠加并控制 V6 集电极输出电压 U_{c6}，从而导致 U_{c7}脉冲出现时刻的改变，起到脉冲移相的作用。脉冲移相如图 2—2—12 所示。

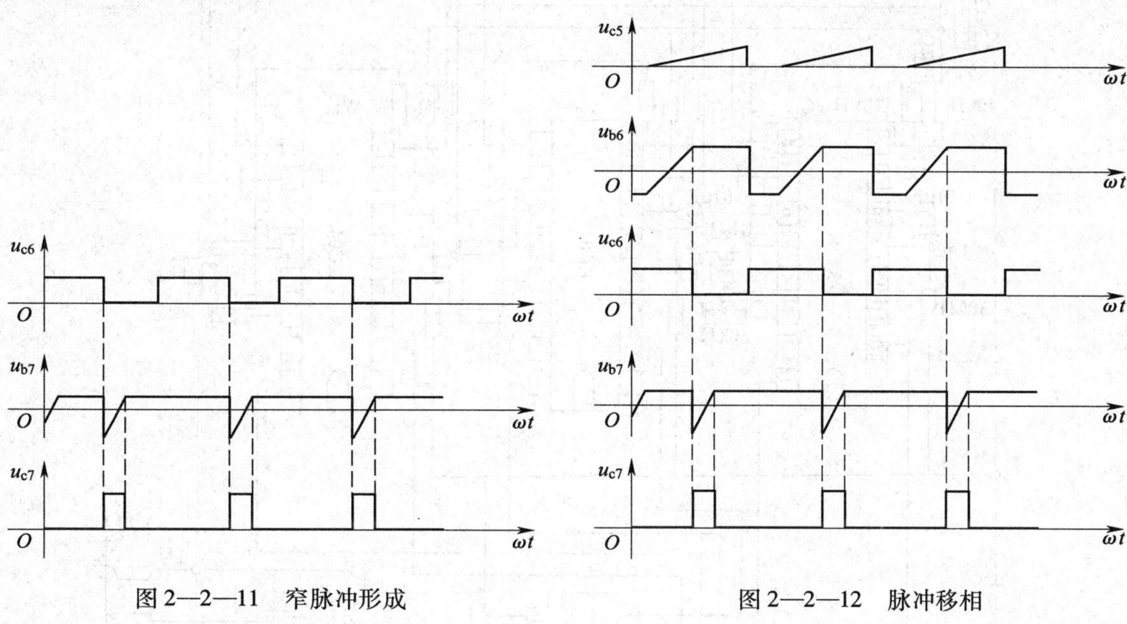

图 2—2—11 窄脉冲形成

图 2—2—12 脉冲移相

（5）脉冲分配和放大环节

V8、V12 为脉冲分选环节。在同步电压一个周期内，V7 集电极输出两个脉冲，这两个脉冲的相位差为 180°。脉冲分选是通过同步电压的正负半周进行的，如 u_s正半周 V1 导通，图 2—2—8 中的 m 点呈现低电位，n 点为高电位，V8 截止，V12 导通。V12 把来自 V7 的正脉冲钳位在零电位，同时，V7 正脉冲又通过二极管 VD7，经 V9 ~ V11 放大，由 1 端输出脉冲。在同步电压负半周，情况则相反，V8 导通，V12 截止。V7 正脉冲经 V13 ~ V15 放大，由 15 端输出负相脉冲。

电路中 VD_{W2} ~ VD_{W5}是为了增强电路的抗干扰能力而设置的，用来提高 V8、V9、V12、V13 的门坎电压，二极管 VD6 ~ VD8 起隔离作用，端子 13、14 是提供脉冲列调制和封锁脉冲的控制端。该集成触发电路的脉冲的移相范围小于 180°，当 $U_s=30$ V 时，其有效的移相范围为 150°。

四、集成触发电路

KC41C 与三块 KC04 可组成三相全控桥双脉冲触发电路，如图 2—2—13 所示。把三块 KC04 触发器的 6 个输出端分别接到 KC41C 的 1 ~ 6 端，KC41C 内部二极管具有的

“或”功能形成双窄脉冲，再由集成电路内部6只三极管放大，从10～15端外接的晶体管做功率放大可得到800 mA触发脉冲电流，可触发大功率的晶闸管。KC41C不仅具有双脉冲形成功能，还可作为电子开关提供封锁控制的功能。KC41C电路各点电压波形如图2—2—14所示。

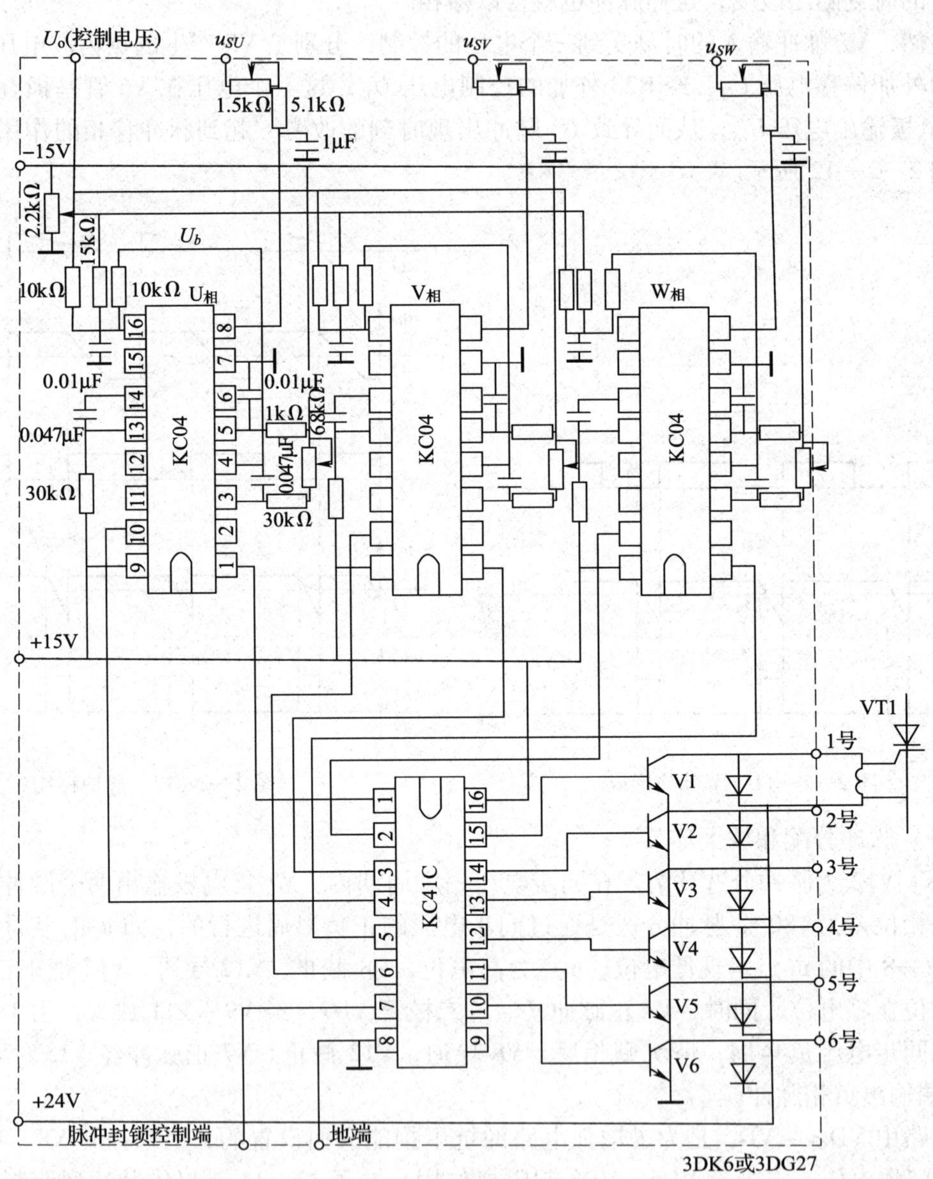

图2—2—13　三相全控桥双脉冲触发电路

在工业上，常采用三块KC04晶闸管移相触发器、一块KC41C六路双脉冲形成器和一块KC42脉冲列调制形成器等集成芯片构成集成触发器KCZ6集成化六脉冲触发组件，目前应用较为广泛，如图2—2—15所示。

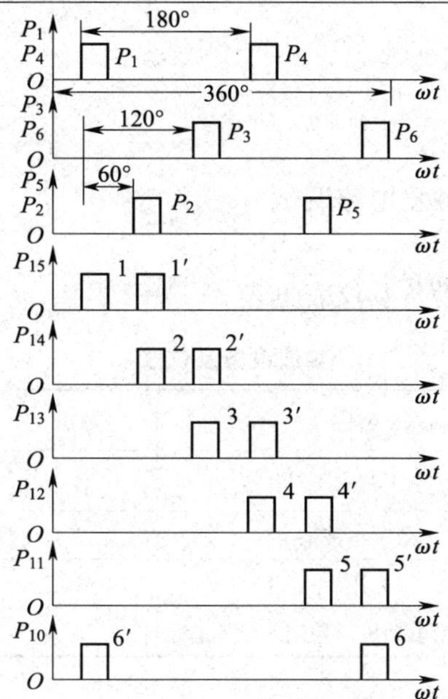

图 2—2—14　KC41C 电路各点电压波形

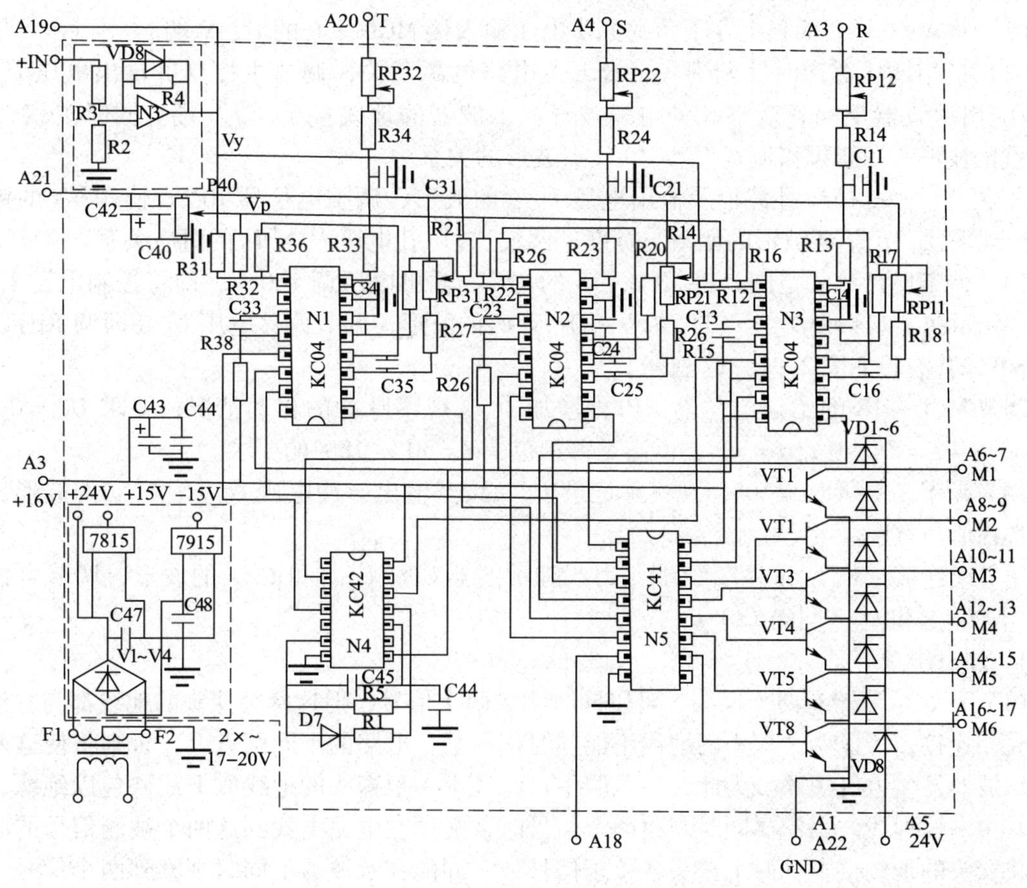

图 2—2—15　KCZ6 集成化六脉冲触发器

任务实施

一、同步信号为锯齿波的触发电路调试

1. 任务准备

实施本任务所需要的实训设备及仪表见表 2—2—1。

表 2—2—1　　实训设备及仪表

序号	分类	名称	数量	单位	备注
1	工具	电工常用工具	1	套	
2	仪表	数字示波器	1	台	
3		万用表	1	块	
4	设备器材	MCL－Ⅱ型电动机与控制教学实验台	1	台	

2. 线路的安装与调试

同步信号为锯齿波的触发电路如图 2—2—16 所示。

（1）将 MCL－18 面板上左下角的同步电压输入接 MCL—36 的 U、V 端。

（2）三相调压器逆时针调到底，合上主电路电源开关，调节主控制屏输出电压 U_{uv} = 220 V。用示波器观察各观察孔的电压波形，示波器的地线接于“7”端。同时观察“1”“2”孔的波形，了解锯齿波宽度和“1”点波形的关系。

观察“3”～“5”孔波形及输出电压 U_{G1K1} 的波形，调整电位器 RP1，使“3”的锯齿波刚出现平顶，记下各波形的幅值与宽度，比较“3”孔电压 U_3 与 U_5 的对应关系。

（3）调节脉冲移相范围，将 MCL－18 的“G”输出电压调至 0 V，即将控制电压 U_{ct} 调至零，用示波器观察 U_2 电压（即“2”孔）及 U_5 的波形，调节偏移电压 U_b（即调 RP），使 $\alpha=180°$，其波形如图 2—2—17 所示。

调节 MCL－18 的给定电位器 RP1，增加 U_{ct}，观察脉冲的移动情况，要求 $U_{ct}=0$ 时，$\alpha=180°$，$U_{ct}=U_{max}$ 时，$\alpha=30°$，以满足移相范围 $\alpha=30°\sim180°$ 的要求。

（4）调节 U_{ct}，使 $\alpha=60°$，观察并记录 $U_1\sim U_5$ 及输出脉冲电压 U_{G1K1}、U_{G2K2} 的波形，并标出其幅值与宽度。

用导线连接“K_1”和“K_3”端，用双踪示波器观察 U_{G1K1} 和 U_{G3K3} 的波形，调节电位器 RP3，使 U_{G1K1} 和 U_{G3K3} 间隔 180°。

3. 注意事项

（1）双踪示波器有两个探头，可以同时测量两个信号，但这两个探头的地线都与示波器的外壳相连接，所以两个探头的地线不能同时接在某一电路的不同两点上，否则将使这两点通过示波器发生电气短路。为此，在试验中可将其中一根探头的地线取下或外包以绝缘，只使用其中一根地线。当需要同时观察两个信号时，必须在电路上找到这两个被测信号的公共点，将探头的地线接上，两个探头各接至信号处，即能在示波器上同时观察到两个信号，而不致发生意外。

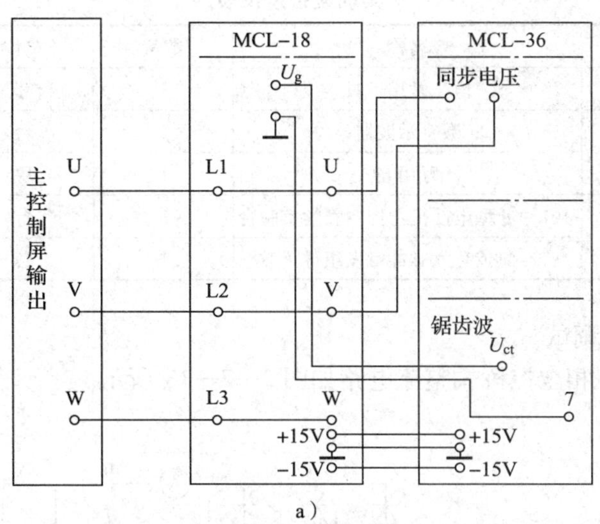

a）

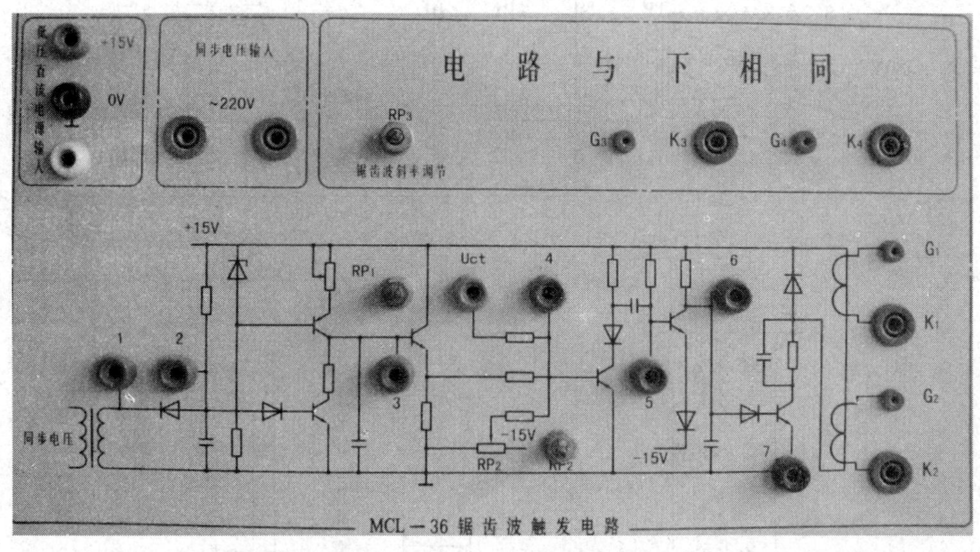

a）

图 2—2—16　同步信号为锯齿波的触发电路

a）接线图　b）锯齿波触发电路

（2）为保护整流元件不受损坏，需注意：

1）在主电路不接通电源时，调试触发电路，使之正常工作。

2）在控制电压 $U_{ct}=0$ 时，接通主电路电源，然后逐渐加大 U_{ct}，使整流电路投入工作。

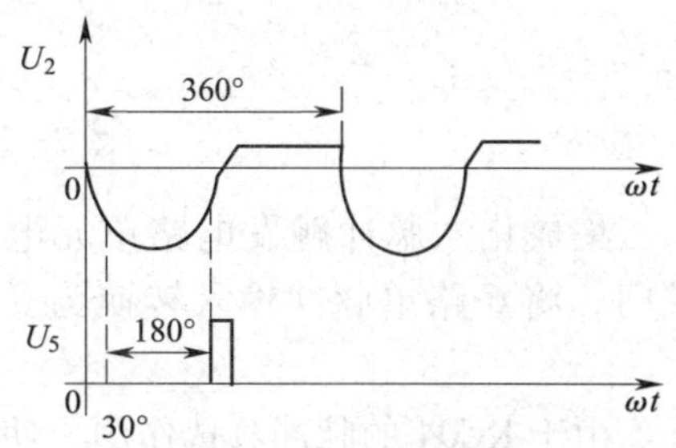

图 2—2—17　U_2 与 U_5 波形

二、集成触发电路调试

1. 任务准备

实施本任务所需要的实训设备及仪表见表 2—2—2。

表 2—2—2　　实训设备及仪表

序号	分类	名称	数量	单位	备注
1	工具	电工常用工具	1	套	
2	仪表	数字示波器	1	台	
3		万用表	1	块	
4	设备器材	MCL－Ⅱ型电动机与控制教学实验台	1	台	
5		集成化六脉冲触发组件	1	套	

2．线路的安装与调试

用 KC04 触发的三相全控桥式整流电路如图 2—2—18 所示。

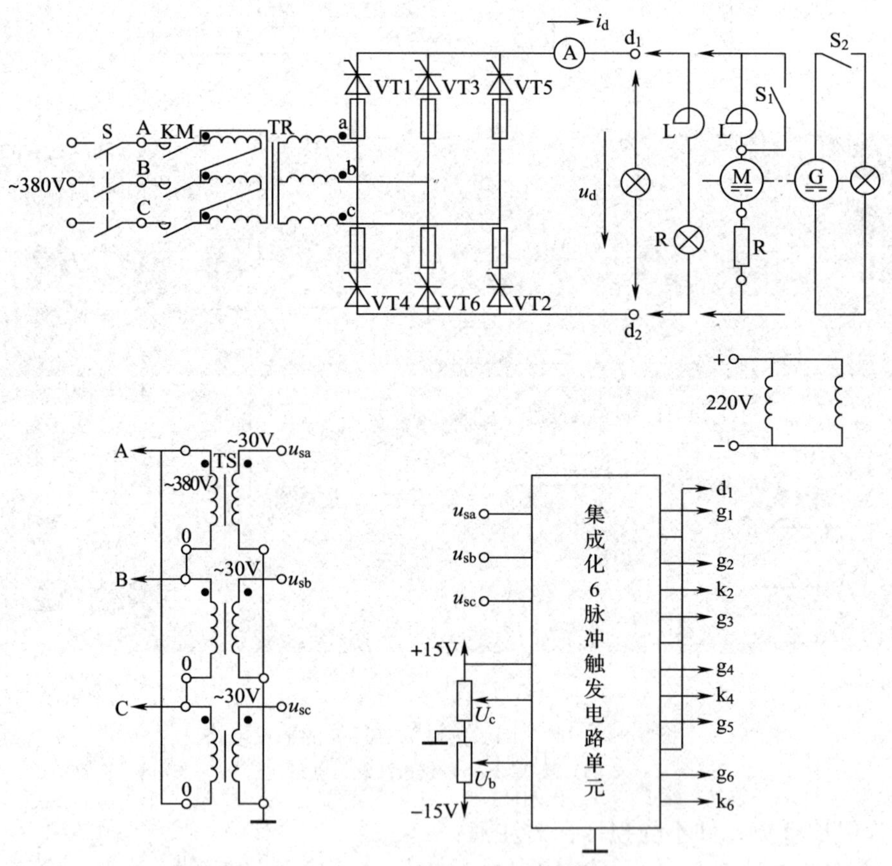

图 2—2—18　三相全控桥式整流电路

集成化六脉冲触发电路单元电路如图 2—2—19 所示。二极管 VD1～VD12 构成 6 个或门，将 6 路单脉冲输入转换为 6 路双脉冲输出，并由晶体管 V1～V6 进行脉冲功率放大。

由于 KC04 的脉冲分选作用，使得在一个周期内有两个相位上相差 180°的脉冲产生，这样要获得三相全控桥式整流电路的脉冲，只需要三个与主电路同相的同步电压就行了。

图 2—2—18 主变压器接成 Dyn11 及同步变压器也接成 Dyn11 情况下，集成触发电路的同步电压 u_{sa}、u_{sb}、u_{sc}端，分别与同步变压器 30 V 的 u_{sa}、u_{sb}、u_{sc}端相接。图 2—2—19 中 RP1 ~ RP3 为锯齿波斜率电位器，调节该电位器就能使三相锯齿波的斜率保持一致。

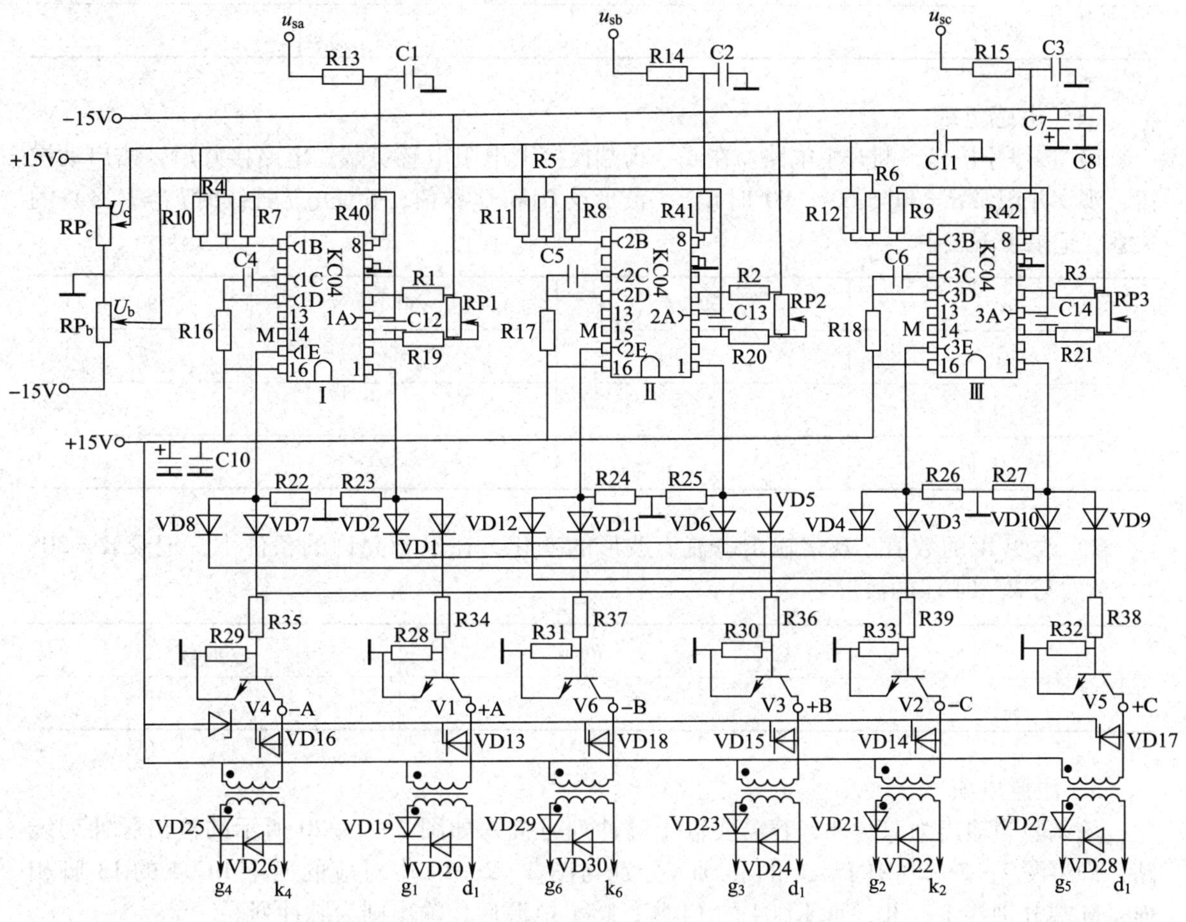

图 2—2—19　集成化六脉冲触发电路单元电路

（1）闭合 S 接通触发电路的电源，用示波器观察 1 A ~ 1 E、2 A ~ 2 E、3 A ~ 3 E、－A、＋A、－B、＋B、－C、＋C 各点及输出脉冲 u_g 波形。如锯齿波斜率不一致，可通过调节斜率电位器 RP1 ~ RP3 使其一致，并将 A 相各点波形记录于下表中。

A 相	1A	1B	1C	1D	1E	－A	＋A	u_{g1}
波形								

（2）电阻性负载

1）接上电阻负载。电路无误后，按启动按钮，主电路接通电源，观察输出电压 u_d 的波形是否整齐，若不整齐，可调 RP1 ~ RP3 使其整齐。

2）把移相控制电位器 RP_c 调到零，观察输出电压是否为零，若不为零，可调节偏置电位器 RP_b 使其为零。

3）调节移相控制电位器，观察输出电压波形的变化，并记录 $\alpha=30°$、60°、90°时的波形于下表中。

α	30°	60°	90°
波形			

（3）电感负载

1）按停止按钮，断开主电路。在 d_1、d_2端换接上电阻电感负载。电路接好后，按启动按钮，观察并记录 $\alpha=30°$、60°、90°时 u_d、i_d波形及 U_d和 U_2数值，验证电流连续时 $u_d=f(\alpha)$ 的关系，记录于下表中。

α	30°	60°	90°
u_d			
i_d			
U_2、U_d 值			

2）改变 R_d的数值，观察输出电流 i_d波形的变化，在设备允许的条件下，记录 $\alpha=30°$ 时，R_{max}与 R_{min}时 i_d 的波形。

R	Rmax	Rmin
i_d（$\alpha=30°$）		

3. 注意事项

该试验为输出为双脉冲，若需要输出脉冲列可接入如图 2—2—20 所示的输出脉冲列线路，即将图 2—2—20 中 Ⅰ$_{13}$、Ⅱ$_{13}$、Ⅲ$_{13}$分别与图 2—2—19 中对应的三个 KC04 的 13 脚相连，M 端分别接Ⅰ、Ⅱ、Ⅲ KC04 的 14 脚，接上电源后，输出则为脉冲列。

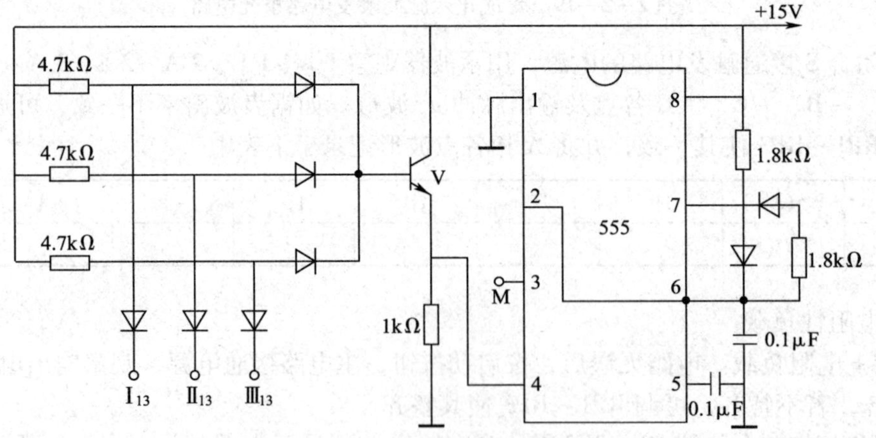

图 2—2—20　输出脉冲列线路

任务3 直流调速装置的接线、调试与检修

学习目标

1. 掌握直流电动机的三种调速方法以及直流电动机正反转的方法。
2. 掌握直流调速装置的结构与工作原理，能够对直流调速装置进行调试与维修。

任务描述

调速系统根据驱动电机类型的不同主要分为直流调速系统和交流调速系统两大类。直流调速技术是现代自动控制系统中发展较早的技术之一。直流调速系统由于控制对象是直流电动机，其具有良好的启动、制动性能，容易控制，宜于在大范围内平滑调速，因此在许多需要转速精确控制或快速正反转的电力拖动领域中得到广泛的应用。例如：军事和宇航方面的雷达天线、火炮瞄准、惯性导航等的控制；工业方面的高精度金属切削机床（立式车床、龙门刨床等）、大型起重设备、轧钢机、工业机器人等设备的控制；交通运输方面的城市电车、地铁、电动车等的控制；计算机外围设备和办公设备，以及音像设备和家用电器中的控制。

近年来，由于高性能、高效的交流调速技术发展很快，交流调速系统中的变频调速系统已逐步取代直流调速系统。然而，直流调速系统在理论上和实践上都比较成熟，在大转矩、高精度的场合应用仍十分广泛，它是交流调速系统的控制理论基础。本任务的主要内容就是学习直流调速的基本概念和基本原理，并完整直流调速装置的接线、调试和检修。

相关知识

一、直流电动机的三种调速方法

直流电动机转速稳态表达式如下：

$$n = \frac{U - IR}{K_e \Phi}$$

式中 n——转速，r/min；

U——电枢电压，V；

I——电枢电流，A；

R——电枢回路总电阻，Ω；

Φ——励磁磁通，Wb；

K_e——电动势常数。

由上式可以看出，调节直流电动机的转速有以下3种方法。

1. 调压调速

调压调速即通过调节电枢供电电压 U 来调节电动机的转速 n。由于电动机的正常工作电

压一般不允许超过其额定电压，因此电枢电压只能在额定电压以下进行调节。调压调速的机械特性曲线如图 2—3—1 所示。从图 2—3—1 可以看出，电压越低，稳态转速也越低。调压调速的优点是电源电压能够平稳调节，可以实现无级平滑调速；由于机械特性硬度较高（曲线斜率较小），负载变化时，速度变化小、稳定性好；无论轻载还是重载，调速范围相同；电能损耗小。

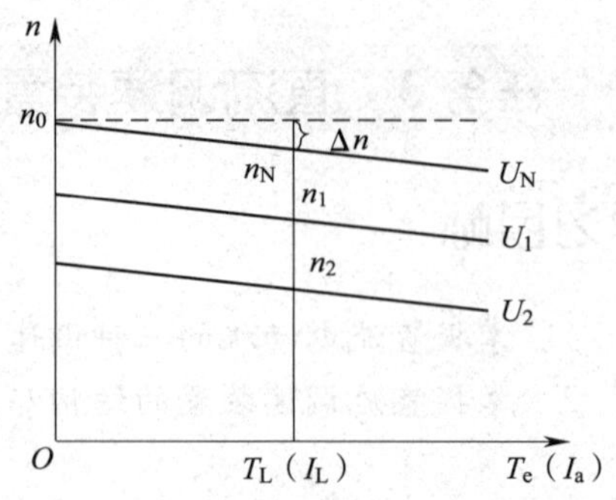

图 2—3—1　调压调速的机械特性曲线

2．弱磁升速

弱磁升速即通过减弱励磁磁通 Φ 来提高电动机的转速 n。弱磁升速的优点是在电流较小的励磁回路中进行调节，控制方便、能量损耗小、设备简单，并且调速平滑性好。这种调速方法的缺点是机械特性会变软，转速受负载波动影响较大；其最高转速受到电动机换向能力和强度的限制，调速范围不是很大。

3．串电阻调速

串电阻调速即通过改变电枢回路电阻 R 来改变电动机的转速 n。串电阻调速的优点是设备简单，操作方便。其主要缺点是切换电阻调速属于有级调速，调速平滑性差；机械特性变软，转速稳定性差；轻载时调速范围小；损耗大，效率较低，经济性差。

对于要求在一定范围内无级平滑调速的系统来说，采用调压调速方式为最好。改变电阻只能实现有级调速；减弱磁通虽然能够平滑调速，但调速范围不大，往往只是配合调压方案，在基速（额定转速）以上做小范围的弱磁升速。因此，自动控制的直流调速系统往往以调压调速为主。

二、直流电动机的正、反转

直流电动机的电磁转矩是由主磁通和电枢电流相互作用产生的。根据左手定则，任意改变两者之一，就可以改变电磁转矩的方向，所以改变电动机转向的方法有两种：一是将励磁绕组反接；二是将电枢绕组反接。由于他励和并励电动机励磁绕组的匝数较多，电感较大，反向磁通的建立过程缓慢，所以一般都采用改变电枢电流方向的办法来改变电动机的转向。如图 2—3—2 所示为他励电动机正、反转的原理电路。

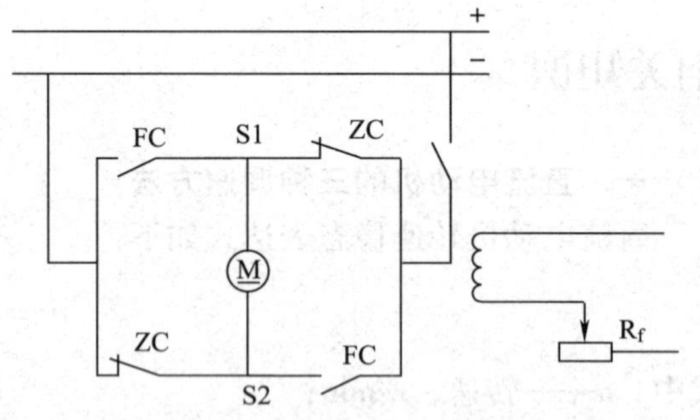

图 2—3—2　他励电动机正、反转的原理电路

当正向接触器 ZC 闭合时，反向接触器 FC 是断开的。电枢的 S1 端接正极；S2 端接负极。如将 ZC 断开，将 FC 闭合，则电枢电流反向，电磁转矩 T_{em} 和转速 n 的方向也随之改变。如果把反向前的电磁转矩 T_{em} 和转速 n 定为正值，反向后的 T_{em} 和转速 n 则为负值。

三、认识直流调速装置

直流调速装置是一种电动机调速装置，包括电动机直流调速器、脉宽直流调速器、晶闸管直流调速器等。下面以 DSC－32 型晶闸管直流调压、调速实训装置为例，来认识直流调速装置，如图 2—3—3 所示。DSC－32 型专供驱动直流电动机调速使用，也可作为可调直流电源使用。晶闸管整流器将交流电整流成为可调直流电，对直流电动机电枢供电，并引入电压负反馈、电流截止负反馈、转速负反馈等，组成自动稳速的无级调速系统。本系统各项性能良好，能满足一般生产机械对调速的要求。

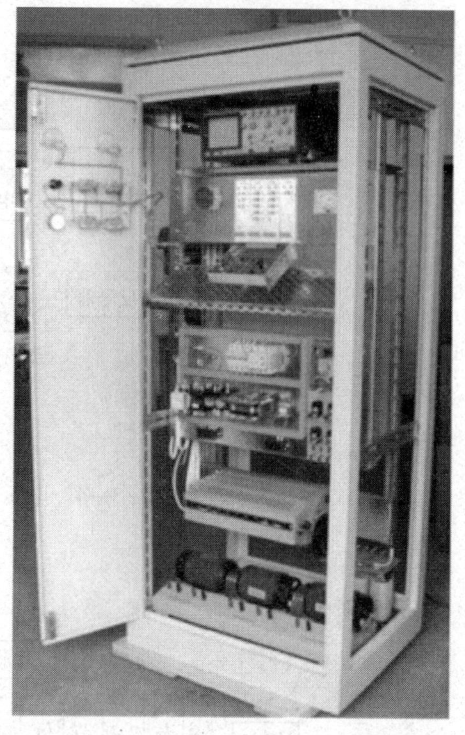

图 2—3—3 DSC－32 型晶闸管直流调压、调速实训装置

本装置采用模块式直流电动机调速装置，集电源、控制、驱动电路于一体，采用立体结构布局，控制电路采用微功耗元件，用光电耦合器实现电流、电压的隔离变换，电路的比例常数、积分常数和微分常数用 PID 适配器调整。

1. 电路组成

调速装置主电路采用三相全控桥式整流电路，使用交流电流互感器检测负载电流。由整流变压器、给定环节、给定积分放大器、零速封锁电路、集成脉冲触发器、电流截止负反馈、电压负反馈、滤波型调节器、电压隔离电路、过流保护电路、缺相保护电路、继电电路组成自动稳压的无级调速系统，并设有保护报警电路。独立的励磁电源向直流电动机提供励磁电流。

（1）电压单闭环不可逆直流调速系统

电压单闭环不可逆直流调速系统原理如图 2—3—4 所示。在电压单闭环中，将反映电压变化的电压隔离器输出电压信号作为反馈信号加到“电压调节器”（用“调节器Ⅱ”作为电压调节器）的输入端，与“给定”的电压相比较，经放大后，得到移相控制电压 U_{ct}，控制整流桥的“触发电路”，改变“三相全控整流”的电压输出。从而构成了电压负反馈闭环系统。电动机的最高转速也由电压调节器的输出限幅决定。调节器若采用 P（比例）调节，对阶跃输入有稳态误差，要消除该误差将调节器换成 PI（比例积分）调节。当“给定”恒定时，闭环系统对电枢电压变化起到了抑制作用，当电动机负载或电源电压波动时，电动机的电枢电压能稳定在一定的范围内变化。

（2）电压、电流双闭环不可逆直流调速系统

电压、电流双闭环不可逆直流调速系统原理如图 2—3—5 所示。电压负反馈能克服在主回路中晶闸管变流器内阻（包括平波电抗器电阻）上的压降所引起的转速下降，而对主电路中电枢电阻上产生的电阻压降所引起的转速下降则无能为力。为了补偿电枢电阻压降引起的转速下降，在电压负反馈的基础上，增加一个电流正反馈环节，就组成了带电流正反馈环节的电压负反馈直流调速系统。电流正反馈的作用在于给系统的输入偏差电压增加一个与给定电压同极性的分量，这个输入增量使系统的输出也产生一个增量，可以有效地补偿电压反馈调速系统因电枢电阻压降而引起的转速下降，从而扩大了调速范围。

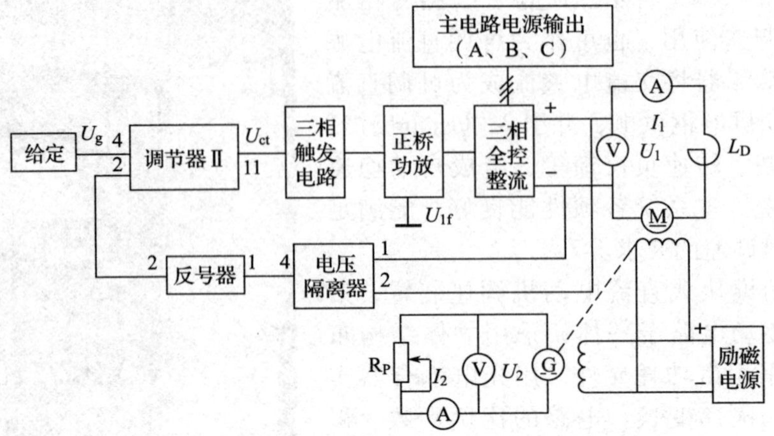

图 2—3—4　电压单闭环不可逆直流调速系统原理

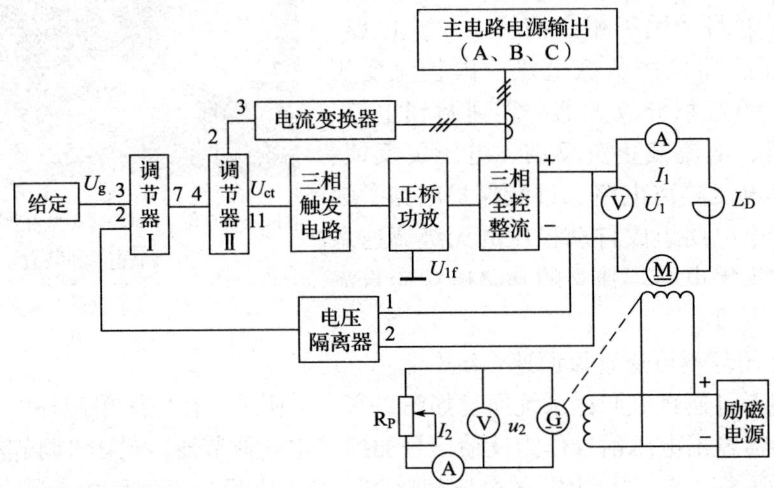

图 2—3—5　电压、电流双闭环不可逆直流调速系统原理

电压、电流双闭环直流调速系统是由电压和电流两个调节器进行综合调节，可获得良好的静、动态性能（两个调节器均采用 PI 调节器）。由于调整系统的主要参量为电枢电压，故将电压作为主环放在外面，电流环作为副环放在里面。

2．结构组成

晶闸管直流调速（调压）装置采用功能模块化设计，立柜式结构。柜内最下层安装整流变压器；柜内前面上半部分装有电源板、调节板、触发板和隔离板；下半部分装有继电线路和保护线路配电盘；柜内后面装有晶闸管门极电路、保护电路、电流截止信号取样电路和电压反馈信号取样电路；晶闸管安装在前后板之间；指示器件和操作器件安装在左前门的上部。

设备内装有保护报警电路，当快速熔断器熔断，直流输出过流或短路，保护电路发出指令，可自动切除主电路电源，同时故障指示灯亮，直至操作人员切断控制装置电源，故障指示灯才可熄灭。保护电路的设置提高了设备运行的安全性，直流调速系统的操作面板及系统接口布局如图 2—3—6a 所示。该装置线路系统框图如图 2—3—6b、图 2—3—6c 所示。

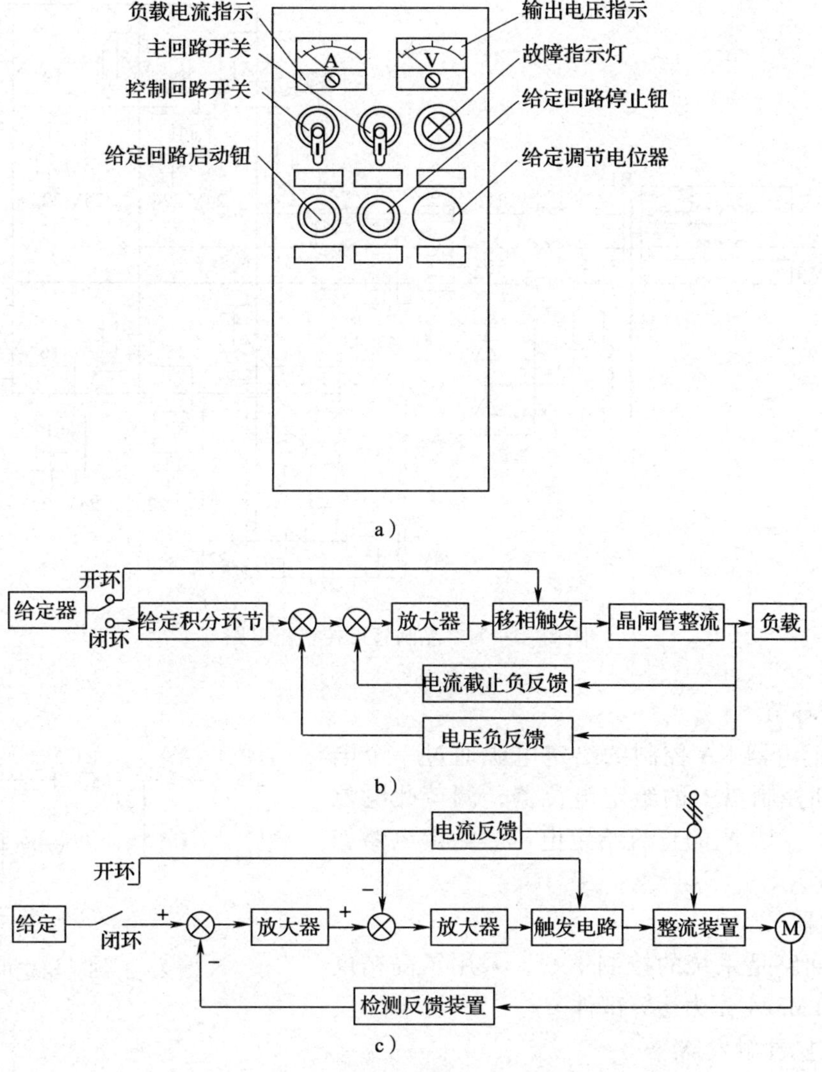

图 2—3—6　DSC－32 型直流调速装置系统框图

a）直流调速系统操作面板布局　b）、c）系统框图

四、直流调速装置的工作原理

1．整流变压器

整流变压器用于电源电压的变换。为了减少对电网波形的影响，整流变压器接线采用 $\triangle/\mathrm{Y}_0-11$ 方式。

2．晶闸管可控整流部分

主电路采用三相桥式整流电路，三相交流电经交流接触器 KM1 引至整流变压器 B1 原边，经电压变换后过快速熔断器 RSO 引至三相桥式可控整流电路，经整流后，输出直流电源，向被控电动机电枢馈送电能。通过控制晶闸管整流元件的导通角度，就可以调节整流电路的输出直流电压。晶闸管可控整流电路如图 2—3—7 所示。

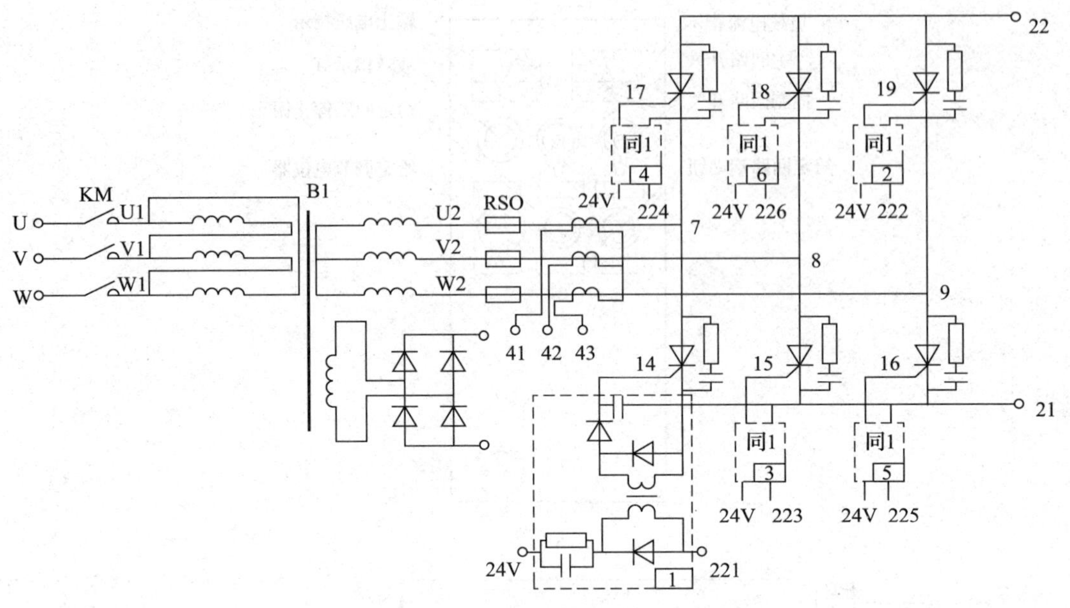

图 2—3—7　晶闸管可控整流电路

3．给定环节

由中间继电器 KA 控制的给定电源通过一个电阻 R112 加到控制盘上的给定电位器，调节此电位器可得到 0～+10 V 的直流给定电压。给定电路如图 2—3—8 所示。

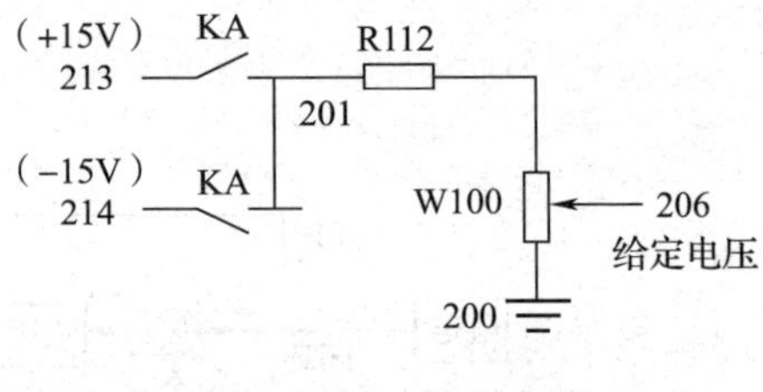

图 2—3—8　给定电路

4．放大器

放大器回路是系统的控制核心，采用了高精度运算放大器 LM324 作为运算部件。

5．集成脉冲触发器

集成脉冲触发器采用专用的集成脉冲产生芯片 KC04 作为系统的脉冲产生电路。该芯片性能稳定可靠、移相范围宽、外围控制元件简单，是目前国内采用较多的晶闸管触发电路。

6．电压负反馈

电压负反馈采用并联反馈方式，电压、电流反馈量均与给定电压并联综合。从晶闸管输出端按一定比例反馈过来的直流电压，该电压经电压隔离器隔离后加到调节放大单元。由于给定电压和反馈电压是反极性连接，所以构成电压负反馈，加到运算放大器输入端的电压为给定电压与反馈电压的差值$\triangle U$，其值经 PI 调节运算后，加到触发器的输入端作为触发器的控制电压。电压负反馈线路原理如图 2—3—9 所示。

7．电压隔离器

电压隔离器线路原理如图 2—3—10 所示。

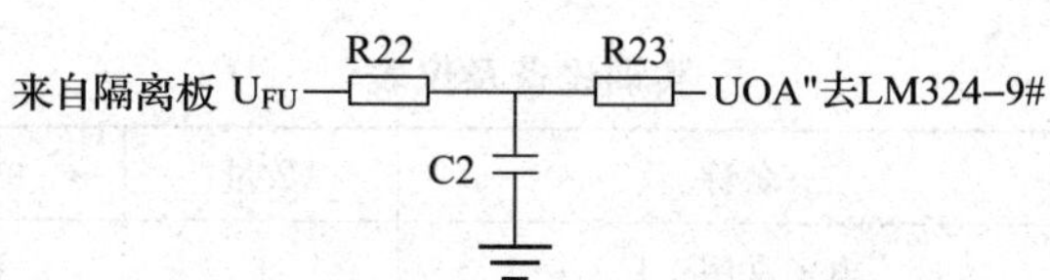

图 2—3—9　电压负反馈线路原理

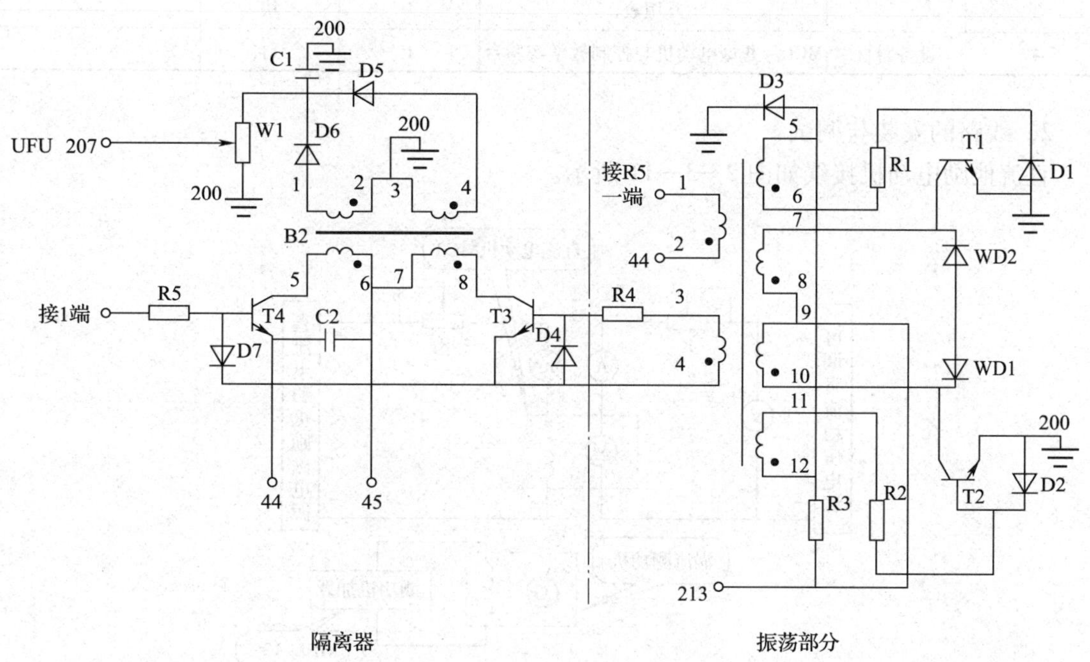

图 2—3—10　电压隔离器线路原理

通过电压隔离器将取自主回路的电压反馈信号（44，45）变换、隔离后，作为电压负反馈的输入信号。由于隔离器的隔离作用，控制系统与高电压的主电路不发生直接的电联系，因此设备工作安全可靠。

8. 保护系统

本装置在整流桥输入侧及整流桥各元件上安设了阻容吸收回路，防止整流元件因瞬时过电压而击穿。在整流桥输入侧安设了快速熔断器，以对各整流元件进行过电压保护。此外，设备还设有信号保护系统。

9. 励磁电源

由整流变压器 T_1副边输出交流 245 V 电压，经单相桥式整流电路后变压为 220 V 直流电，作为直流电机的励磁电源。

任务实施

一、直流电动机的三种调速方法的接线与调试

1. 任务准备

实施本任务所需要的实训设备及仪表见表 2—3—1。

表 2—3—1　　实训设备及仪表

序号	分类	名称	数量	单位	备注
1	工具	电工常用工具	1	套	
2	仪表	数字示波器	1	台	
3		万用表	1	块	
4	设备器材	MCL－Ⅱ型电动机与控制教学实验台	1	台	

2. 线路的安装与调试

直流他励电动机接线如图 2—3—11 所示。

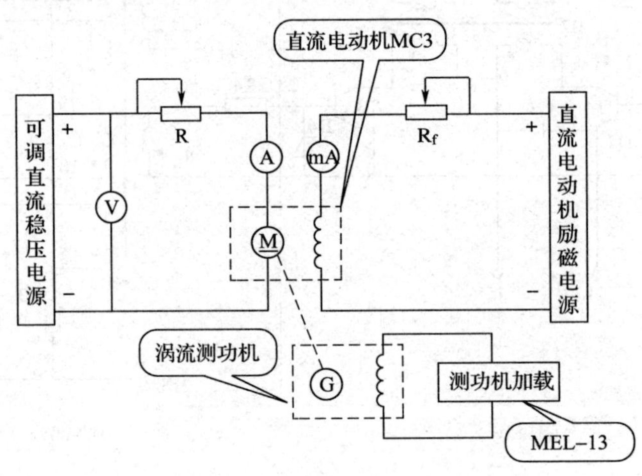

图 2—3—11　直流他励电动机接线

将 R 调至最大，R_f调至最小，毫安表量程为 200 mA，电流表量程为 2 A 挡，电压表量程为 300 V 挡，检查涡流测功机与 MEL－13 是否相连，将 MEL－13“转速控制”和“转矩控制”选择开关板向“转矩控制”，“转矩设定”电位器逆时针旋到底，打开船形开关，按试验一方法启动直流电源，使电动机旋转，并调整电动机的旋转方向，使电动机正转。

（1）改变电枢端电压的调速

1）启动直流电动机后，将电阻 R 调至零，并同时调节“转矩设定”电位器，电枢电压和磁场调节电阻 R_f，使电动机的 $U=U_N$，$I_a=0.5\,I_N$，$I_f=I_{fN}$，记录此时 T_2的值（单位 N·m）。

2）保持 T_2不变，$I_f=I_{fN}$不变，逐次增加 R 的阻值，即降低电枢两端的电压 U_a，R 从零调至最大值，每次测取电动机的端电压 U_a，转速 n 和电枢电流 I_a，共取 7～8 组数据填入表 2—3—2 中。

表 2—3—2　　数据统计

U_a（V）								
n（r/min）								
I_a（A）								

（2）改变励磁电流的调速

1）直流电动机启动后，将电枢调节电阻和磁场调节电阻 R_f 调至零，调节可调直流电源的输出为220 V，调节“转矩设定”电位器，使电动机的 $U=U_N$，$I_a=0.5\ I_N$，记录此时 T_2 的值（单位N·m）。

2）保持 T_2 和 $U=U_N$ 不变，逐次增加磁场电阻 R_f 阻值，直至 $n=1.3\ n_N$，每次测取电动机的 n、I_f 和 I_a，共取7～8组数据填写入表2—3—3中。

表2—3—3 **$U=U_N=220$ V**

n（r/min）								
I_f（A）								
I_a（A）								

3. 注意事项

（1）直流他励电动机启动时，须将励磁回路串联的电阻 R_f 调到最小，先接通励磁电源，使励磁电流最大，同时必须将电枢串联启动电阻R调至最大，然后方可接通电源，使电动机正常启动，启动后，将启动电阻R调至最小，使电动机正常工作。

（2）直流他励电机停机时，必须先切断电枢电源，然后断开励磁电源。同时，必须将电枢串联电阻R调回最大值，励磁回路串联的电阻 R_f 调到最小值，为下次启动做好准备。

（3）测量前注意仪表的量程、极性及接法。

二、直流调速装置的安装接线

1. 单闭环直流调速系统的安装接线

如图2—3—12所示为单闭环调速系统控制盒前视图。

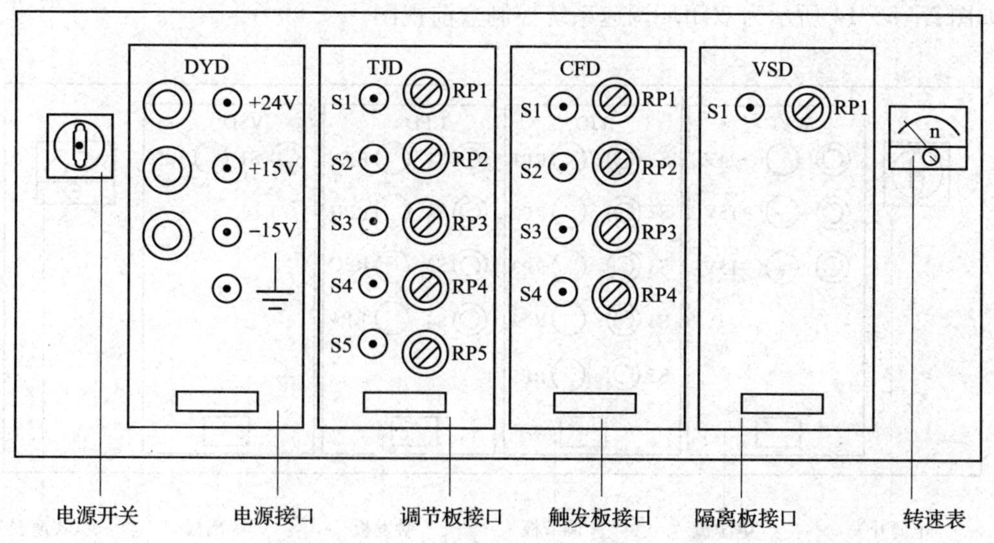

图2—3—12 单闭环调速系统控制盒前视图

（1）系统的接线

将三相四线制 380 V 交流的 U、V、W 三相接至交流接触器 KM1 上，零线接在中性线接线柱 N 上。

（2）将励磁输出线与直流电动机的励磁接线端子相连接，注意极性。

（3）将整流输出线与直流电动机的电枢接线端子相连接，注意极性。

（4）系统各部分连接图

如图 2—3—13 所示是单闭环调速系统各部分接线图。

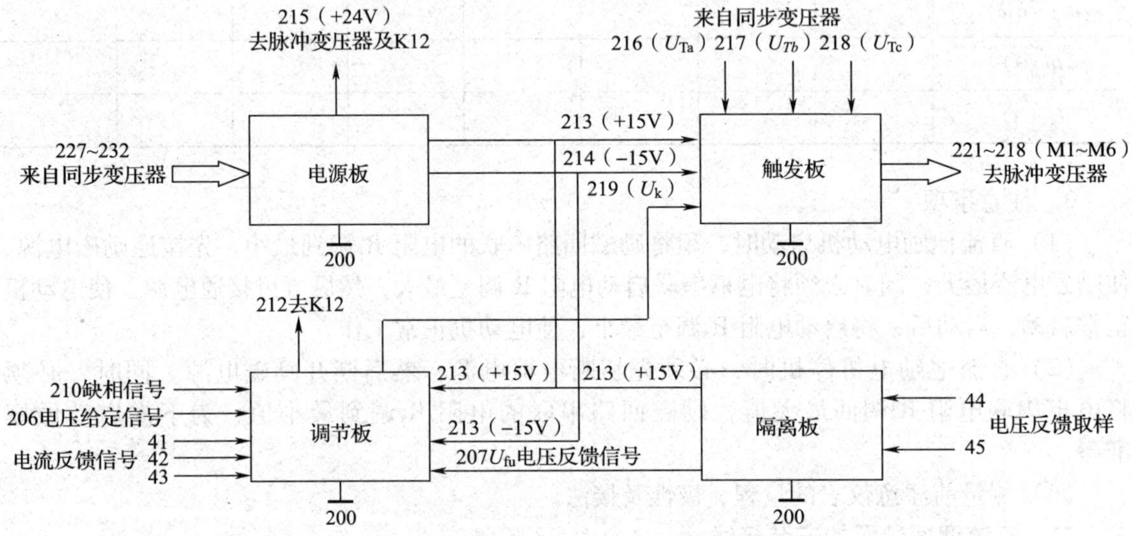

图 2—3—13　单闭环调速系统各部分接线图

2. 双闭环直流调速系统的安装接线

如图 2—3—14 所示为双闭环调速系统控制盒前视图。

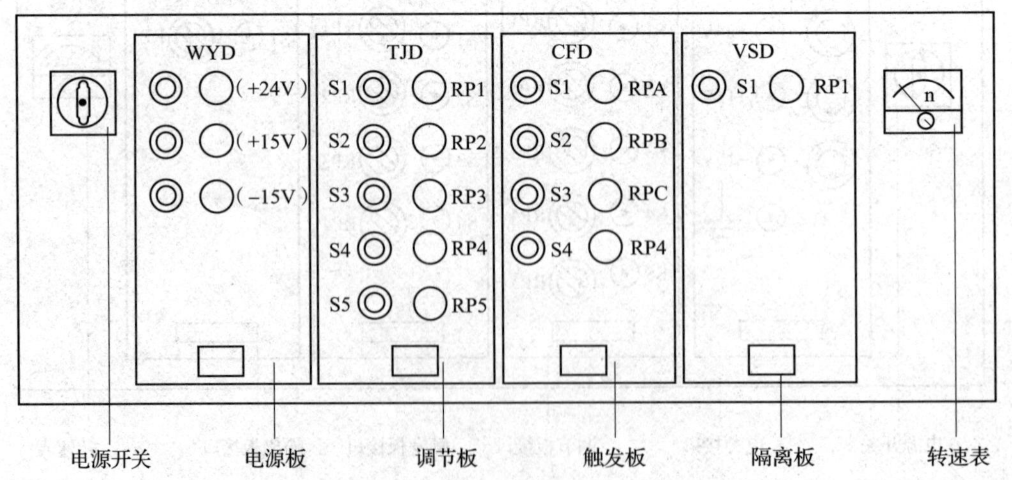

图 2—3—14　双闭环调速系统控制盒前视图

（1）系统的接线

将三相四线制 380 V 交流的 U、V、W 三相接至交流接触器 KM1 上，零线接在中性线接线柱 N 上。

（2）将励磁输出线与直流电动机的励磁接线端子相连接，注意极性。

（3）将整流输出线与直流电动机的电枢接线端子相连接，注意极性。

（4）系统各部分连接图

如图 2—3—15 所示是双闭环调速系统各部分接线图。

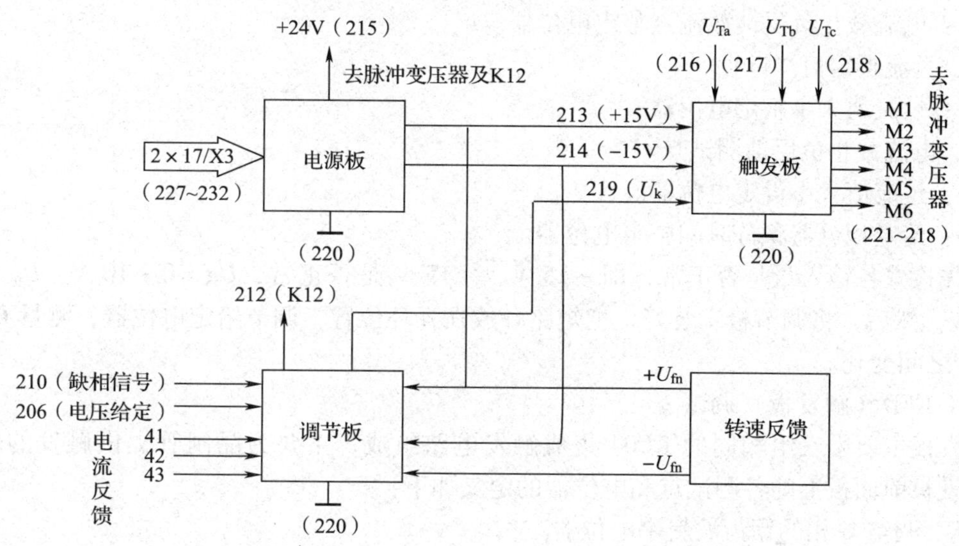

图 2—3—15　双闭环调速系统各部分接线图

三、调试与检修直流调速装置

1．单元电路板的调试

（1）电源板（WYD）调试

电源板主要由 Q1 ~ Q3 三个硅桥组成了桥式整流电路，对输入的交流电压整流，经电容滤波后输出未经稳压的 +24 V 电压，给脉冲变压器和过流继电器 KI 供电；另外，未稳压的直流电压还给 LM7815 和 LM7 915 三端集成稳压器供电，输出 ±15 V 电压给各控制板供电。电源板的面板上有四个测试点和三个指示灯。其中，测试点 S1 为电位参考点，测试点 S2、S3 和 S4 分别为 +15 V、－15 V 和 +24 V 的测试点，三个指示灯由上至下为 +24 V 、+15 V 和 －15 V 的电源指示。

调试电源板时，首先将电源板之外的控制板全部拔掉后再通电，参照电路原理图和控制盒前视图检查 200 号线对 227、228、229、230、231、232 号线的电压。用万用表测量时应为 17 V 交流电压。使用万用表测量其面板测试点 S2 对测试点 S1 应为 +15 V 直流电压，测试点 S3 对测试点 S1 应为 －15 V 直流电压，测试点 S4 对测试点 S1 应为 +24 V 直流电压，同时前面板的三个发光二极管应正常发亮。注意：在电源板正常的情况下才允许插入其他控制板。

(2) TJB (调节板) 调试

调节板是控制电路的核心，主要由低压/低速封锁电路、给定积分电路、比例积分调节电路、保护延时电路等组成。调节板前面板及其板上各测试点和电位器的定义如下：

W1：正向限幅电位器，其整定值为最小整流角。

S1：电压给定值测试点（+5 V）。

W2：负向限幅电位器，其整定值为最小逆变角。

S2：PI 调节器输出值测试点（-1 V）。

W3：电流截止负反馈截流点整定电位器。

S3：过流整定值测试点。

W4：过流值大小整定电位器 。

S4：电流截止负反馈测试点。

W5：过流值大小设定电位器。

W6：给定积分器积分时间整定电位器。

首先检查各输入量是否正常，即 -15 V、+15 V 是否正常，Ug =0 ~10 V，U_{fu} =0 V，Qx =0 V，然后，将调节板安装好，把短路环放在开环位置，调节给定电位器，测量 U_k 应在 0 ~10 V之间变化。

(3) CFD (触发板) 调试

触发板主要由三组相同的 KC04 集成触发电路组成，主要为晶闸管提供触发的双窄脉冲。触发板前面板上的各测试点和电位器的定义如下：

WA：调整 U 相的锯齿波斜率电位器。

S1：U 相锯齿波斜率测试点（+6.3 V）。

WB：调整 V 相的锯齿波斜率电位器 。

S2：V 相锯齿波斜率测试点（+6.3 V）。

WC：调整 W 相的锯齿波斜率电位器 。

S3：W 相锯齿波斜率测试点（+6.3 V）。

Wp：调整偏置电压电位器（控制晶闸管的脉冲初相角）。

S4：偏置电压值测试点（-9.6）。

首先，将电源板、调节板安装好，把短路环放在开环位置，检查触发板的各输入量是否正常，即 -15 V、+15 V 是否正常，调节给定电位器，测量 U_k应在 0 ~10 V 之间变化。然后，闭合主回路和给定回路，调节给定电位器时，输出电压应从零开始连续变化，并能调到 300 V，说明触发板正常。

(4) YGD (隔离板) 调试

隔离板主要是使主电路与控制电路之间隔离，不存在电的联系，防止主电路的高电压串入控制电路引起危险。隔离板前面板上的各测试点和电位器的定义如下：

W1：电压反馈值调整电位器。

S1：电压反馈值测试点。

首先，检查各输入量是否正常，即 +15 V 是否正常。然后，插入电源板和隔离板，此时主电路尚未工作，所以44#与45#线均无电压。闭合控制电路应有蜂鸣声，则表示振荡变压器工作正常，2 kHz 方波已经产生。

2. 整机统调

调压柜在运行的时候可以选择开环形式运行或闭环形式运行，两种形式下的系统运行结构是不同的。开环运行形式比较简单，系统的机械特性较软，本系统为调试方便而设计了开环运行方式。系统正常工作时应为闭环运行形式，闭环运行形式相对复杂，系统的机械特性较硬。

（1）开环运行形式下的调试

系统开环运行时控制形式比较简单，系统主要是需要调整三相触发电压平衡和脉冲的初始相位角，具体操作步骤如下：

1）确认系统电源的相序。确认系统的相序正确无误。因为三相全控桥式调压柜采用了双窄脉冲触发电路形式，所以辅助的补脉冲应该在主脉冲发出后60°出现。如果电路相序连接不对，会造成补脉冲在主脉冲之前出现的情况。此时需要将调压柜的三相电源进线其中的任意两根对调，就可以改变这种情况。

2）三相锯齿波斜率平衡的调解。调节 CFD（触发板）上的 Wl、W2 和 W3 电位器，使晶闸管开放对称，输出三相电压平衡。调节检测方法有三种。第一种，调节时可以用双踪示波器观测任意两相锯齿波的斜率，调节 Wl、W2 和 W3 电位器，使其斜率相等即可。第二种，使用示波器观测主电路输出直流电压，调节调节 Wl、W2 和 W3 电位器，直至输出电压波形对称，开放一致。第三种，使用万用表检测锯齿波斜率测试点的直流电压值，调节 Wl、W2 和 W3 电位器使三相锯齿波测试点的直流电压值相等，因为触发电路选择的是 KC04 集成触发电路，所以此时三相晶闸管开放也一定是对称的。根据本系统采用的参数，锯齿波测试点的直流电压调节到 6.3 V 即可。

3）脉冲初相角调节。调节给定电位器，使给定电压 Ug = 0 V，此时控制电压 U_k = 0 V，调节偏置电位器 Wp，改变偏置电压值的大小。偏置电压减小，脉冲就会往 α 角增大的方向移动；偏置电压增大，脉冲就会往 α 角减小的方向移动。对于不同的主电路，所需要的脉冲初始相位角并不一样，三相全控桥式调压柜带电阻性负载时，其触发角 α 移相范围应为 0° ~ 120°，所以需要调节偏置电压，使脉冲的初始位置在 $\alpha = 120°$ 或更大的位置上，此时主电路的输出电压应该为零。

4）主电路输出直流电压波形调整。缓慢增加给定电压 U_g，此时脉冲应该向 α 角减小的方向移动，主电路直流输出电压会缓慢上升。当增加 U_g 到一定电压值时，α 角应该等于 0°，此时所有的晶闸管全部完全导通，相当于六个二极管整流，输出直流电压应该在 300 V 左右，使用示波器观察主电路输出直流电压，应该是波形完整，无缺相现象。

5）在系统由开环形式转为闭环形式前，为闭环调试做准备。在开环情况下，确定所有的反馈信号（如电压反馈信号、电流反馈信号）的极性正确，幅值足够并且连续可调，对系统中的一些反馈信号需要提前做一些调整，以保证系统在闭环调试时候顺利进行，具体有以下一些调整点需要注意：

隔离板（YGD）上 Wl 电位器：U_{fu}电压负反馈整定。对于电阻性负载，初始值 U_{fu} = 0 V。

调节板（TJB）上 W3 电位器：U_{fi+}，电流截止负反馈整定，初始值 $U_{fi+}=0$ V。

调节板（TJB）上 W4 电位器：U_{fi-}，电流保护整定，初始值 $U_{fi-}=0$ V。

调节板（TJB）上 W5 电位器：电流保护设定，初始值为某一正电压，一般取 2.5 ~ 4 V。

调节板（TJB）上 W1 电位器：U_{kmax}，最小整流角限定，具体电路具体要求，一般先取 5 V。

调节板（TJB）上 W1 电位器：U_{kmin}，最小逆变角限定，具体电路具体要求，一般先取 -1 V。

调节板（TJB）上 W6 电位器：给定积分器积分时间整定，初始值为电位最大位置。

（2）闭环运行形式下的调试

1）首先调整系统最小整流角。原则是当给定电压 U_g 达到最大值 U_{gmax} 时，调压柜的晶闸管触发角 α 不小于 0°，此时调压柜的输出直流电压达到最大值 U_{dmax}。调试时可以先将给定电位器调节到最大值，此时因为系统原来的 W1 已经被限定在 5 V 左右，所以输出直流电压是达不到最大输出值的，也就是晶闸管触发角 α 根本达不到 0°。所以需要调节 TJB—W1 电位器，使输出电压升高，直到输出电压达到最大输出电压值为止（对于本系统 $U_{dmax}=300$ V 左右）。

2）调整系统的电压负反馈深度。原则是当给定电压 U_g 达到最大值 U_{gmax} 时，调压柜的输出直流电压达到负载需要的额定电压值 U_e。调试时可以先将给定电位器调节到最大值，此时因为系统没有电压负反馈作用，所以输出直流电压是最大输出值 U_{dmax}，而负载需要的电压值一般是低于这个电压值的。所以需要调节 YGD—W1 电位器，使输出电压降低，直到输出电压降低到负载需要的额定电压值为止（对于本系统 $U_e=220$ V）。

3）调整系统的过流保护整定。原则是当调压柜的负载电流超过负载额定电流的一定倍数（对于本系统为额定电流的 1.5 倍，即 15 A）时使系统的过流保护电路动作，封锁晶闸管的触发脉冲，延时一段时间后切断调压柜主电路。调试时先将输出电压调节到最大输出电压值，然后缓慢增加负载，使调压柜的输出电流上升到 15 A，然后缓慢调整 TJB—W4。当调节到某一个点时，系统输出电压突然降为 0 V，过一会儿过流指示灯亮起，同时主电路接触器断开，过流保护整定完成。注意，过流保护整定需要在高电压下进行，同时调整时间要尽量短。

4）调整系统的电流截止负反馈值。原则是当调压柜的负载电流超过负载额定电流的一定倍数（对于本系统为额定电流的 1.2 倍，即 12 A）时使系统的电流截止负反馈电路起作用，形成挖土机特性。调试时先将输出电压调节到最大输出电压值，然后缓慢增加负载，使调压柜的输出电流上升到 12 A，然后缓慢调整 TJB—W3。在开始调整时，输出电压应该保持不变，当调节到某一个点时，系统输出电压有所降低，说明此时电流截止负反馈电路中的稳压二极管已经被击穿，电流截止负反馈电路已经起作用，则电流截止负反馈整定完成。同样，整定需要在高电压下进行，同时调整时间要尽量短。

5）调整系统的给定积分时间，方法是调整 TJB—W6，然后突加给定，观察系统输出电压的上升情况，直到达到理想的电压上升速度。

项目三　高压直流输电线路

任务1　有源逆变电路的认识和故障分析

学习目标

1. 掌握逆变的概念和分类。
2. 掌握有源逆变的条件。
3. 掌握逆变角、逆变失败和最小逆变角的概念。
4. 能够识读三相有源逆变电路。
5. 能够分析三相有源逆变电路逆变失败的常见故障。

任务描述

在实际生活中，很多场合用到有源逆变电路，如图3—1—1所示的电力机车下坡运

a）

b）

c）

d）

图3—1—1　有源逆变电路的应用

a）电力机车下坡运行　b）高压直流输电线路换流站　c）直流电动机可逆调速系统　d）交流电动机串级调速控制柜

行、高压直流输电、直流可逆调速，交流电动机串级调速等，因此掌握有源逆变的原理和电路结构非常重要。

本任务的主要内容就是学习三相有源逆变电路的基本知识，分析电路的工作原理，以及三相有源逆变电路逆变失败的常见故障。

相关知识

一、逆变的概念

利用晶闸管把直流电变成交流电，称为逆变。逆变是对应于整流的逆过程。当变流电路工作在逆变状态，其交流侧接电网时，称为有源逆变；变流电路工作在逆变状态，而交流侧接负载时，称为无源逆变。

二、能量的传递

假设电路中有两个直流电源，分别为 E_G和 E_M，两者的连接方式有三种，如图 3—1—2 所示。

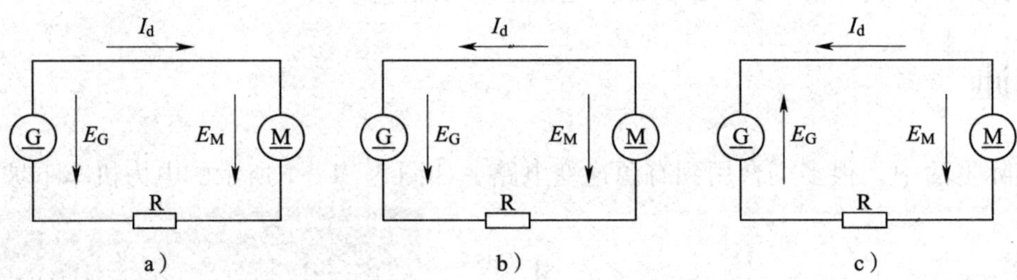

图 3—1—2　两个直流电源间电能的传递

在图 3—1—2a 中，E_G和 E_M极性相反，且 $E_G > E_M$，电流从 E_G流向 E_M，电流的值：$I = \frac{E_G - E_M}{R}$，其中 R 为回路总电阻。电流和 E_G同方向，和 E_M反方向，所以 E_G输出能量，而 E_M吸收能量，即电能从 E_G流向 E_M。

在图 3—1—2b 中，E_G和 E_M极性相反，且 $E_M > E_G$，电流从 E_M流向 E_G，电流的值：$I = \frac{E_M - E_G}{R}$。电流和 E_M同方向，和 E_G反方向，所以 E_M输出能量，而 E_G吸收能量，即电能从 E_M流向 E_G。

在图 3—1—2c 中，E_G和 E_M极性相同，形成顺向串联，向电阻 R 供电，此时 E_G和 E_M均输出电能，电流方向如图 3—1—2c 所示，电流的值：$I = \frac{E_G + E_M}{R}$。由于回路中的电阻 R 一般很小，所以此时回路中的电流很大，形成短路。实际工作中，应防止两个电源顺向串联，避免发生短路事故。

三、有源逆变的条件

如图 3—1—3 所示为单相全波变流电路。T 为变压器，带中心抽头，其二次侧接两只晶闸管 VT1 和 VT2，构成单相变流电路。L 为大电感，R 为回路总电阻，M 为直流电动机。变流器输出电压为 u_d，其平均值为 U_d，直流电动机反电动势为 E_M，i_d为负载电流。

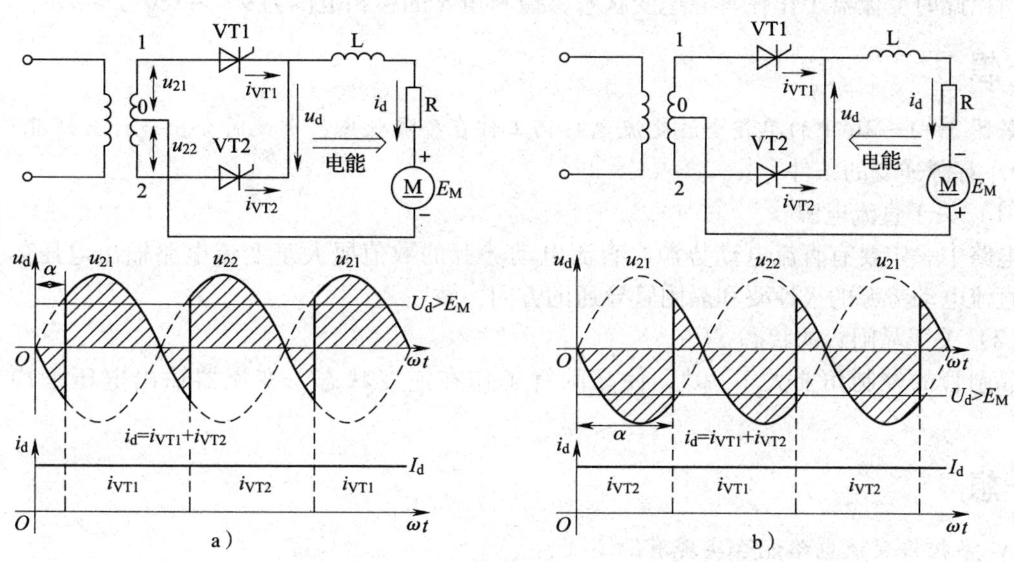

图 3—1—3　单相全波变流电路

1. 原理

（1）根据图 3—1—3a 分析可得

在 u_2正半周时，VT2 承受反向电压关断，VT1 承受正向电压，假设在 ωt_1时刻给晶闸管 VT1 门极加触发脉冲，则 VT1 导通。忽略管压降，则输出电压 $u_d = u_2$。

在 u_2过零变负时，VT2 承受正向电压，但由于其触发脉冲没来，所以 VT2 仍关断。此时由于回路中大电感的存在使得 VT1 仍承受正向电压，所以 VT1 继续导通，输出电压 $u_d = u_2$。

至 ωt_2时刻给晶闸管 VT2 门极加触发脉冲，则 VT2 导通，使得 VT1 承受反压关断。由于晶闸管的单向导电性，此时回路中电流方向未变，输出电压 $u_d = -u_2$。

在 u_2过零变正时，VT1 承受正向电压，但由于其触发脉冲没来，所以 VT1 仍关断。此时由于回路中大电感的存在使得 VT2 仍承受正向电压，所以 VT2 继续导通，输出电压 $u_d = -u_2$。下一周期重复上述过程。

变流器输出电压 u_d和回路电流 i_d的波形如图 3—1—3a 所示。由于输出电压在一个周期均有波形，所以该电路称为单相全波变流电路。

从图 3—1—3a 可以看出，此时输出电压为正，且 $u_d > E_M$，单相全波变流电路给电动机提供直流电能，变流电路工作在整流状态，控制角 α 的移相范围为 0°～90°。直流电动机吸收能量，工作在电动运行状态。

（2）根据图 3—1—3b 分析可得

单相全波变流电路的工作原理和上述相同，变流器输出电压 u_d和回路电流 i_d的波形如图 3—1—3b 所示。对比图 3—1—3a 可以看出，电流方向未变，仍为正。但输出电压平均值极性变反，即图3—1—3b中输出电压平均值为负，且$u_d < E_M$。直流电动机输出能量，工作在制动状态。单相全波变流电路吸收直流电能，变流电路把直流电变为交流电，反送回电网，所以此时变流器工作在有源逆变状态，控制角α的移相范围为90°～180°。

想一想

若图3—1—3b中的单相全波变流电路仍工作在整流状态，则此时会出现什么情况？

2. 有源逆变的条件

（1）关于直流电源

电路中一定要有直流电动势源，直流电动势源的数值要大于变流电路输出电压的平均值，直流电动势源的极性要和晶闸管导通的方向一致。

（2）关于晶闸管的状态

晶闸管的控制角要大于90°，使晶闸管工作在逆变状态，变流器输出电压平均值为负。

想一想

1. 半控桥变流电路能否实现有源逆变？

2. 负载侧并有续流二极管的变流电路能否实现有源逆变？

四、逆变失败

1. 逆变角

为方便分析和计算，通常把大于90°控制角用逆变角β表示，$\beta = \pi - \alpha$。逆变角β的计量方向和α相反，其大小是从$\beta = 0$开始向左方计量。

2. 逆变失败

逆变失败是指变流电路在逆变运行时，一旦发生换相失败，外接的直流电源通过晶闸管短路，或者变流器输出电压和直流电动势顺向串联，形成很大的短路电流。

3. 最小逆变角

晶闸管逆变时的最小逆变角用β_{min}表示：

$$\beta_{min} = \delta + \gamma + \theta'$$

其中，δ是晶闸管关断时间折合的电角度，γ是换相重叠角，θ'是安全裕量角。

（1）晶闸管关断时间

处于导通状态的晶闸管施加反压时，由于外电路电感的存在，其阳极电流的衰减有一过渡过程，晶闸管的关断不是瞬时完成的。晶闸管首先恢复反向阻断能力，对应的时间称为反向阻断恢复时间。之后再恢复正向阻断能力，对应的时间称为正向阻断恢复时间。在正向阻断恢复时间内如果重新给晶闸管施加正压，晶闸管会重新导通。晶闸管的关断时间是两段时间的和，用t_q表示。晶闸管关断时间对应的电角度用δ表示，为5°左右。

（2）换相重叠角

变压器绕组中的漏感对电流变化起抗拒作用，流过它的电流不能突变，所以晶闸管的换相过程不是瞬时完成的，如图3—1—4所示为三相半波可控整流电路带电感性负载的电路及波形，以VT1到VT2的换相为例进行分析。

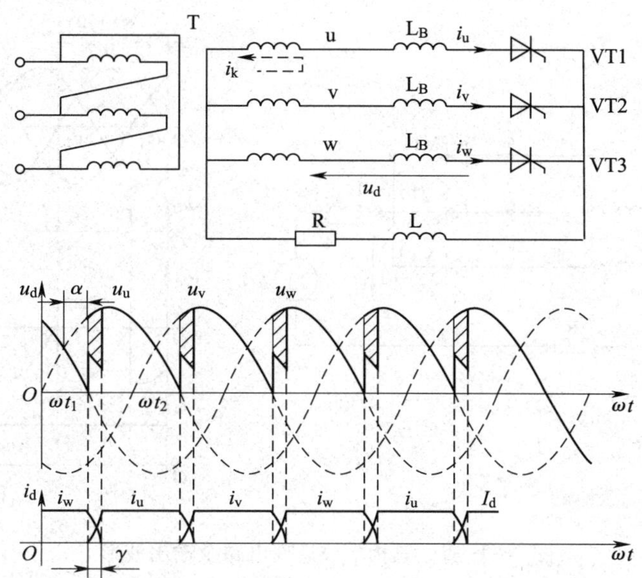

图 3—1—4　三相半波可控整流电路带电感性负载的电路及波形

ωt_1时刻触发导通 VT1，ωt_2时刻触发导通 VT2，故 ωt_2时刻之前 VT1 一直导通。由于变压器二次侧 u 相和 v 相线圈均有漏感，所以流过两相的电流 i_u和 i_v均不能突变。于是 VT1 和 VT2 同时导通，相当于 u 相和 v 相通过晶闸管 VT1 和 VT2 短路，短路电流为 i_k。此时流过 VT1 的电流 $i_{VT1}=i_u=I_d-i_k$是逐渐减小的，而过 VT2 的电流 $i_{VT2}=i_v=i_k$是逐渐增大的。当 i_k增大到 I_d时，$i_{VT1}=i_u=0$，VT1 关断，换相过程结束。换相过程持续的时间对应的电角度用 γ 表示，它随着直流平均电流和换相电抗的增加而增大，三相电路的换相重叠角为 15°～20°。

（3）安全裕量角

当变流器工作在逆变状态时，由于各种原因可能会影响到逆变角，若不考虑裕量，则可能造成逆变失败。安全裕量角用 θ'表示，一般中小型可逆直流拖动系统中，θ'约取 10°。

由以上分析可知，β_{min}一般取 30°～35°。逆变电路工作时，其逆变角一定要大于最小逆变角。

任务实施

一、识读三相有源逆变电路

1．识读三相半波有源逆变电路

（1）熟悉各种电器符号，分析电路结构

三相半波逆变电路如图 3—1—5a 所示。其中，T 为三相变压器，晶闸管 VT1、VT2、VT3 的阳极分别接变压器二次侧 u、v、w 三相电源，阴极接在一起。L 为大电感，R 为回路总电阻，M 为直流电动机。变流器输出电压为 u_d，其平均值为 u_d，直流电动机反电动势为 E_M，i_d为负载电流。

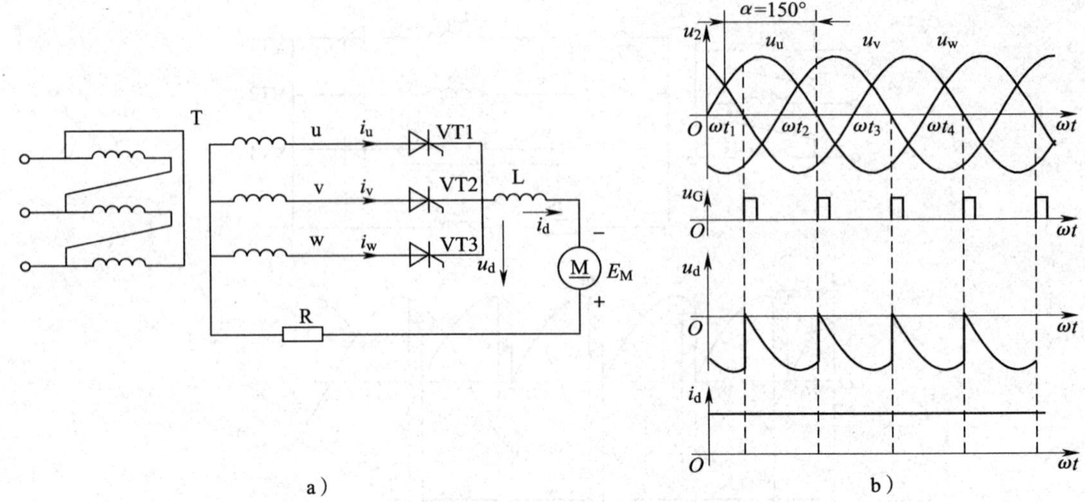

图 3—1—5 三相半波逆变电路及输出波形

a）三相半波逆变电路 b）输出波形

（2）分析电路原理，得出工作波形

设此时电动机端电势已反向，即上负下正，设逆变电路移相角 $\alpha=150°$，依次触发相应的晶闸管，如图 3—1—5b 中在 ωt_2时刻触发 u 相晶闸管 VT1，虽然此时 $u_u=0$，但晶闸管 VT1 因承受 E 的作用，仍可满足导通条件而工作，输出 u_u相电压。VT1 被触发导通后，虽然 u_u已为负值，由于 E 的存在，且 $|E|>|u_u|$，VT1 仍然承受正向电压而导通，即使不满足 $|E|>|u_u|$，由于平波电感的存在，释放电能，L 的感应电势也仍可使 VT1 承受正向电压继续导通。因电感 L 足够大，故主回路电流连续。VT1 导电 120°后，VT2 被触发导通，由于此时 $u_v>u_u$，故 VT1 承受反压关断，完成 VT1 与 VT2 间的换流，这时电路输出电压为 u_v。同样，VT2 导电 120°后，VT3 的被触发导通，由于此时 $u_w>u_v$，故 VT2 承受反压关断，完成 VT2 与 VT3 间的换流，这时电路输出电压为 u_w。如此循环往复。

电路输出电压的波形如图 3—1—5b 所示。此时电动机端电势 E 稍大于 u_d，主回路电流 I_d方向和整流时相同，但它从 E 的正极流出，从 u_d的正极流入，说明这时电动机向外输出能量，以发电机状态运行。因晶闸管 VT1、VT2、VT3 的交替导通工作完全与交流电网变化同步，从而可以保证能够把直流电能变换为与交流电网电源同频率的交流电回馈电网。交流电网吸收能量，电路以有源逆变状态运行。输出电压的平均值 u_d为负值，其极性为下正上负。

当 α 在 $\pi/2\sim\pi$ 范围内变化时，其输出电压的瞬时值 u_d在整个周期内也是有正有负或者全部为负，但是负电压面积总是大于正电压面积，使得平均值 u_d为负，如图 3—1—6 所示。可以看出，逆变角 β 越小，负面积越大，即 u_d负得越多。

2．识读三相桥式有源逆变电路

（1）熟悉各种电器符号，分析电路结构

三相全控桥式变流电路和输出电压波形如图 3—1—7 所示。

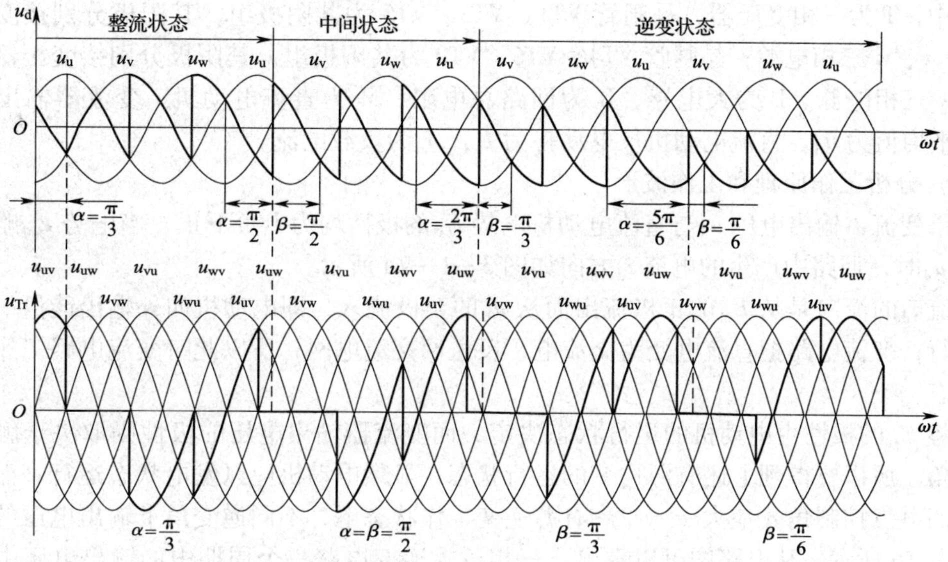

图 3—1—6　三相半波变流电路工作于有源逆变状态时不同逆变角下的输出电压波形

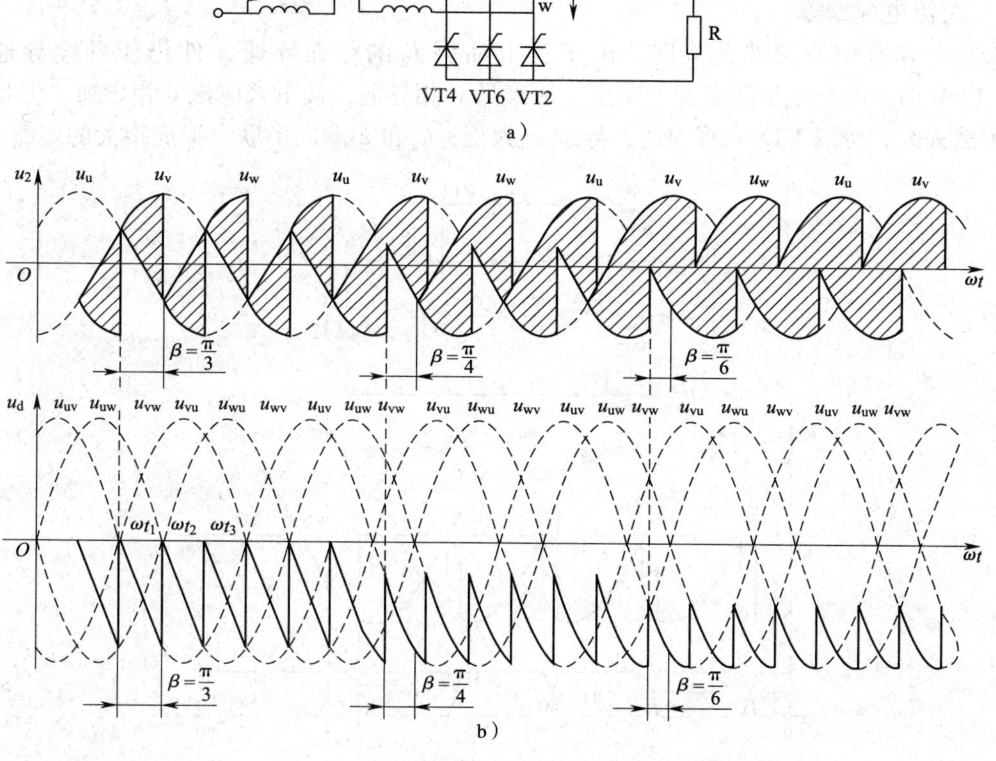

图 3—1—7　三相全控桥式变流电路和输出电压波形

其中，T 为三相变压器，晶闸管 VT1、VT3、VT5 为共阴极组，其阳极分别接变压器二次侧 u、v、w 三相电源；晶闸管 VT4、VT6、VT2 为共阳极组，其阴极分别接变压器二次侧 u、v、w 三相电源。L 为大电感，R 为回路总电阻，M 为直流电动机。变流器输出电压为 u_d，其平均值为 u_d，直流电动机反电动势为 E_M，i_d为负载电流。

（2）分析工作原理和工作波形

如果变流器输出电压 u_d与直流电动机电势 E_M的极性均为上负下正，当电势 E_M略大于平均电压 u_d时，回路中产生的电流 i_d方向如图 3—1—7a 所示。

电流 i_d的流向是从 E_M的正极流出而从 u_d的正极流入，即电动机向外输出能量，以发电状态运行；变流电路把直流电变为交流电，反送回交流电网，所以此时变流电路工作在有源逆变状态。

电势 E_M的极性由电动机的运行状态决定，而变流器输出电压的极性则取决于触发脉冲的控制角。所以要得到上述有源逆变的运行状态，显然电动机应以发电状态运行，而变流器晶闸管的触发控制角 α 应大于 $\pi/2$。有源逆变工作状态下，不同逆变角下输出电压的波形如图 3—1—7b 所示。从电路图可以看出，三相桥式逆变电路一个周期中的输出电压由 6 个形状相同的波头组成，其形状随 β 的不同而不同。当逆变角不同时，变流器输出电压波形有正有负，但负电压面积总是大于正电压面积，使得平均值 u_d为负。且逆变角 β 越小，负电压面积越大，即 u_d负得越多。

二、逆变失败的常见故障分析

逆变失败的原因主要有以下几种情况：

1．交流电源故障

交流电源缺相或突然消失时，由于反电动势 E 的存在导通元件仍能继续导通。如图 3—1—8 所示的三相半波逆变电路中，原来是 w 相导通，接下来应该 u 相导通，但是 u 相电压突然丢失，所以 VT3 一直导通，导致 u_d为正，u_d和 E 顺向串联，形成很大的短路电流。

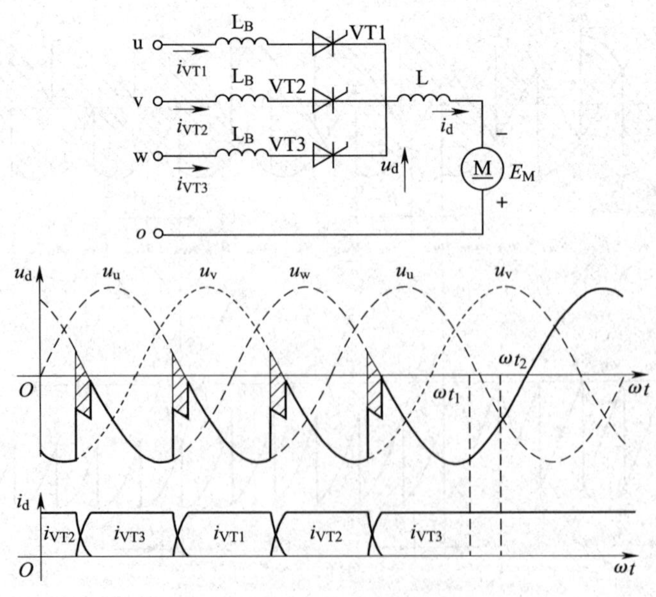

图 3—1—8　交流电源故障时输出电压波形

2．触发电路故障

当触发电路故障或工作不可靠时，造成脉冲丢失或延迟以及触发功率不够，将不能准确或适时地给晶闸管门极施加触发脉冲，引起晶闸管不能正常换相。一旦晶闸管换流失败，势必形成一只元件从承受反向电压导通延续到承受正向电压导通，u_d反向后将与E_M顺向串联，出现逆变颠覆。

如图3—1—9所示的三相半波逆变电路中，在ωt_1时刻VT1触发脉冲丢失或其触发脉冲延迟到ωt_2时刻，将导致VT3无法向VT1换流，VT3继续导通，导致u_d为正，u_d和E_M顺向串联，形成很大的短路电流，造成逆变失败。

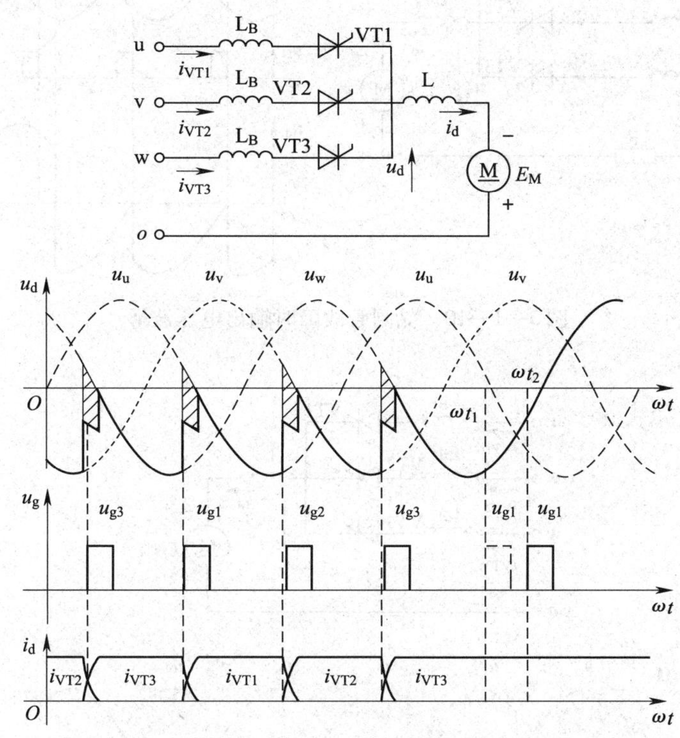

图3—1—9　触发电路故障时输出电压波形

3．晶闸管故障

触发电路正常，但如果晶闸管参数选择不当，如额定电压选择裕量不足，或者晶闸管存在质量问题，都会使晶闸管在应该阻断的时候丧失了阻断能力，而应该导通的时候却无法导通，这样容易造成换相失败。如图3—1—10所示的三相半波逆变电路中，在ωt_1时刻，VT3承受正压，（$E+u_w$）>0，且数值较高，如超过VT3的断态重复峰值电压，则VT3误导通。使得逆变电路输出电压和直流电动势顺向串联，形成很大的短路电流，造成逆变失败。

4．逆变角过小

晶闸管处于逆变状态时，逆变角过小时，容易引起换相失败，形成很大的短路电流。如图3—1—11所示的电路中，如果逆变角足够大$\beta>\gamma$，VT1和VT3的换相结束后（A点处），u相电压仍高于w相电压，所以晶闸管VT3能承受反压而关断。但如果逆变角过小$\beta<\gamma$，

换相还没结束时，达到 B 点时，w 相电压高于 u 相电压，导致应关断的晶闸管 VT3 继续导通，而该通的晶闸管 VT1 反而关断，造成换相失败。这样会使得 u_d的波形中正部分面积大于负部分面积，从而使得 u_d和 E_M顺向串联，形成很大的短路电流，最终导致逆变失败。

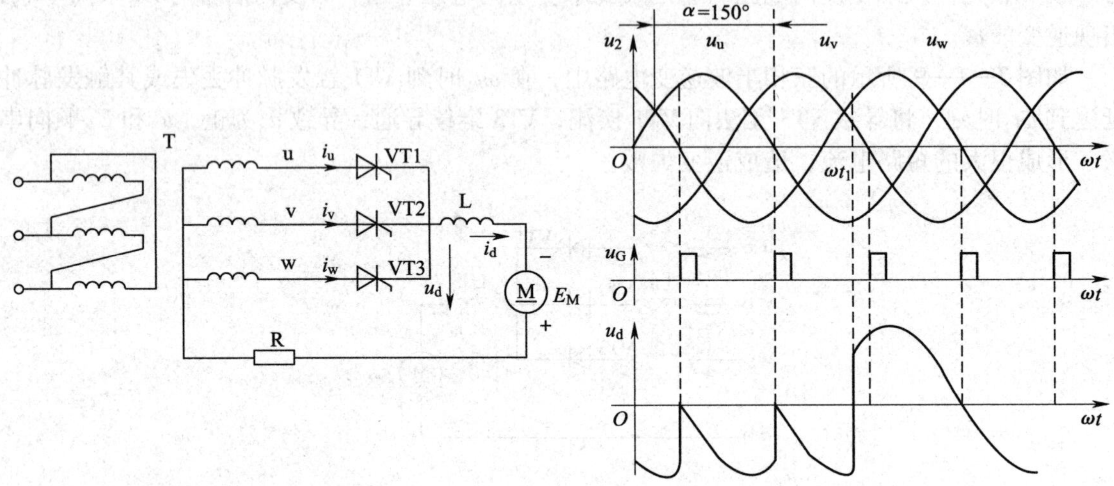

图 3—1—10　晶闸管故障时输出电压波形

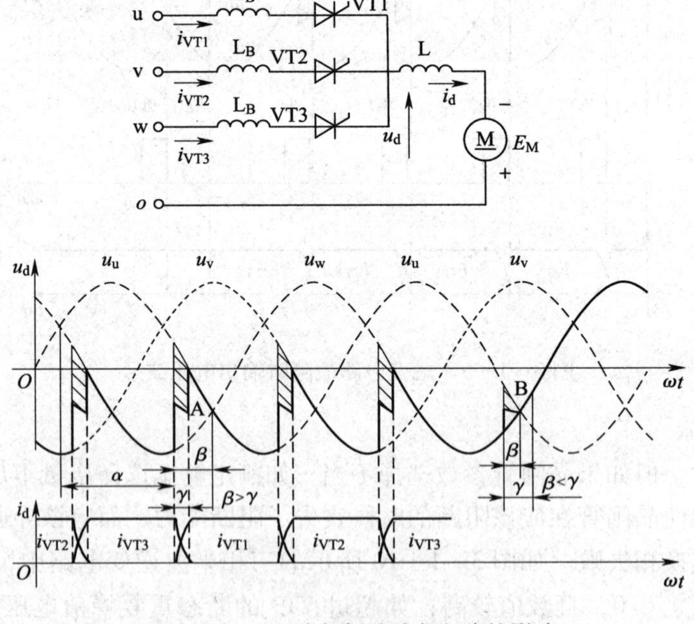

图 3—1—11　逆变角对逆变电路的影响

想一想

1. 若逆变角过小，小于晶闸关断时间折合的电角度，会出现什么情况？

2. 若没有换相裕量角可能出现什么情况？

任务2　高压直流输电线路的认识和故障分析

学习目标

1. 掌握晶闸管的串并联及均压、均流问题。
2. 掌握光控晶闸管的结构和原理，了解光控晶闸管的基本特性和参数。
3. 掌握直流输电系统的构成和特点。
4. 掌握直流输电换流技术。
5. 能够检测和选用光控晶闸管。
6. 设计直流输电系统换流阀。
7. 能够识读直流输电线路图。
8. 完成直流输电系统的故障排除。

任务描述

高压直流输电是利用稳定的直流电进行的大功率远距离电能传输的工程，其输电过程为直流电。高压直流输电在远距离大容量输电和电力系统联网方面具有明显的优点，其线路如图3—2—1所示。

图3—2—1　高压直流输电线路

本任务的主要内容是学习高压直流输电线路的基本知识，设计直流输电系统换流阀，识读直流输电线路图，并完成直流输电系统的故障排除。

相关知识

一、晶闸管的串并联

在高电压、大电流的场合，如高压直流输电线路中，单个晶闸管或者晶闸管装置往往不能满足要求，所以需要把多个晶闸管或晶闸管装置串联或并联起来加以应用。

1. 晶闸管的串联

在单个晶闸管的额定电压不能满足实际要求时，可以用两个以上同型号的晶闸管串联来解决。晶闸管串联时存在均压问题，均压分为静态均压和动态均压两种。晶闸管的串联如图 3—2—2 所示。

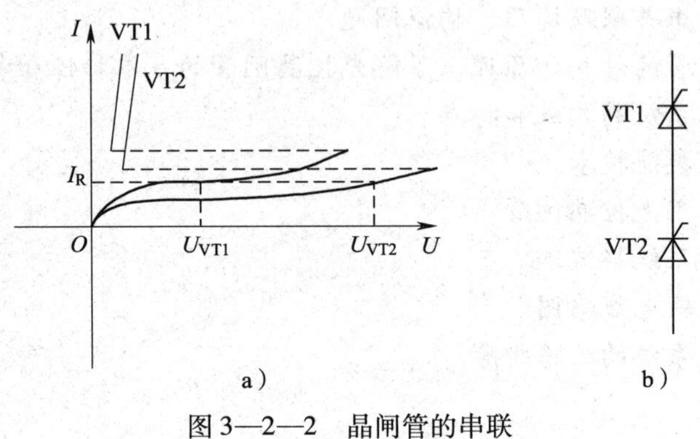

图 3—2—2　晶闸管的串联

a）伏安特性　b）晶闸管串联电路

（1）静态均压

由于器件静态特性不同造成的均压问题称为静态均压。串联器件流过相同的漏电流，但由于器件特性的差异，各器件所承受的电压是不等的。图 3—2—2a 是晶闸管串联时的伏安特性，由正向伏安特性可知，两个晶闸管流过相同漏电流时所承受的正向电压是不同的。当外加电压增加时，承受电压高的晶闸管先达到正向转折电压而导通。导通后另一个晶闸管承受全部电压从而也导通，此时两个晶闸管都失去控制作用。同样，两个串联晶闸管的反向伏安特性也不同，承受反向电压高的晶闸管可能首先反向击穿，另一个也随之击穿。静态均压可通过选用参数和特性尽量一致的器件，或附加均压电路加以解决。

（2）动态均压

由于晶闸管动态参数和特性不同造成的均压问题属于动态均压，如晶闸管在关断过程中出现的短暂不均压就属于动态均压问题。动态均压可通过选用动态参数和特性尽量一致的器件，并附加均压电路加以解决。

2. 晶闸管并联

在单个晶闸管的额定电流不能满足实际要求时，可以用两个以上同型号的晶闸管并联来解决。大功率的晶闸管装置常采用多个晶闸管并联来承担较大的电流，晶闸管并联时存在均流问题。

并联晶闸管承受的电压相同，但由于管子的伏安特性不同，且晶闸管导通后的内阻很小，每只管子负担的电流不同，有的晶闸管电流不足，有的则可能过载。并联后稳态电流不均衡属于静态均流问题，而在过渡过程中出现的电流不均匀属于动态均流问题。晶闸管的均流可通过选用特性参数尽量一致的器件，并附加均流电路加以解决。

二、光控晶闸管

1. 光控晶闸管的结构

光控晶闸管又称光触发晶闸管，是利用一定波长的光照信号触发导通的晶闸管。由于采用光触发保证了主电路与控制电路之间的绝缘，而且可以避免电磁干扰的影响，小功率的光控晶闸管常应用于电隔离、继电器、自动控制等方面。大功率的光控晶闸管主要用于高压大功率的场合，如高压直流输电和高压核聚变装置等。

光控晶闸管的内部结构和普通晶闸管一样，由四层 PNPN 结构构成，其结构、电气符号和外形如图 3—2—3 所示。小功率的光控晶闸管只有两个电极，阳极 A 和阴极 K，如果引出控制极可做成光电两用晶闸管。大功率的光控晶闸管除了阳极、阴极外还带有光导纤维线（光缆），光缆上装有作为发光源的发光二极管或半导体激光器。

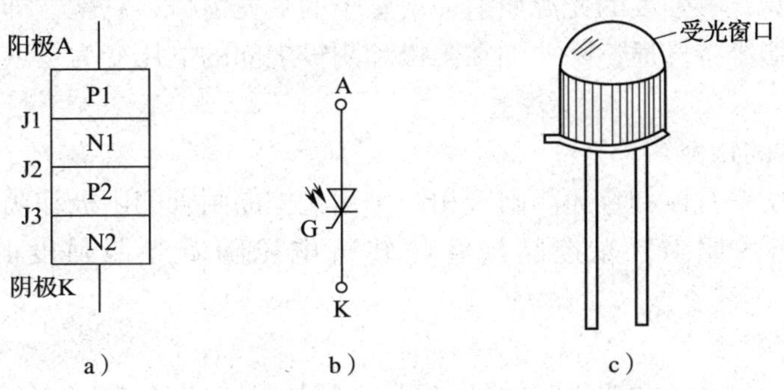

图 3—2—3　光控晶闸管的结构、电气符号和外形

a）结构　b）电气符号　c）外形

2. 光控晶闸管的原理

光控晶闸管的原理和制造工艺与电触发晶闸管相似，但触发结构和触发方式有很大不同，即光控晶闸管采用光触发，在光敏区的 P 型区内产生的光载流子触发四层 PNPN 器件，电触发晶闸管则由门极电流触发。

当光控晶闸管的阳极和阴极间承受正电压（见图 3—2—4a）时，其等效电路如图 3—2—4b 所示，根据图 3—2—4b 可列出以下各式：

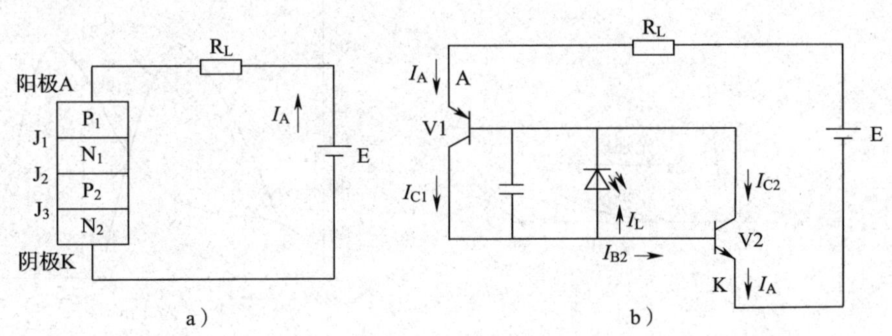

图 3—2—4　光控晶闸管的工作原理

a）试验电路　b）等效电路

$$I_{C1} = \alpha_1 I_A + I_{CBO1} \approx \alpha_1 I_A$$

$$I_{C2} = \alpha_2 I_A + I_{CBO2} \approx \alpha_2 I_A$$

$$I_A = I_{C1} + I_{C2} - I_L$$

式中，I_L为光电二极管的光电流；I_A为光控晶闸管阳极电流，即光控晶闸管的输出电流；α_1、α_2分别为V1、V2的共基极电流增益；I_{CBO1}和I_{CBO2}分别为V1和V2的共基极漏电流。

由上述3式可得：$I_A = \dfrac{I_L}{1-(\alpha_1+\alpha_2)}$

由上式可知，I_A与I_L成正比，即当光电二极管的光电流增大时，光控晶闸管的输出电流也相应增大，同时α_1、α_2也增大。当α_1与α_2之和接近1时，光控晶闸管的输出电流I_A达到最大，即完全导通。能使光控晶闸管导通的最小光照度称为导通光照度。光控晶闸管与普通晶闸管一样，只要有足够强度的光源照射一下管子的受光窗口，它就立即变为导通状态，而后即使撤离光源也能维持导通，除非加在阳极和阴极之间的电压变为零或反向，才能使其关闭。

3. 光控晶闸管的特性

光控晶闸管的伏安特性和普通晶闸管相同。当光控晶闸管的阳极和阴极间承受正向电压时，受不同强度光的照射，光控晶闸管的转折电压随着光照强度的增大而减小，如图3—2—5所示。

4. 光控晶闸管的参数

光控晶闸管的一般参数和普通晶闸管相同，不同的是触发参数。

（1）触发光功率

光控晶闸管的阳极和阴极间承受正向电压时，由断态转为通态所需输入的电功率称为触发光功率，其值一般为几毫瓦至十几毫瓦。

（2）光谱响应范围

光控晶闸管一般只对一定波长范围的光敏感，超出这个范围，再强的光也不能使其导通。光控晶闸管的光谱特性如图3—2—6所示，其中，曲线1为硅光敏晶闸管的光谱特性，曲线2为锗光敏晶闸管的光谱特性。光控晶闸管的光谱范围为0.55～1.0 μm，峰值波长为0.85 μm。

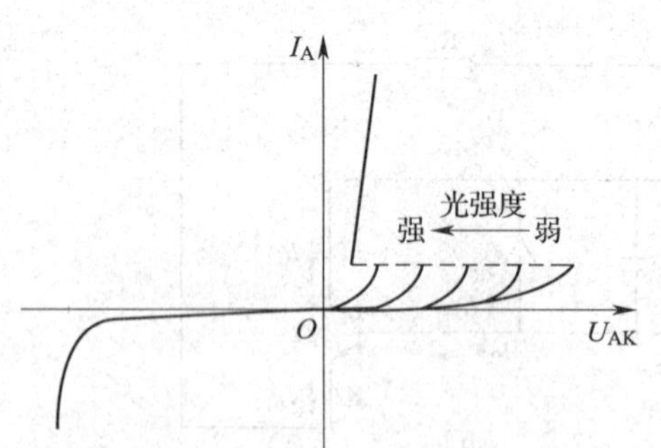

图3—2—5　光控晶闸管的伏安特性

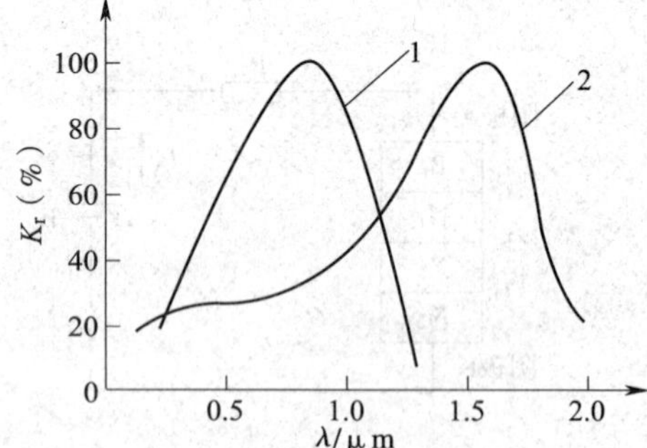

图3—2—6　光控晶闸管的光谱特性

1—硅光敏晶闸管　2—锗光敏晶闸管

三、直流输电线路的构成

高压直流输电是指将送端系统的交流电在送端换流站升压整流后，再通过直流线路传输到受端换流站，受端换流站将直流逆变成交流电后降压和受端系统相连的输电方式。目前常用的直流输电系统多为两端直流输电系统，主要由两个换流站和直流输电线组成，两个换流站分别与两端的交流系统相连接，一个换流站为整流站（送端），另一个为逆变站（受端）。

两端直流输电系统分为单极系统、双极系统和背靠背系统三种，其中双极系统最为常用，背靠背无直流输电线路主要用于两个非同步运行的交流系统间的联网或送电。如图 3—2—7 所示为双极两端中性点接地方式的输电系统，其中换流站的主要设备包括换流器、换流变压器、平波电抗器、交流滤波器、直流避雷器及控制保护设备等。

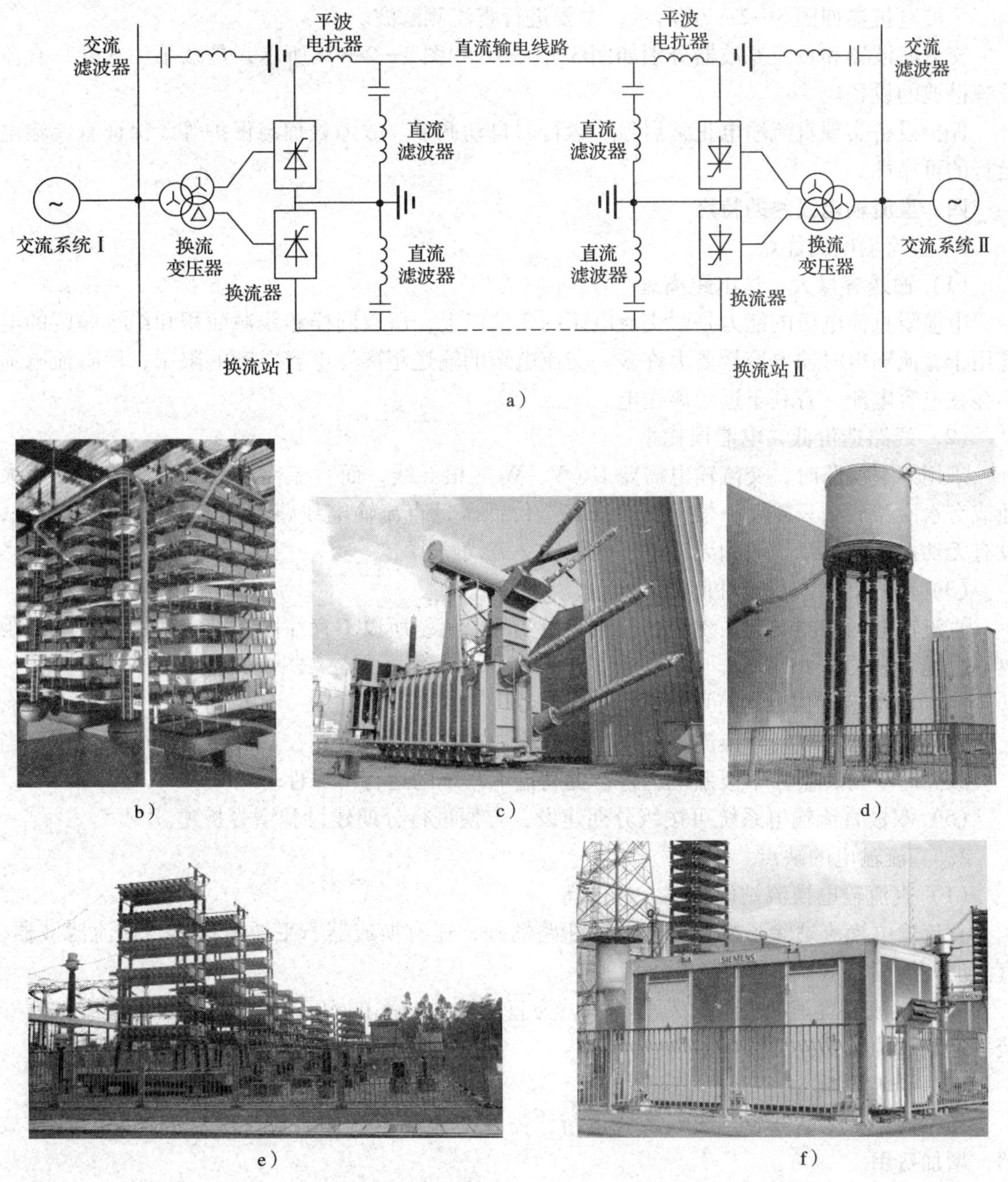

图 3—2—7　直流输电系统构成

a）直流输电系统接线图　b）换流器　c）换流变压器　d）平波电抗器　e）交流侧滤波器　f）直流滤波器

其中，换流器又称换流阀，如图 3—2—7b 所示。换流器是换流站的关键设备，其功能是实现整流和逆变。换流器由一个或多个换流单元串联而成，电路均采用三相换流桥，材料多采用晶闸管阀。

换流变压器如图 3—2—7c 所示，是实现交、直流侧的电压变换和电隔离的设备，还可限制短路电流。

平波电抗器如图 3—2—7d 所示，主要进行直流侧滤波。

交流滤波器和直流滤波器分别如图 3—2—7e 和图 3—2—7f 所示，是减小注入交、直流系统谐波的设备。

保护设备实现直流输电正常启停、运行、自动调节、故障处理与保护等，保证直流输电运行的可靠性。

四、直流输电线路的特点

1. 直流输电的优点

（1）输送容量大，送电距离远

电缆耐直流电压的能力是耐交流电压的 3 倍以上，所以同样芯线截面积和绝缘厚度的电缆用于直流输电时输电容量要大许多。交流电缆的输送距离受电容电流的限制，而直流电缆不存在电容电流，有利于远距离送电。

（2）线路造价低，电能损耗小

采用架空线路时，交流输电需要 U、V、W 三根导线，而直流需要两根导线，若采用大地或海水回路时则只需要一根，所以线路造价低。且直流输电线路的主要损耗为电阻损耗，没有无功损耗，电晕损耗和无线电干扰也比交流线路小。

（3）不存在系统稳定性问题

直流输电两端的交流系统经过整流和逆变的隔离，所以不存在同步稳定问题，对于远距离输电是有利的。

（4）调节速度快，运行可靠

直流输电通过晶闸管换流器可快速、方便地进行有功调节。在双极直流输电系统中，当一极故障时，可转换为单极系统运行，提高输电系统的运行可靠性。

（5）双极直流输电系统可按级分期建设，方便进行分期建设和增容扩建。

2. 直流输电的缺点

（1）直流输电换流站设备多、造价高

直流输电换流站除了换流变压器和断路器外，还有换流器、平波电抗器、交流滤波器、直流滤波器等。

（2）换流装置消耗大量的无功功率，为直流输送功率的 50% 左右，所以在换流站需安装一定数量的无功补偿设备。

（3）谐波影响

换流器是一个谐波源，影响系统运行，需在交流和直流侧装设交流滤波器和直流滤波器，增加费用。

（4）利用大地（或海水）作为回路时，在接地极附近地下（或海水中）的直流电流对金属构件、管道、电缆等具有腐蚀作用，且电流通过中性点接地变压器时使变压器直流偏磁，产生局部过热及振动等，还会对通信系统等产生干扰。

任务实施

一、光控晶闸管的检测和选用

1. 光控晶闸管的检测

（1）方法一：用万用表检测

检测小功率光控晶闸管时，将万用表置于 $R\times1$ 挡，黑表笔上串接 1 ~ 3 节 1.5 V 干电池，首先测量阳极和阴极两引脚间的正、反向电阻值。若均为无穷大，说明器件正常。然后再用小手电筒或激光笔照射光控晶闸管的受光窗口，黑笔接阳极 A，红表笔接阴极 K，测量正向电阻值，正常的正向电阻值应为较小的一个电阻值。再测量反向电阻值，正常应仍为无穷大。

（2）方法二：设计检测电路

光控晶闸管检测电路如图 3—2—8 所示。闭合电源开关 S，对于小功率的光控晶闸管需要用手电筒照射其受光窗口，大功率光控晶闸管由于自带光源，只要将其光缆中的发光二极管或半导体激光器加上工作电压即可，此时指示灯点亮，撤离光源后指示灯维持发光，说明光控晶闸管正常。

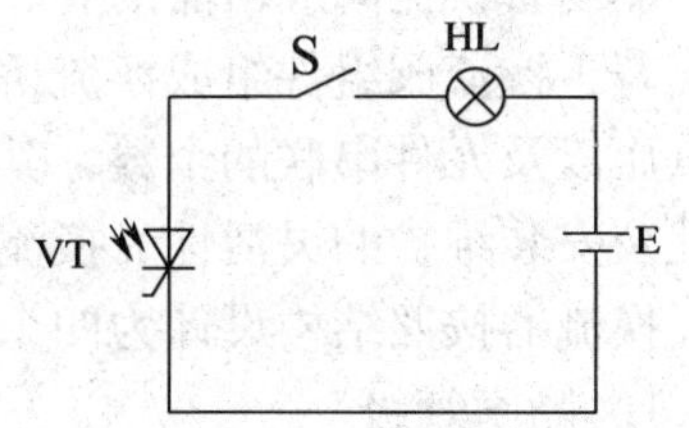

图 3—2—8 光控晶闸管检测电路

若闭合电源开关 S，但尚未加光源，指示灯就点亮，说明被测光控晶闸管已击穿短路。若被测晶闸管电极连接正确，闭合电源开关并加上触发光源后，指示灯仍不亮，说明该光控晶闸管内部损坏。若加上触发光源后，指示灯发光，但取消光源后指示灯即熄灭，则说明该光控晶闸管触发性能不良。

2. 光控晶闸管的选用

光控晶闸管与电触发晶闸管不同之处是光控晶闸管使用非常微弱的光信号直接驱动，其门极触发信号的光能只有电触发能量的几十分之一。

光控晶闸管除了触发信号不同以外，其他特性基本与普通晶闸管是相同的，因此在使用时可按照普通晶闸管选择，所选光控晶闸管应留有一定的功率裕量，其额定峰值电压和额定电流应为最大工作电压和最大工作电流的 1.5 ~ 2 倍。光控晶闸管的正向压降、触发光功率、光谱响应范围等参数应符合应用电路的各项要求，不能偏高或偏低，否则会影响光控晶闸管的正常工作。

另外要特别注意它的光控特点，光控晶闸管对光源的波长有选择性，波长在 0.8 ~ 0.9 μm 的红外线及波长在 1 μm 左右的激光、砷化镓发光二极管在 0.94 ~ 0.95 μm 波长范围内发光最强，这些都是光控晶闸管较为理想的光源。当光信号传输距离较近时可直接照射；若距离较远时，必须设置专门的光信号传输系统，以确保光控晶闸管有正常照度。

想一想

1. 在实际电路中还有哪些场合用到光控晶闸管？外形是什么样的？

2. 如果光控晶闸管为三端元件时，使用时控制极应如何处理？

二、设计直流输电系统换流阀

直流输电换流技术包括整流和逆变，其中将送端的交流电变换为直流电为整流技术，而受端的直流电变换为交流电为逆变技术。直流输电换流站由基本换流单元组成，基本换流单元主要包括换流变压器、换流器、交流滤波器、直流滤波器及保护装置等。直流输电的传输容量大、电压高，所以需要有高电压、大容量的换流设备来实现电力变换，该设备也称为换流阀，目前晶闸管换流阀的应用较为广泛。

换流阀在电路中相当于一个电路元件，是换流器的最基本单元，换流器常采用三相桥式电路，每个换流阀相当于一个桥臂。三相六脉动换流器设计为 6 个换流阀即由 6 个桥臂组成，十二脉动换流器设计为 12 个换流阀即由 12 桥臂组成。

晶闸管换流阀应由晶闸管、阻尼回路、均压元件、电抗器、晶闸管控制单元等器件组成，若干换流阀组件组成换流桥的一个桥臂。换流阀的额定电压等级取决于单个晶闸管元件的电压以及元件串联的个数，其电流取决于晶闸管的通流能力。为提高换流阀的可靠性、可用性及安装维护的灵活性，换流阀的结构通常采用模块化设计。

换流器按照结构设计为四个等级：晶闸管级、阀组件、单阀（或阀臂）、换流器。

1. 晶闸管级

晶闸管是组成晶闸管阀的核心元件，它决定了换流阀的通流能力。采用光控晶闸管元件及其所需的触发、保护及监视用的电子回路、阻尼回路、均压电阻构成晶闸管级，如图 3—2—9a 所示。

2. 阀组件

将若干个晶闸管级串联连接后与电抗器串联，再并联上均压元件构成阀组件，如图 3—2—9b 所示。

3. 单阀（即阀臂）

将若干个阀组件串联连接组成一个单阀，单阀构成了六脉动换流器的一个桥臂，故又称阀臂，如图 3—2—9c 所示。

4. 换流器

6 个单阀可以连接构成三相六脉动换流器，一般两个单阀垂直组装在一起构成六脉动换流器一相中的 2 个阀，称为 2 重阀。而 12 个单阀可以连接构成三相十二脉动换流器，由 4 个单阀垂直安装在一起构成十二脉动换流器的一相中的 4 个阀，称为四重阀，如图 3—2—9d 所示。

5. 六脉动和十二脉动换流单元

六脉动换流单元由换流变压器、六脉动换流器及交、直流滤波器和控制保护装置构成，如图 3—2—10 所示。

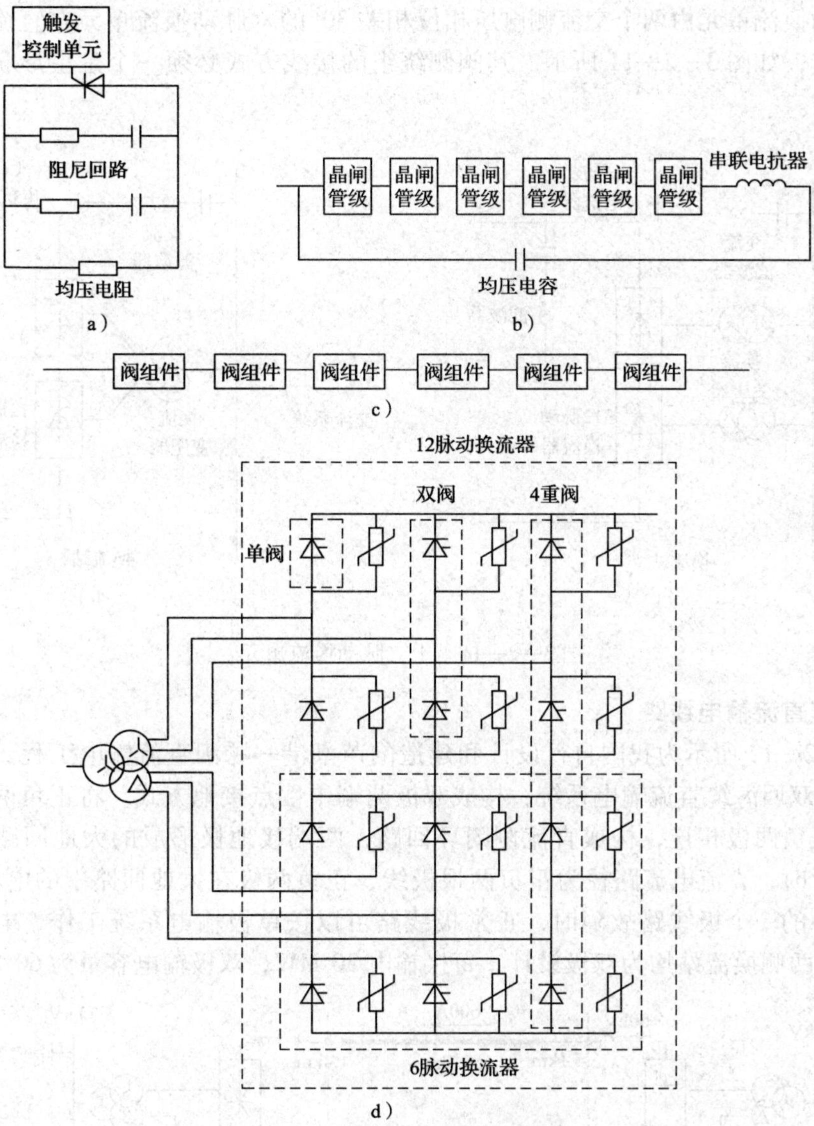

触发
控制单元
阻尼回路
均压电阻
a）

晶闸管级 晶闸管级 晶闸管级 晶闸管级 晶闸管级 晶闸管级
串联电抗器
均压电容
b）

阀组件 阀组件 阀组件 阀组件 阀组件 阀组件
c）

12脉动换流器
双阀
4重阀
单阀
6脉动换流器
d）

图 3—2—9　晶闸管换流器

a）晶闸管级　b）阀组件　c）单阀　d）换流器

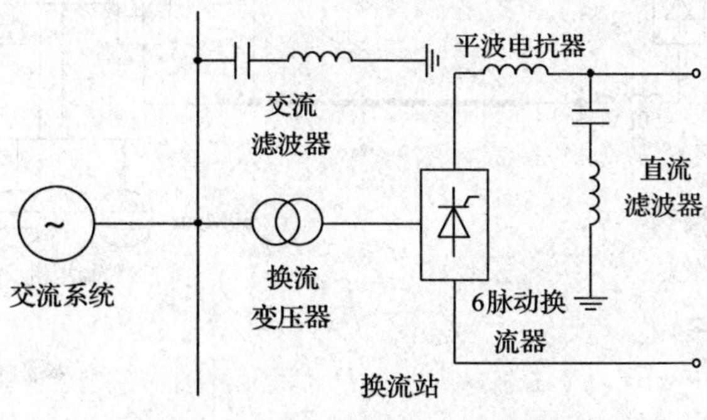

图 3—2—10　六脉动换流单元

十二脉动换流单元由两个交流侧电压相位相差 30°的六脉动换流单元在直流侧串联、交流侧并联构成，如图 3—2—11 所示，其阀侧绕组的接线方式必须一个是星形联结，另一个为三角形联结。

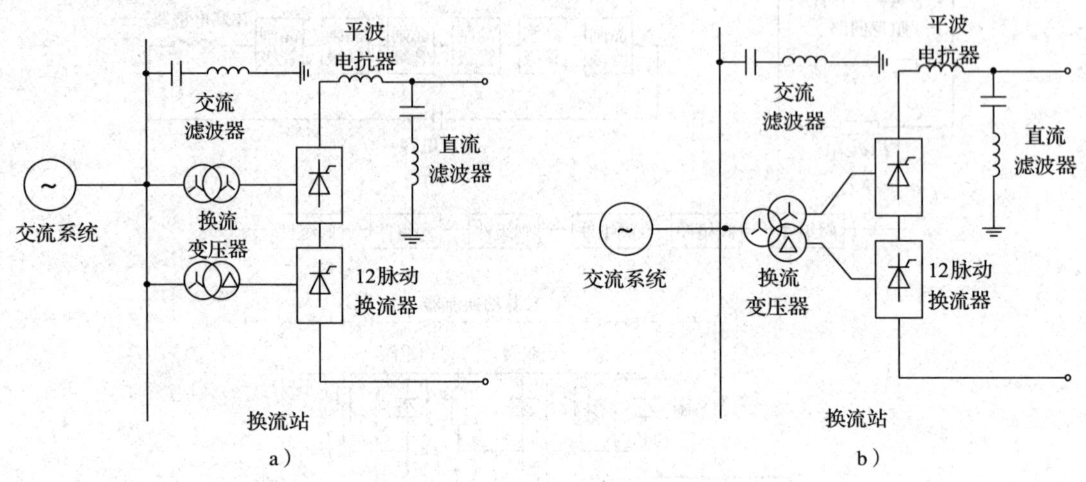

图 3—2—11　十二脉动换流单元

三、识读直流输电线路

如图 3—2—12 所示为我国自行设计和建造的芦潮港—嵊泗直流输电工程。该工程采用 ±50 kV 双极双回海缆直流输电系统，构成双极两端中性点接地方式。将正负两极导线和两端换流站的正负两极相连，构成直流侧闭环回路，两端接地极形成的大地回路作为备用导线。正常运行时，直流电流路径为正负两根极线，正负两极在大地回路中的电流方向相反，当双极系统中的一个极线路故障时，正常极线路可以按单极输电系统工作。电压 ±50 kV，电流 600 A，两侧换流站均为双极设计，每极输电 30 MW，双极输电容量为 60 MW。

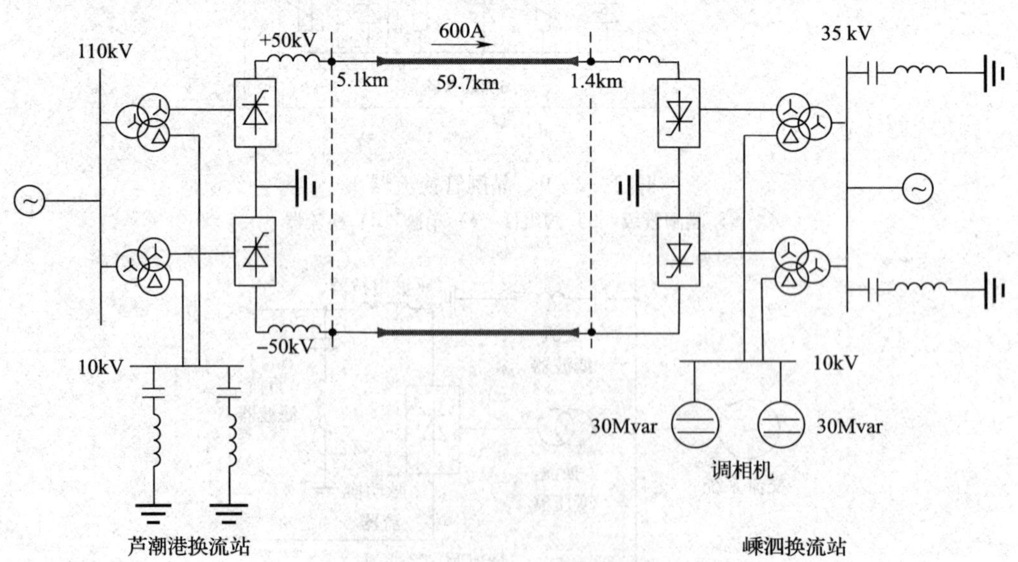

图 3—2—12　芦潮港—嵊泗直流输电工程

110 kV 母线以专用 110 kV 线路架空至芦潮港换流站，经换流后，采用 50 kV 直流架空线路至海底电缆下海点（长 2.1 km），经 ±50 kV 海底直流电缆（长 59.7 km）跨海至嵊泗海缆登陆点，上岸后再由架空线路（长 1.4 km）至嵊泗换流站，换流后为 35 kV 和 10 kV。

芦潮港换流站采用单母线接线，换流变压器两台，采用三相三绕组变压器，其中交流侧为星形联结，阀侧一个为星形联结，另一个为三角形联结，从而得到换流变压器阀侧绕组的电压相位相差 30°。10 kV 直流接地极架空引线采用单母线分段接线，两段母线各设置一套滤波器组，双极共两套。芦潮港换流站接地极采用海岸“一”字形。

嵊泗换流站 35 kV 线路采用单母线分段接线，每段母线下均设置一套滤波器组，双极共两套。接两台换流变压器，变压器采用三相三绕组变压器。由于受端系统为弱交流系统，为保证系统正常运行，在受端的 10 kV 直流接地极架空引线采用单母线分段接线，每段母线下均带有 1 台容量为 30 MV · A 的调相机。嵊泗换流站采用海水作为接地极运行。

晶闸管换流阀采用六脉动换流阀，双重阀，额定直流电压 50 kV，额定直流电流 600 A。此外直流侧还设置了平波电抗器。

四、直流输电系统换流器的故障排除

换流器故障包括换流器阀短路故障、逆变器换相失败、阀导通不正常、直流侧桥臂短路、换流器交流侧故障等。

1. 阀短路

阀短路是换流阀内外部绝缘损坏或短接造成的，其特点：交流侧交替发生两相和三相短路，通过故障阀的电流反向并剧增，交流侧电流激增，换流直流母线电压下降，换流桥直流侧电流下降。

2. 换相失败

换相失败是逆变器常见的故障，当逆变器换流阀短路、逆变器丢失触发脉冲、逆变侧交流系统故障等均会引起换相失败。换相失败的特点：关断角设定值过小；直流电压下降，直流电流短时增大等。

3. 阀导通不正常

阀导通不正常包括阀误开通或不开通两种故障，此时一般会出现直流电压下降，逆变侧直流电流增大，类似于换相失败。

换流阀整流侧发生误开通时，直流电压稍有上升，直流电流也稍上升。逆变侧发生误导通时直流电压下降或发生换相失败，使直流电流增加。

换流阀整流侧发生不开通时，直流电压和电流下降，逆变侧发生不开通故障时，直流电压下降，直流电流上升。

4. 直流侧桥臂短路

直流侧桥臂短路故障的特点：交流侧通过换流器形成交替发生的两相短路和三相短路，直流线路电流下降，交流电流激增。

5. 换流器交流侧故障

整流器交流侧相间短路时直流电压、电流下降，而逆变器交流侧相间短路时容易使逆变器发生换相失败，其特点：直流电流升高，交流电流降低。

想一想

1. 直流输电和交流输电相比的优势是什么？
2. 直流输电系统换流阀中如何解决晶闸管均压和均流问题？
3. 直流输电系统中为什么采用光控晶闸管？

项目四　电风扇无级调速器

任务1　双向晶闸管的认识和检测

学习目标

1. 熟知双向晶闸管的结构、工作原理
2. 认识双向晶闸管并进行简单的检测和正确的使用

任务描述

双向晶闸管在电路中能够实现交流电的无触点控制，以小电流控制大电流，具有无火花、动作快、寿命长、可靠性高以及简化电路结构等优点。而且仅需一个触发电路，是比较理想的交流开关器件。因此，它被广泛应用于各种电器调速、调光、调压、调温以及各种电器过载自动保护等电子电路中。本任务的主要内容就是认识双向晶闸管，并完成对晶闸管的检测。

相关知识

双向晶闸管是在普通晶闸管的基础上发展而成的。其外形与普通晶闸管类似，有塑封式、螺栓式、平板式，如图4—1—1所示。

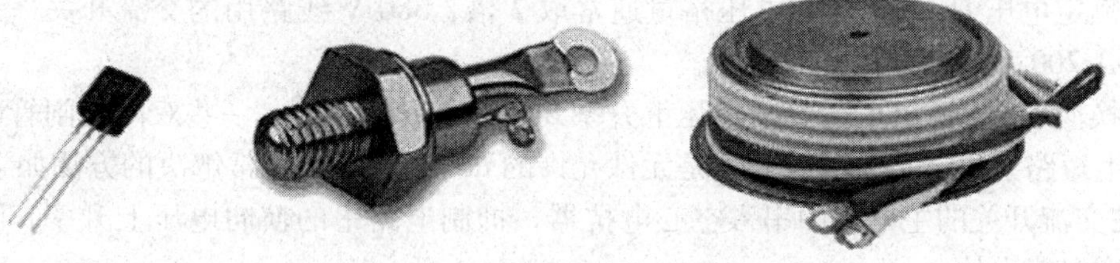

图4—1—1　双向晶闸管的外形

双向晶闸管内部是一种NPNPN五层结构的三端器件，如图4—1—2所示。从图4—1—2中可见，双向晶闸管有两个主电极T1、T2，一个门极G，门极使器件在主电极的正反两个方向均可触发导通，所以双向晶闸管在第Ⅰ象限和第Ⅳ象限有对称的伏安特性。

由于双向晶闸管正反两个方向都能导通，门极加正负电压都能触发。主电压与触发电压相互配合，可以得到四种触发方式：

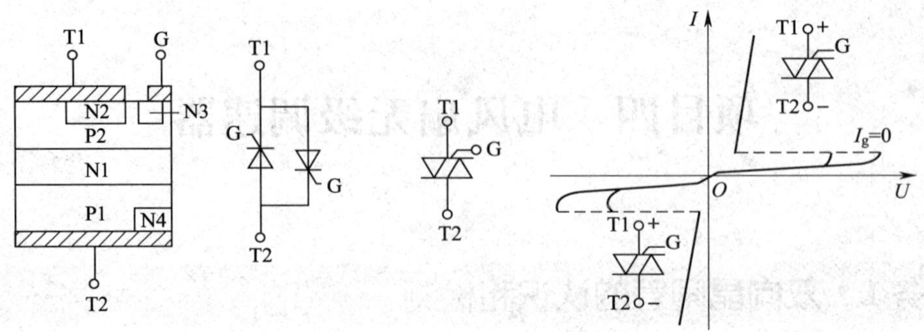

图 4—1—2　双向晶闸管

Ⅰ+触发方式：主极 T1 为正，T2 为负；门极电压 G 为正，T2 为负。特性曲线在第Ⅰ象限。

Ⅰ-触发方式：主极 T1 为正，T2 为负；门极电压 G 为负，T2 为正。特性曲线在第Ⅰ象限。

Ⅲ+触发方式：主极 T1 为负，T2 为正；门极电压 G 为正，T2 为负。特性曲线在第Ⅲ象限。

Ⅲ-触发方式：主极 T1 为负，T2 为正；门极电压 G 为负，T2 为正。特性曲线在第Ⅲ象限。

由于双向晶闸管内部结构的原因，4 种触发方式中灵敏度不相同，其中Ⅲ+方式灵敏度最低，因此在实际应用中采用（Ⅰ+、Ⅲ-）与（Ⅰ-、Ⅲ+）两组触发方式。

为了保证交流开关的可靠运行，必须根据开关的工作条件，合理选择双向晶闸管的额定通态电流、断态重复峰值电压（铭牌额定电压）及换向电压上升率。

（1）额定通态电流 $I_{T(RMS)}$ 的选择。双向晶闸管交流开关较多用于频繁启动和制动，对可逆运转的交流电动机，要考虑启动或反接电流峰值来选取元件的额定通态电流 $I_{T(RMS)}$。对于绕线转子电动机最大电流为电动机额定电流的 3～6 倍，对笼形电动机则取 7～10 倍，如对于 30 kW 的绕线转子电动机和 11 kW 的笼形电动机要选用 200 A 的双向晶闸管。

（2）额定电压 U_{Tn} 的选择。电压裕量通常取 2 倍，380 V 线路用的交流开关，一般应选择 1 000～1 200 V 的双向晶闸管。

（3）换向能力 du/dt 的选择。电压上升率 du/dt 是重要参数，一些双向晶闸管的交流开关经常发生短路事故，主要原因之一是元件允许的 du/dt 太小。通常解决的方法如下：

1）在交流开关的主电路中串入空心电抗器，抑制电路中的换向电压上升率，降低对双向晶闸管换向能力的要求。

2）选用 du/dt 值高的元件，一般选 du/dt 为 120 V/μs。

双向晶闸管与一对反并联晶闸管相比有更高的经济性，并且控制电路比较简单。但器件有下列局限性：

- 双向晶闸管重新施加 du/dt 的能力差，这使它难以用于感性负载。双向晶闸管在交流电路中使用时，须承受正反两个半波电流和电压。
- 门极电路灵敏度比较低。

• 管子关断时间 t_q 比较长。

任务实施

一、双向晶闸管电极的判定

一般可先从双向晶闸管外形识别引脚排列，如图 4—1—3 所示。多数的小型塑封双向晶闸管，面对印字面，引脚朝下，从左向右的排列顺序依次为 T1、T2、G。但也有例外，可以通过万用表检测进行判别。

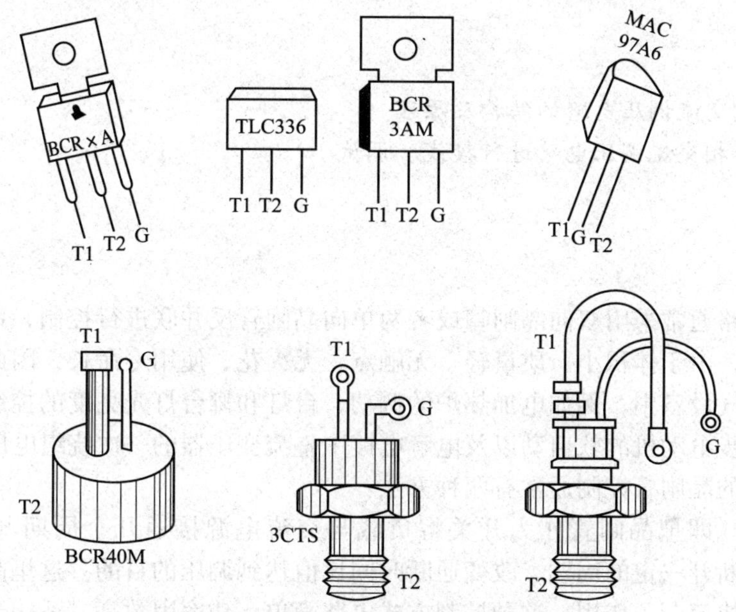

图 4—1—3　双向晶闸管封装引脚排列

用万用表的 $R\times100\ \Omega$ 挡或 $R\times1\ \mathrm{k}\Omega$ 挡测量双向晶闸管的两个主电极之间的电阻，无论表笔的极性如何，读数均应近似无穷大（∞）；而控制极 G 与主电极 T1 之间的正反向电阻只有几十欧至 100 Ω；主电极 T2 与控制极 G 之间的电阻为无穷大（∞）。根据这一特性，很容易通过测量电极之间电阻大小的方法，识别出双向晶闸管的主电极 T2，同时黑表笔接主电极 T1，红表笔接控制极 G 所测得的正向电阻总是要比反向电阻小一些，据此也很容易通过测量电阻大小来识别主电极 T1 和控制极 G。测量 G、T1 极间的正向电阻如图 4—1—4 所示。

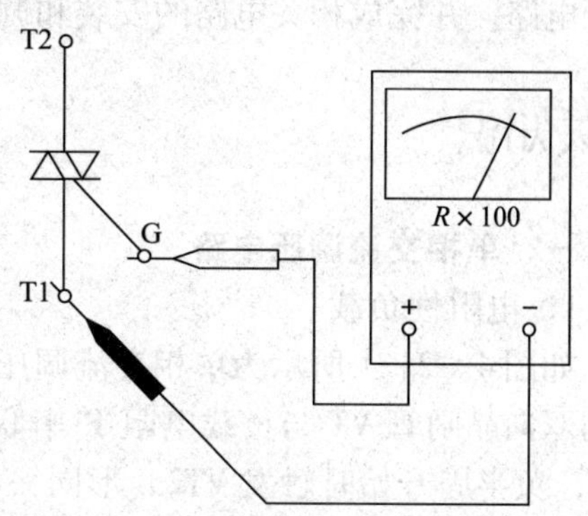

图 4—1—4　测量 G、T1 极间的正向电阻

1. 判定双向晶闸管的好坏

（1）将万用表置于 $R\times100\ \Omega$ 挡或 $R\times1\ \mathrm{k}\Omega$ 挡，测量双向晶闸管的主电极 T1、T2 之间的正反向电阻应近似无穷大（∞），测量主电极 T2 与控

制极 G 之间的正反向电阻也应近似无穷大（∞）。如果测得的电阻都很小，则说明被测双向晶闸管的极间已击穿或漏电短路，性能不良，不宜使用。

（2）将万用表置于 $R\times1\ \Omega$ 挡或 $R\times10\ \Omega$ 挡，测量双向晶闸管主电极 T1 与控制极 G 之间的正反向电阻，若读数在几十欧至 100 Ω，则为正常，且测量 G、T1 极间正向电阻时的读数要比反向电阻稍微小一些。如果测得 G、T1 极间的正反向电阻均为无穷大（∞），则说明被测双向晶闸管已开路损坏。

任务 2　单相交流调压电路的接线与调试

学习目标

1. 掌握单相交流调压电路的结构及原理
2. 能够对单相交流调压电路进行接线、调试

任务描述

交流调压电路通常采用双向晶闸管或者两单向晶闸管反并联进行控制，可以方便地调节输出电压有效值，由于体积小、质量轻、无触点、无火花、使用寿命长，因此被广泛地应用于工业和民用电气设备中，例如电加热炉的调功、台灯和舞台灯光亮度的控制、手电钻的无级调速、大型异步电动机的软启动以及电解电镀中整流变压器的一次绕组电压控制等。

交流调压器的晶闸管控制通常有两种方法：

①通断控制。即把晶闸管作为开关将负载与交流电源接通几个周期（工频 1 周期为 20 ms），然后再断开一定的周期，改变通断时间比值达到调压的目的。这里晶闸管起到一个通断频率可调的快速开关作用。这种控制方式电路简单，功率因数高，适用于有较大时间常数的负载，缺点是输出电压或功率调节不平滑。

②相位控制。它是使晶闸管在电源电压每一周期中、在选定的时刻内将负载与电源接通，改变选定的时刻可达到调压的目的。

在交流调压器中，相位控制应用较多。本任务的主要内容就是学习相位控制的单相交流调压电路，并完成相关电路的安装和调试。

相关知识

一、单相交流调压电路

1. 电阻性负载

如图 4—2—1 所示为单相交流调压电路及其波形，其晶闸管 VT1 和 VT2 反并联连接或采用双向晶闸管 VT 与负载电阻 R 串联接到交流电源 u_2 上。当电源电压正半周开始时触发 VT1，负半周开始时触发 VT2，形同一个无触点开关，允许频繁操作。若正负半周以同样的移相角 α 触发 VT1 和 VT2，则负载电压有效值可以随 α 角而改变，实现交流调压。

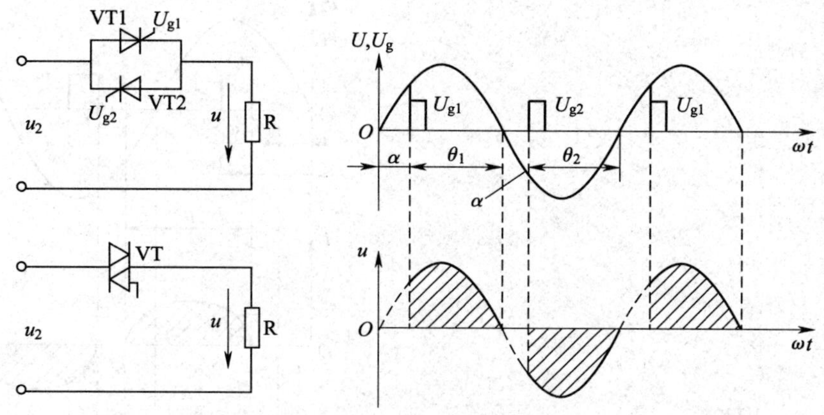

图 4—2—1 单相交流调压电路及其波形

晶闸管电流的平均值、有效值，负载 R 上电压的有效值、电流的有效值和该调压器的功率因数表达式如下：

$$I_{dt} = \frac{1}{2\pi}\int_{\alpha}^{\pi}\frac{\sqrt{2}u_2}{R}\sin\omega t d(\omega t) = \frac{\sqrt{2}u_2}{2\pi R}(1 + \cos\alpha) \qquad (4—2—1)$$

$$I_T = \sqrt{\frac{1}{2\pi}\int_{\alpha}^{\pi}\left(\frac{\sqrt{2}u_2\sin\omega t}{R}\right)^2 d(\omega t)} = \frac{u_2}{R}\sqrt{\frac{1}{2}\left(1 - \frac{\alpha}{\pi} + \frac{\sin 2\alpha}{2\pi}\right)} \qquad (4—2—2)$$

$$U = \sqrt{\frac{1}{\pi}\int_{\alpha}^{\pi}(\sqrt{2}u_2\sin\omega t)^2 d(\omega t)} = u_2\sqrt{\frac{1}{2\pi}\sin 2\alpha + \frac{\pi - \alpha}{\pi}} \qquad (4—2—3)$$

$$I = \frac{U}{R} \qquad (4—2—4)$$

$$\cos\varphi = \frac{UI}{UI} = \frac{U}{u_2} = \sqrt{\frac{1}{2\pi}\sin 2\alpha + \frac{\pi - \alpha}{\pi}} \qquad (4—2—5)$$

其中，u_2为输入交流电压的有效值。

从式（4—2—3）可看出，随着 α 的逐渐增大，电阻 R 上的电压有效值 U 逐渐减小。当 $\alpha = \pi$ 时，$U = 0$，从图 4—2—1 也可证实。因此，单相交流调压电路对电阻性负载，其电压可调范围为 $0 \sim u_2$，控制角 α 的移相范围为 $0 \leqslant \alpha \leqslant \pi$。

2. 电感性负载

单相交流调压电路感性负载电路如图 4—2—2 所示。

设感性负载的负载阻抗角为 $\varphi = \arctan（\omega L/R）$。

为了分析方便，把 $\alpha = 0$ 的时刻仍然定为电源电压过零的时刻。

为了感性负载电路稳定工作，α 的移相范围为 $\phi \leqslant \alpha \leqslant \pi$，并且采用宽度大于 $\pi/3$ 的宽脉冲或后沿固定、前沿可调、最大宽度可达 π 的脉冲触发。

单相交流调压电路感性负载波形如图 4—2—3 所示，设导通角为 θ。

$\omega t = \alpha$ 时，触发 VT1 导通，VT2 截止，输出电压 $u = u_2$，输出电流 i 从零开始上升。

$\omega t = \alpha \sim \pi$ 时，VT1 继续导通，输出电压 $u = u_2$。

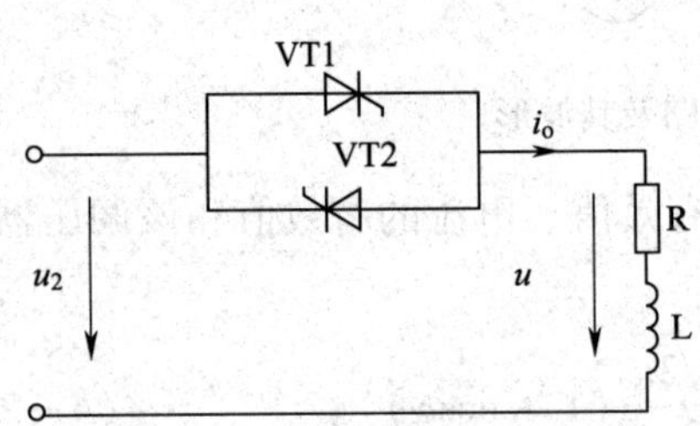

图 4—2—2　单相交流调压电路感性负载电路

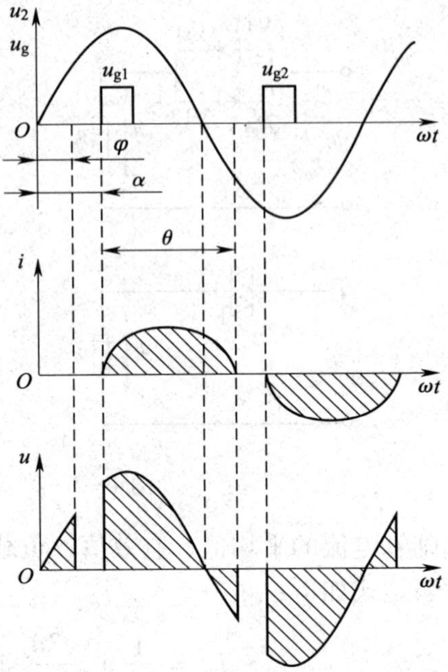

图 4—2—3　单相交流调压电路感性负载波形

$\omega t=\pi$ 时，虽然 $u_2=0$，但 $i\neq 0$，VT1 继续导通，输出电压 $u=u_2$。

$\omega t=\alpha+\theta$ 时，$i=0$，VT1 截止，输出电压 $u=0$。

$\omega t=\alpha+\pi$ 时，触发 VT2 导通，VT1 继续截止，输出电压 $u=u_2$，输出电流从零开始上升。

$\omega t=$（$\alpha+\pi$）$\sim 2\pi$ 时，VT2 继续导通，输出电压 $u_o=u_2$。

$\omega t=\alpha+\pi+\theta$ 时，$i=0$，VT2 截止，输出电压 $u=0$。

由上述的分析可以看出，当 $\varphi\leqslant\alpha\leqslant\pi$ 时，电流不连续。

$$L\frac{di}{dt}+Ri=\sqrt{2}u_2\sin\omega t \tag{4—2—6}$$

交流输出电压的有效值 U 与触发角 α 的关系：

$$U=\sqrt{\frac{1}{\pi}\int_{\alpha}^{\alpha+\theta}(\sqrt{2}u_2\sin\omega t)^2 d(\omega t)}=u_2\sqrt{\frac{\theta}{\pi}+\frac{\sin 2\alpha-\sin(2\alpha+2\theta)}{2\pi}} \tag{4—2—7}$$

负载电流的有效值 I：

$$I=\sqrt{\frac{1}{\pi}\int_{\alpha}^{\alpha+\theta^2} i\mathrm{d}(\omega t)}=\frac{\sqrt{2}u_2}{\sqrt{R^2+(\omega L)^2}}\sqrt{\frac{\theta}{\pi}-\frac{\sin\theta\cos(2\alpha+\varphi+\theta)}{\pi\cos\varphi}}=2I_{\max}I_{VT}^{*} \tag{4—2—8}$$

晶闸管电流的最大值 $I_{\max}$（$\alpha=0$ 时）：

$$I_{\max}=\frac{u_2}{\sqrt{R^2+(\omega L)^2}} \tag{4—2—9}$$

为分析方便，设晶闸管电流的有效值 I_{VT} 的标幺值为 I_{VT}^{*}

$$I_{VT}^{*} = \frac{I_{VT}}{\sqrt{2}I_{max}} \tag{4—2—10}$$

则

$$I_{VT}^{*} = \sqrt{\frac{\theta}{2\pi} - \frac{\sin\theta\cos(2\alpha + \varphi + \theta)}{2\pi\cos\varphi}} \tag{4—2—11}$$

由式（4—2—11）可以看出，晶闸管电流有效值的标幺值 I_{VT}^{*} 与触发角 α 和阻抗角 φ 有关。当触发角 α 和阻抗角 φ 已知，可以从如图 4—2—4 所示的电流标幺值与控制角的关系中查得晶闸管电流有效值的标幺值 I_{VT}^{*}，进而求出电流有效值 I 和晶闸管电流有效值 I_{VT}。

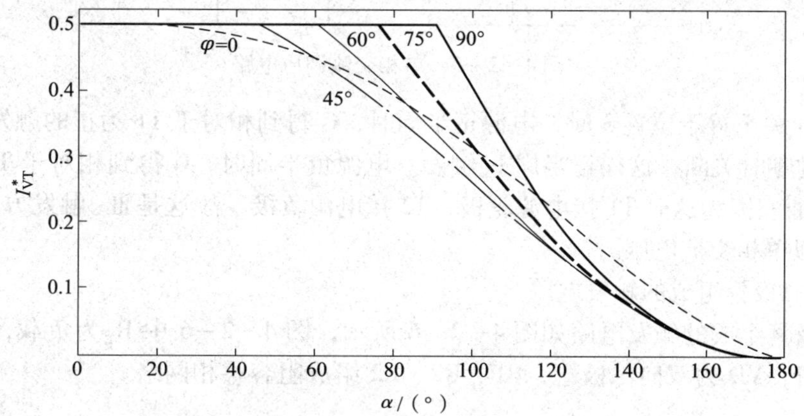

图 4—2—4　电流标幺值与控制角的关系

单相交流调压可归纳为以下三点：

（1）带电阻性负载时，负载电流波形与单相桥式可控整流交流侧电流波形一致，改变控制角 α 可以改变负载电压有效值。

（2）带电感性负载时，不能用窄脉冲触发，否则当 $\alpha < \varphi$ 时会发生有一个晶闸管无法导通的现象，电流出现很大的直流分量。

（3）带电感性负载时，α 的移相范围为 $\varphi \sim 180°$，带电阻性负载时移相范围为 $0° \sim 180°$。

改变反并联晶闸管的控制角，就可方便地实现交流调压。当带电感性负载时，必须防止由于控制角小于阻抗角造成的输出交流电压中出现直流分量的情况。

二、双向晶闸管触发电路

1. 本相电压强触发电路

本相电压强触发方式主要用于双向晶闸管组成的交流开关，电路简单、工作可靠。如图 4—2—5 所示是一个单相交流调压电路。图 4—2—5 中 R_L 为负载，R1、C1 组成阻容保护网络，S 为转换开关。

（1）当开关 S 置于位置 1 时，双向晶闸管得不到触发信号，不能导通，负载 R_L 上得不到电压，负载不工作。

（2）当开关 S 置于位置 2 时，电源正半周时（上正下负），双向晶闸管 VS 的 T2 端为正，T1 端为负，门极 G 通过 RL→S→VD→R2 得到正触发电压，VS 导通；在负半周时（下正上负），由于二极管 VD 反偏，VS 得不到触发电压，不能导通。在交流电源一个周期内，负载 R_L 上得到半波整流电压，这是 I_+ 触发方式。

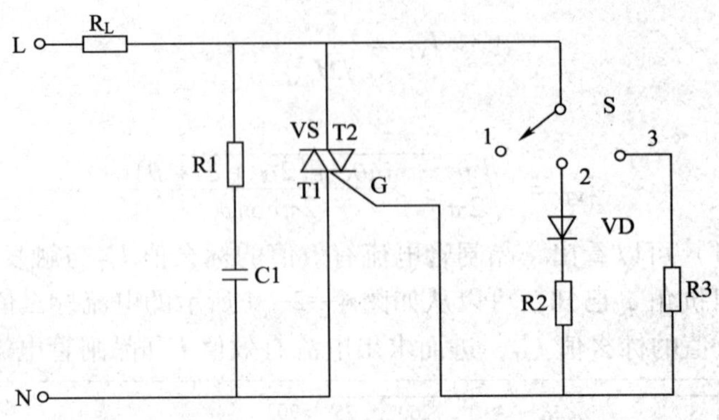

图 4—2—5　单相交流调压电路

（3）当开关 S 置于位置 3 时，电源正半周时，G 得到相对于 T1 为正的触发电压，VS 导通，当电压过零时关断，这样正半周 I_{+}触发。电源负半周时，G 得到相对于 T1 为负的触发电压，VS 导通。因为这时 T1 接电源正极，T2 接电源负极，故这是III_{-}触发方式。此时负载 R_L上得到近似单相交流电压。

2．双向二极管组成的触发电路

双向二极管组成的触发电路如图 4—2—6 所示，图 4—2—6 中 R_L为负载，R1、C1 组成阻容保护网络，VD 为双向二极管，RP、R2、C2 组成阻容移相网络。

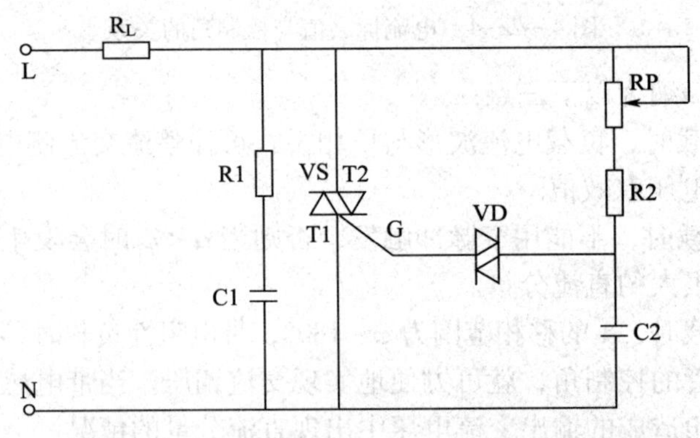

图 4—2—6　双向二极管组成的触发电路

当双向晶闸管阻断时，C2 由电源经 R_L、RP、R2 充电，当电容电压 u_c达到一定值时，双向二极管 VD 转折导通，触发 VS。VS 导通后将触发电路短路，待交流电压（电流）过零反向时，VS 自行关断。电源反向时，C2 反向充电，充电达到一定值时，VD 反向击穿，再次触发 VS 导通，属于I_{+}、III_{-}触发方式。改变 RP 值，即可改变正负半周控制角，从而在负载上得到不同的电压。

3．KC05 集成触发器

KC05 集成触发器适用于双向晶闸管或两只反并联晶闸管电路的交流相位控制，具有锯齿波线性好，移相范围宽，控制方式简单，易于集中控制，有失交保护，输出电流大等优点，适用于交流调光、调压电路，也适用于半控或全控桥式电路的相位控制。如图 4—2—7 所示为 KC05 应用电路。

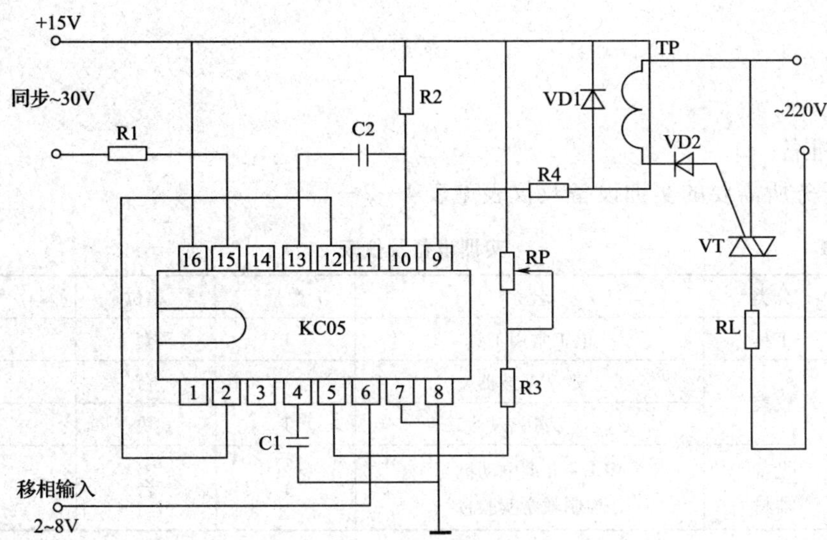

图 4—2—7 KC05 应用电路

$R_1 = 10\ k\Omega$ R_2、$R_3 = 30\ k\Omega$ $R_4 = 27\ \Omega$ $R\text{p} = 22\ k\Omega$ $C_1 = 0.47\ uF$

$C_2 = 0.047\ uF$ VD1、VD2—2CZ82C VT—KS50A

4．KC06 集成触发器

KC06 集成触发器适用于交、直流电网直接供电的双向晶闸管或反并联晶闸管交流相位控制，能由交流直接供电而无须外加同步、输出脉冲变压器和外接直流工作电源，并且能直接与晶闸管门极相触发。KC06 应用如图 4—2—8 所示。

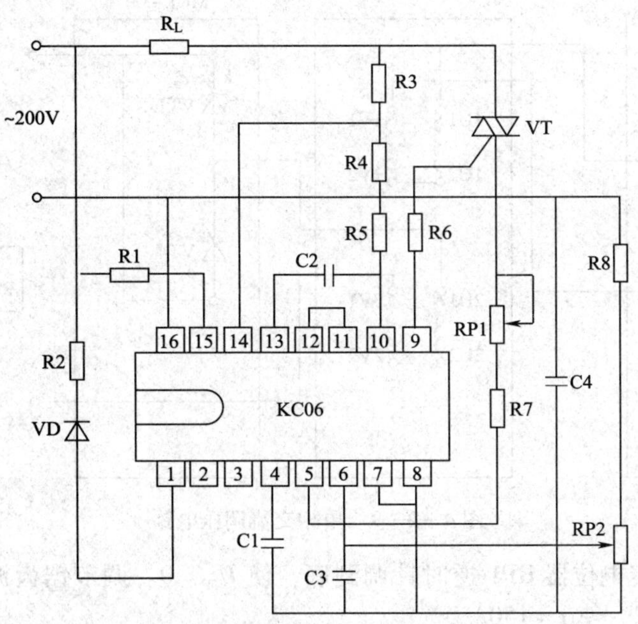

图 4—2—8 KC06 应用电路

$R_1 = 51\ k\Omega$ $R_2 = 10\ k\Omega$ $R_3 = 100\ k\Omega$ $R_4 = 30\ \Omega$ $R_5 = 47\ k\Omega$ $R_6 = 27\ \Omega$ $R_7 = 39\ k\Omega$ $R_8 = 68\ k\Omega$ $R_{P1} = 100\ k\Omega$

$C_1 = 0.47\ uF$ $C_2 = 0.01\ uF$ $C_3 = 0.1\ uF$ VD—2CZ82C VT—KS50A

任务实施

1. 任务准备

实施本任务所需要的实训设备及仪表见表 4—2—1。

表 4—2—1　　实训设备及仪表

序号	分类	名称	数量	单位	备注
1	工具	电工常用工具	1	套	
2	仪表	数字示波器	1	台	
3		万用表	1	块	
4	设备器材	MCL－Ⅱ型电动机与控制教学实验台	1	台	

2. 安装及调试步骤

（1）单相交流调压器带电阻性负载

控制电路采用锯齿波触发电路。将 MCL－33 上的两只晶闸管 VT1、VT4 反并联形成交流电调压器，将触发电路的输出脉冲端 G1、K1，G3、K3 分别接至主电路相应 VT1 和 VT4 的门极和阴极。接上电阻性负载（可采用两只 900 Ω 电阻并联），并调节电阻负载至最大。单相交流调压电路如图 4—2—9 所示。

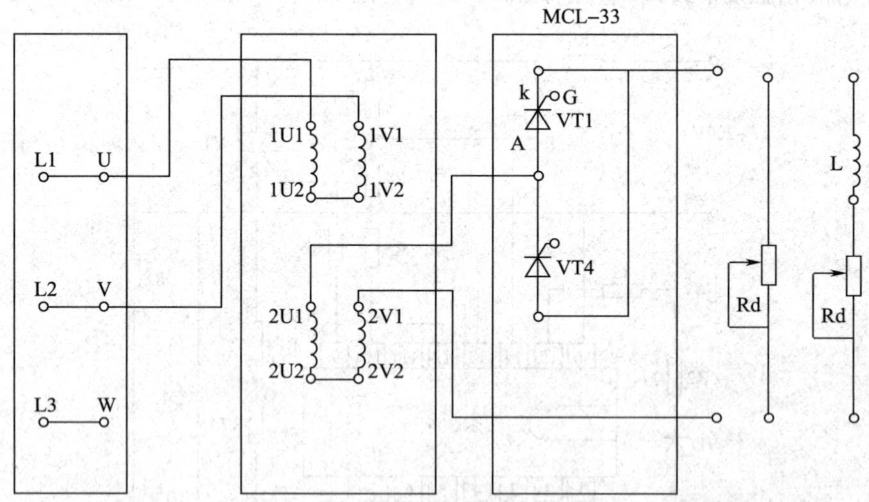

图 4—2—9　单相交流调压电路

MCL－18 的给定电位器 RP1 逆时针调到底，使 $U_{ct}=0$。调节锯齿波同步移相触发电路偏移电压电位器 RP2，使$\alpha=150°$。

将三相调压器逆时针调到底，合上主电源，调节主控制屏输出电压，使 $U_{uv}=220$ V。用示波器观察负载电压 $u=f(t)$，晶闸管两端电压 $u_{VT}=f(t)$ 的波形，调节 U_{ct}，观察不同α角时各波形的变化，并记录$\alpha=60°$、$90°$、$120°$时的波形与数值。

α	60°	90°	120°
u_o			

（2）单相交流调压器带电阻—电感性负载

在做电阻—电感试验时需调节负载阻抗角的大小，因此须知道电抗器的内阻和电感量，可采用直流伏安法来测量内阻 R_L，电抗器的电感量可用交流伏安法测量，由于电流大时对电抗器的电感量影响较大，采用自耦调压器调压多测几次取其平均值，从而可得交流阻抗 Z_L。

电抗器的电感量：

$$L_L = \sqrt{Z_L^2 - R_L^2}/(2\pi f) \tag{4—2—12}$$

这样即可求得负载阻抗角：

$$\varphi = \tan^{-1}\frac{\omega L_1}{R_d + R_L} \tag{4—2—13}$$

在试验过程中，欲改变阻抗角，只需改变电阻器的数值即可。

断开电源，接入电感（$L=700$ mH），如图 4—2—9 所示，调节 U_{ct}，使 $\alpha=45°$。将三相调压器逆时针调到底，合上主电源，调节主控制屏输出电压，使 $U_{uv}=220$ V。用双踪示波器同时观察负载电压 u 和负载电流 i 的波形。

调节电阻 R 的数值（由大至小），观察在不同 α 角时波形的变化情况。记录 $\alpha>\varphi$、$\alpha=\varphi$、$\alpha<\varphi$ 三种情况下负载两端电压 u 和流过负载的电流 i 的波形。

也可使阻抗角 φ 为一定值，调节 α 观察波形。

3. 注意事项

在电阻电感负载时，当 $\alpha<\varphi$ 时，若脉冲宽度不够，会使负载电流出现直流分量，损坏元件。为此主电路可通过变压器降压供电，这样既可看到电流波形不对称现象，又不会损坏设备。

任务 3　电风扇无级调速器的安装与调试

学习目标

1. 掌握电风扇无级调速器的结构、基本原理。
2. 能对调速器进行安装、调试与维修。

任务描述

在我们日常生活中，常使用电风扇无级调速器，在任务一、二中我们认识了双向晶闸管与交流调压电路，电风扇无级调速器就是一种单相交流调压器，本任务的主要内容是学习电风扇无级调速器的结构与工作原理，并完成相关电路的安装和调试。

相关知识

电风扇无级调速器实物及电路图如图 4—3—1 所示。

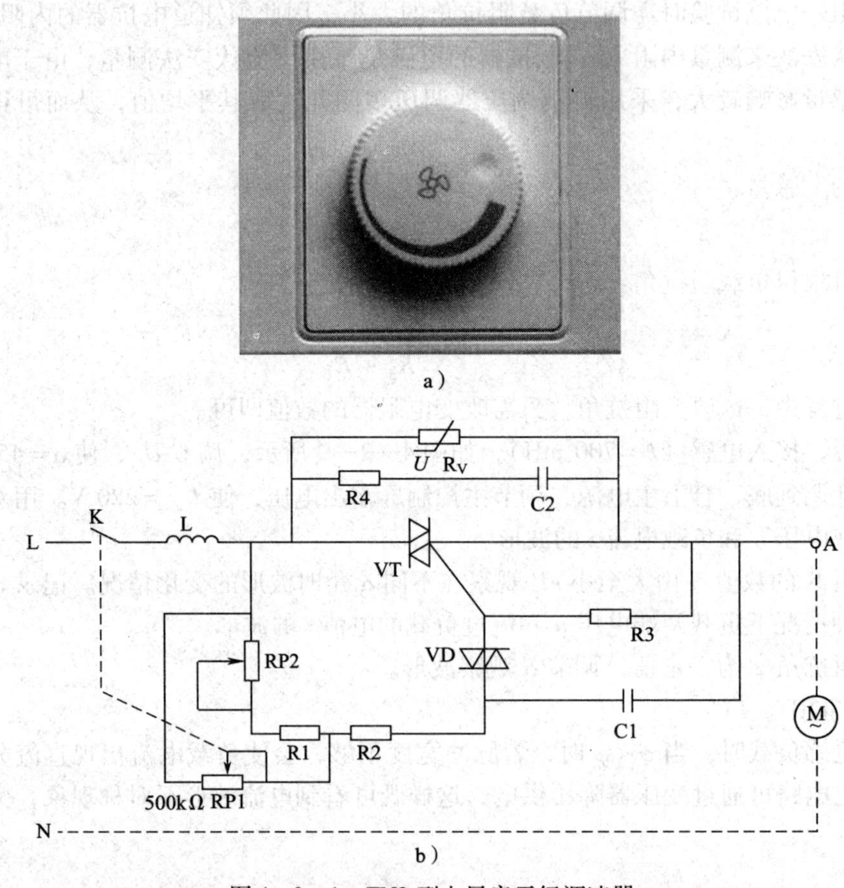

图 4—3—1　TM3 型电风扇无级调速器

a）实物图　b）电路图

将开关 K 闭合，交流 220 V 电压加到双向晶闸管 VT 阳、阴极之间，同时加到 RP1、R2、C1 等组成的触发电路上，给其提供同步及工作电压。调节 RP1，即改变 C1 的充电时间常数，当 U_{C1} 达到一定数值时，双向二极管 VD 导通，RP1 的改变就改变了 VT 导通角的大小，即改变了风扇的转速。由于 RP1 是无级变化的，因此电扇的转速也是无级变化的。

电路中，RP2、R1 起低速调整作用，R4、C2 电阻电容吸收回路，R_V 压敏电阻起过压保护作用，L 起高频谐波抑制作用。

任务实施

1. 电风扇无级调速器的安装

根据如图 4—3—2 所示的电风扇无级调速器背面图安装电路图。

图 4—3—2　电风扇无级调速器背面图

2．电风扇无级调速器的调试

电风扇无级调速电路分主电路和触发电路两大部分。因而通电调试分成两个步骤，首先调试触发电路，然后再将主电路和触发电路连接，进行整体综合调试。

3．电风扇无级调速器故障分析及处理

电风扇无级调速器在安装、调试及运行中，由于元器件等原因产生的故障，可根据故障现象，用万用表、示波器等仪器进行检查测量并根据电路原理进行分析，找出故障原因并进行处理。

项目五　开 关 电 源

任务1　全控型器件的认识与检测

学习目标

1. 能够识读全控型器件电气符号。
2. 能够理解全控型器件基本结构及工作原理。
3. 理解全控型器件开关特性及主要参数。
4. 掌握常见全控型器件的检测方法。

工作任务

电力电子元器件的应用已深入到工业生产和社会生活的各个方面，实际的需要将极大地推动器件的不断创新。作为电力电子技术发展的基础及决定性因素，电力电子器件的研究以及关键技术突破，必然会促进电力电子技术的迅速发展，从而促进了以电力电子技术为基础的传统工业和高新技术产业的迅速发展。但由于器件本身的特殊性，它们又是电力电子装置中的薄弱环节。在所有故障中，它们的故障所占比例较高。而一旦发生故障，将会给生产带来巨大损失。若能在其发生故障时快速检测出来，及时采取措施，减少停机时间，其意义将是十分巨大的。

本次任务的主要内容就是学习 GTO、GTR、MOSFET 和 IGBT 等电力电子器件的工作原理、基本特性及主要参数，并完成常见电力电子器件的故障检测。

相关知识

一、可关断晶闸管 GTO

可关断晶闸管 GTO，可用门极信号控制其关断。目前，GTO 的容量水平达 6 000 A/6 000 V，频率为 1 kHz。

1. 可关断晶闸管的结构

GTO 的内部包含着数百个共阳极的小 GTO 元，它们的门极和阴极分别并联在一起，这是为了便于实现门极控制关断所采取的特殊设计。可关断晶闸管的结构、等效电路和电气符号如图 5—1—1 所示。

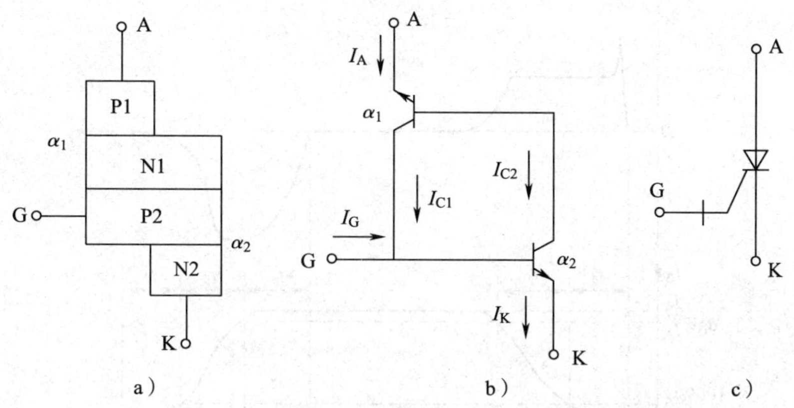

图 5—1—1 可关断晶闸管的结构、等效电路和电气符号

a）结构 b）等效电路 c）电气符号

2. 可关断晶闸管的工作原理

（1）结构特点

GTO 可等效成两个晶体管 P1N1P2 和 N1P2N2 互连，如图 5—1—1a 所示。GTO 与晶闸管最大区别就是导通后回路增益 $\alpha_1+\alpha_2$ 数值不同。晶闸管的回路增益 $\alpha_1+\alpha_2$ 常为 1.15 左右，而 GTO 的 $\alpha_1+\alpha_2$ 非常接近 1，因而 GTO 处于临界饱和状态。这为门极负脉冲关断阳极电流提供有利条件。

（2）关断过程

当 GTO 已处于导通状态时，对门极加负的关断脉冲，形成 $-I_G$，相当于将 I_{C1} 的电流抽出，使晶体管 N1P2N2 的基极电流减小，使 I_{C2} 和 I_K 随之减小，I_{C2} 减小又使 I_A 和 I_{C1} 减小，这是一个正反馈过程。当 I_{C2} 和 I_{C1} 的减小使 $\alpha_1+\alpha_2<1$ 时，等效晶体管 N1P2N2 和 P1N1P2 退出饱和，GTO 不满足维持导通条件，阳极电流下降到零而关断。

GTO 关断时，随着阳极电流的下降，阳极电压逐步上升，因而关断时的瞬时功耗较大，在电感负载条件下，阳极电流与阳极电压有可能同时出现最大值，此时的瞬时关断功耗尤为突出。

由于 GTO 处于临界饱和状态，用抽走阳极电流的方法破坏临界饱和状态，能使器件关断。而晶闸管导通之后，处于深度饱和状态，故用抽走阳极电流的方法不能使其关断。

3. 可关断晶闸管的特性

（1）GTO 的阳极伏安特性

GTO 的阳极伏安特性曲线如图 5—1—2 所示。

GTO 的阳极伏安特性曲线与普通晶闸管相同，此处不再赘述。

（2）GTO 的开通特性

GTO 的开通时间 t_{on} 由延迟时间 t_d 和上升时间 t_r 组成。开通时 i_G 为正脉冲，如图 5—1—3 所示。

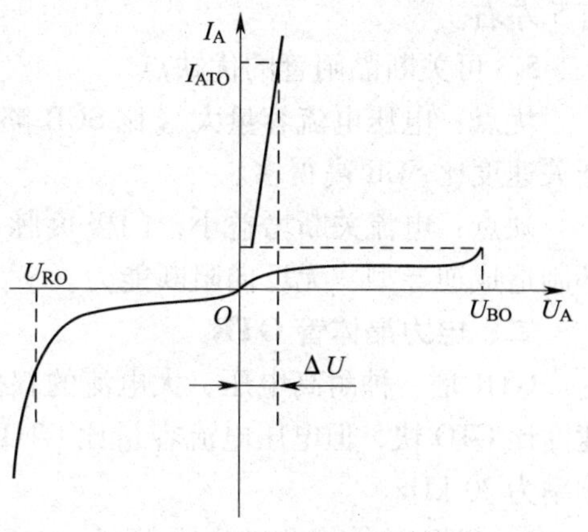

图 5—1—2 GTO 的阳极伏安特性曲线

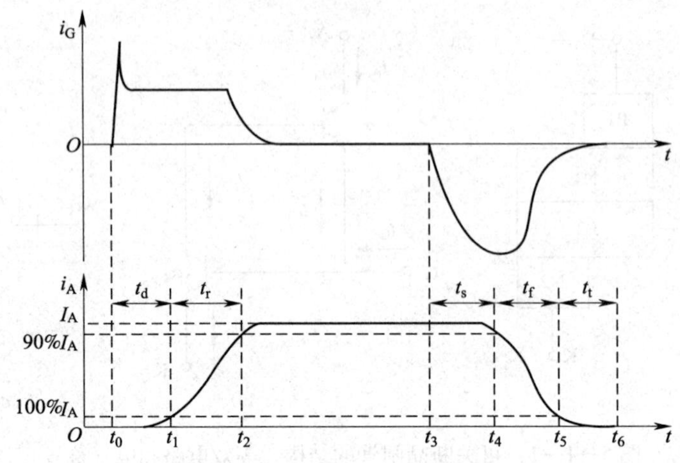

图 5—1—3　GTO 的关断特性曲线

（3）GTO 的关断特性

GTO 的关断特性曲线如图 5—1—3 所示。GTO 的关断过程有三个不同的时间，即存储时间 t_s、下降时间 t_f 及尾部时间 t_t。存储时间 t_s：对应着从关断过程开始，到阳极电流开始下降到 90% I_A 为止的一段时间间隔。下降时间 t_f：对应着阳极电流迅速下降，阳极电压不断上升和门极反电压开始建立的过程。尾部时间 t_t：指从阳极电流降到极小值时开始，直到最终达到维持电流为止的时间。通常 t_f 比 t_s 小得多，而 t_t 比 t_s 要长，即 $t_f < t_s < t_t$。

4．可关断晶闸管的主要参数

GTO 有许多参数与晶闸管相同，这里只介绍一些与晶闸管不同的参数。

（1）最大可关断阳极电流 I_{ATO}

阳极电流过大时，$\alpha_1 + \alpha_2$ 稍大于 1 的条件可能被破坏，使器件饱和程度加深，导致门极关断失败。

（2）关断增益 β_{off}

GTO 的关断增益 β_{off} 为最大可关断阳极电流 I_{ATO} 与门极负电流最大值 I_{gM} 之比，β_{off} 通常只有 5 左右。

5．可关断晶闸管的优缺点

优点：电压电流容量大（比 SCR 略小），在兆瓦级以上的大功率场合仍有较多的应用，开关速度比 SCR 高得多。

缺点：电流关断增益小，门极负脉冲电流大，驱动较困难；通态压降较大。不少 GTO 都制造成逆导型，无反向阻断能力。

二、电力晶体管 GTR

GTR 是一种耐高电压、大电流的双极结型晶体管，是电流驱动型全控器件。GTR 的开关速度比 GTO 快，但电压电流容量比 GTO 小。电力晶体管 GTR 的容量水平已达 1.8 kV/1 kA，频率为 20 kHz。

1．GTR 的结构和工作原理

NPN 型 GTR 结构及电气符号如图 5—1—4 所示。单管 GTR 的电流增益低，将给基极驱

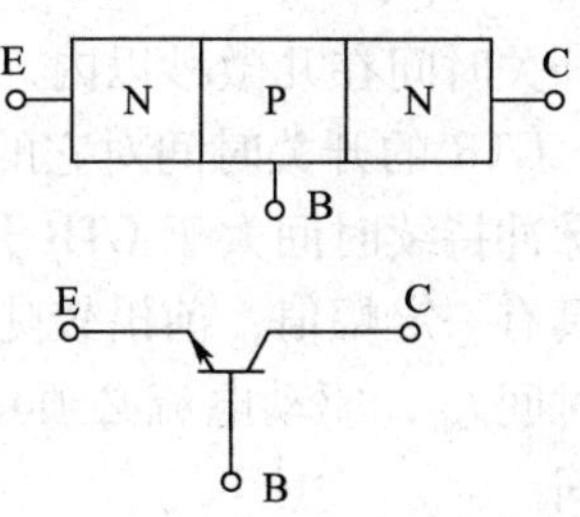

图 5—1—4 NPN 型 GTR 结构及电气符号

动电路造成负担。达林顿结构是提高电流增益一种有效方式。达林顿结构由两个或多个晶体管复合而成，可以是 PNP 型也可以是 NPN 型，其性质由驱动管来决定。

以 NPN 型双极型功率晶体管为例，若外电路电源使 $U_{BC}<0$，则集电结的 PN 结处于反偏状态；$U_{BE}>0$，则发射结的 PN 结处于正偏状态。此时晶体管内部的电流分布如下：

(1) 由于 $U_{BC}<0$，集电结处于反偏状态，形成反向饱和电流 I_{CBO} 从 N 区流向 P 区。

(2) 由于 $U_{BE}>0$，发射结处于正偏状态，P 区的多数载流子空穴不断地向 N 区扩散形成空穴电流 I_{PE}，N 区的多数载流子电子不断地向 P 区扩散形成电子电流 I_{NE}。

2. GTR 的开关特性

晶体管有线性和开关两种工作方式。当只需要导通和关断作用时采用开关工作方式。GTR 主要应用于开关工作方式。

在开关工作方式下，用一定的正向基极电流去驱动 GTR 导通，而用另一反向基极电流迫使 GTR 关断，由于 GTR 不是理想开关，故在开关过程中总存在着一定的延时和存储时间。GTR 的开关特性曲线如图 5—1—5 所示。

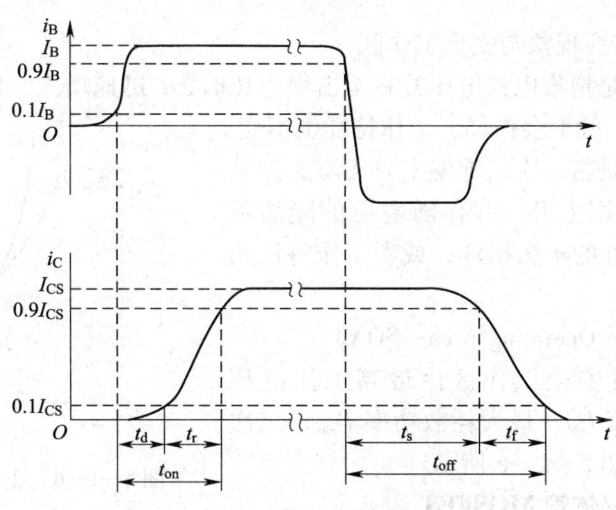

图 5—1—5 GTR 的开关特性曲线

开通过程包括延迟时间 t_d 和上升时间 t_r，二者之和为开通时间 t_{on}。t_d 主要是由发射结势垒电容和集电结势垒电容充电产生的。增大 i_b 的幅值并增大 di_b/dt，可缩短延迟时间，同时可缩短上升时间，从而加快开通过程。

关断过程包括储存时间 t_s 和下降时间 t_f，二者之和为关断时间 t_{off}。t_s 是用来除去饱和导通时储存在基区的载流子的，是关断时间的主要部分。减小导通时的饱和深度以减小储存的载流子，或者增大基极抽取负电流 I_{b2} 的幅值和负偏压，可缩短储存时间，从而加快关断速度。负面作用是会使集电极和发射极间的饱和导通压降 U_{ces} 增加，从而增大通态损耗。GTR

的开关时间在几微秒以内，比晶闸管和 GTO 都短很多。

GTR 的开关时间对它的应用有较大的影响，选用 GTR 时，应注意其开关频率，应使输入脉冲持续时间大于 GTR 开关时间。为了使 GTR 快速导通，缩短开通时间 t_{on}，驱动电流必须具有一定幅值，前沿较陡的正向驱动电流可加速 GTR 的导通；为加速 GTR 关断，缩短关断时间 t_{off}，驱动电流必须具有一定幅值的反向驱动电流，过冲的负向驱动电流可缩短关断时间。

3. GTR 的主要参数

GTR 的主要参数有电流放大倍数 β、直流电流增益 h_{FE}、集射极间漏电流 I_{ceo}、集射极间饱和压降 U_{ces}、开通时间 t_{on} 和关断时间 t_{off} 等，此外还有以下参数。

（1）最高工作电压

GTR 上电压超过规定值时会发生击穿，击穿电压不仅和晶体管本身特性有关，还与外电路接法有关。

（2）集电极最大允许电流 I_{cM}

I_{cm} 通常规定为 h_{FE} 下降到规定值的 1/3 ~ 1/2 时所对应的 I_c，实际使用时要留有裕量，只能用到 I_{cM} 的一半或稍多一点。

（3）集电极最大耗散功率 P_{cM}

P_{cM} 最高工作温度下允许的耗散功率，产品说明书中给 P_{cM} 时同时给出壳温 T_C，间接表示了最高工作温度。

4. GTR 的二次击穿现象与安全工作区

GTR 的一次击穿是指集电极电压升高至击穿电压时，I_c 迅速增大，出现雪崩击穿。只要 I_c 不超过限度，GTR 一般不会损坏，工作特性也不变。

GTR 的二次击穿是指一次击穿发生时 I_c 增大到某个临界点时会突然急剧上升，并伴随电压的陡然下降，常常立即导致器件的永久损坏，或者工作特性明显衰变。

安全工作区（Safe Operating Area—SOA）

GTR 的正向偏置安全工作区由最高工作电压 U_{ceM}、集电极最大电流 I_{cM}、最大耗散功率 P_{cM}、二次击穿临界线限定，如图 5—1—6 所示。

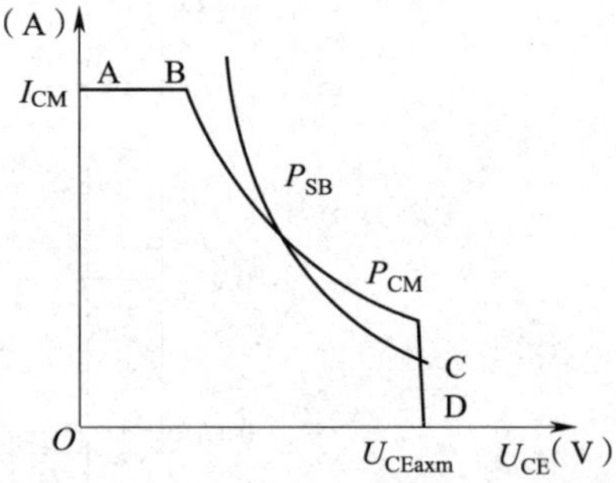

图 5—1—6　正向偏置安全工作区

三、电力场效应晶体管 MOSFET

MOSFET 根据其结构不同分为结型场效应晶体管和金属－氧化物－半导体场效应晶体管；根据导电沟道的类型可分为 N 沟道和 P 沟道两大类；根据零栅压时器件的导电状态又可分为耗尽型和增强型两类。目前功率 MOSFET 的容量水平为 50 A/500 V，频率为 100 kHz。

1. 电力 MOSFET 的结构

电力 MOSFET 大都采用垂直导电结构，又称为 VMOSFET，大大提高了 MOSFET 器件的耐压和耐电流能力。按垂直导电结构的差异，又分为利用 V 形槽实现垂直导电的 VVMOSFET 和具有垂直导电双扩散 MOS 结构的 VDMOSFET。这里主要以 VDMOSFET 器件为例进行讨论。

VDMOSFET 结构采用垂直导电的双扩散 MOS 结构，利用两次扩散形成的 P 型和 N + 型区，在硅片表面处的结深之差形成沟道，电流在沟道内沿表面流动，然后垂直被漏极接收。

VDMOSFET 管的衬底是重掺杂（ 超低阻）N + 单晶硅片，其上延生长一高阻 N – 层（最终成为漂移区，该层电阻率及外延厚度决定器件的耐压水平），在 N – 上经过 P 型和 N 型的两次扩散，形成 N + N – PN + 结构。电力 VDMOSFET 管结构原理如图 5—1—7 所示。电力 MOSFET 电气符号如图 5—1—8 所示。

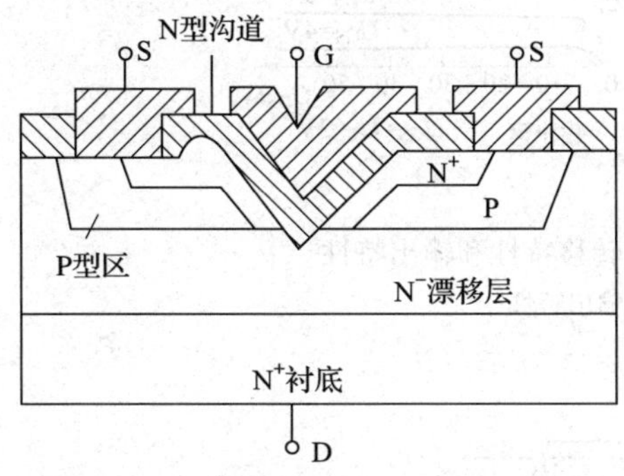

图 5—1—7　电力 VDMOSFET 管结构原理

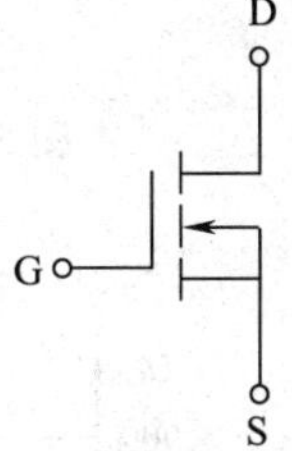

图 5—1—8　电力 MOSFET 电气符号

功率 MOSFET 在特性上的优越之处在于没有热电反馈引起的二次击穿、输入阻抗高、跨导的线性度好及工作频率高。

2. 电力 MOSFET 的工作原理

截止：漏源极间加正电源，栅源极间电压为零。

P 基区与 N 漂移区之间形成的 PN 结 J_1反偏，漏源极之间无电流流过。

导通：在栅源极间加正向电压 U_{GS}。

栅极是绝缘的，所以不会有栅极电流流过。但栅极的正向电压会将其下面 P 区中的空穴推开，而将 P 区中的少子——电子吸引到栅极下面的 P 区表面。

当 U_{GS}大于 U_T（开启电压或阈值电压）时，栅极下 P 区表面的电子浓度将超过空穴浓度，使 P 型半导体反型成 N 型而成为反型层，该反型层形成 N 沟道而使 PN 结 J_1消失，漏极和源极导通。

（1）静态特性

漏极电流 I_D和栅源间电压 U_{GS}的关系称为 MOSFET 的转移特性。I_D较大时，I_D与 U_{GS}的关系近似线性，曲线的斜率定义为跨导 G_{fs}。电力 MOSFET 的转移特性和输出特性如图 5—1—9 所示。

特性曲线包括截止区（对应于 GTR 的截止区）、饱和区（对应于 GTR 的放大区）、非饱和区（对应于 GTR 的饱和区）。电力 MOSFET 工作在开关状态，即在截止区和非饱和区之间来回转换。电力 MOSFET 漏源极之间有寄生二极管，漏源极间加反向电压时器件导通。其通态电阻具有正温度系数，对器件并联时的均流有利。

（2）动态特性

电力 MOSFET 的动态特性波形如图 5—1—10 所示，其中：

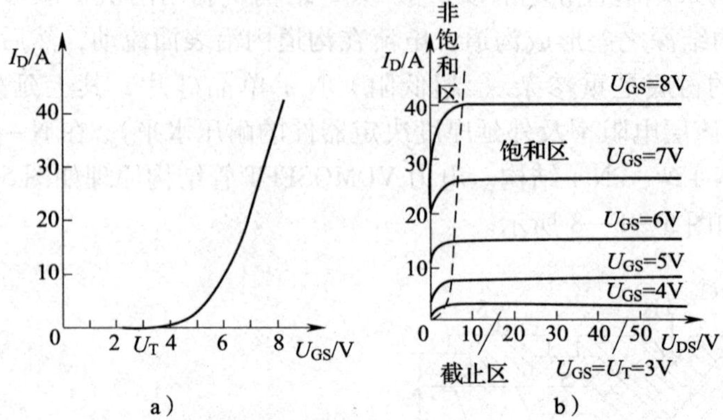

图 5—1—9　电力 MOSFET 的转移特性和输出特性

a）转移特性　b）输出特性

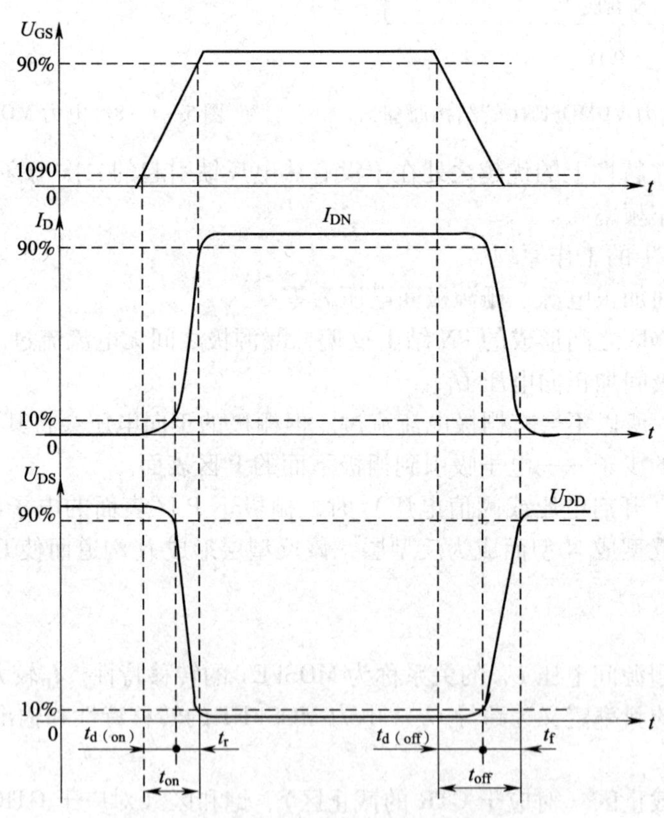

图 5—1—10　电力 MOSFET 的动态特性波形

开通延迟时间 $t_{d(on)}$—— u_p前沿时刻到 $u_{GS}=U_T$并开始出现 i_D时刻的时间段。

上升时间 t_r——u_{GS}从 u_T上升到 MOSFET 进入非饱和区的栅压 U_{GSP}的时间段。

i_D稳态值由漏极电源电压 U_E和漏极负载电阻决定。U_{GSP}的大小和 i_D的稳态值有关，U_{GS}达到 U_{GSP}后，在 u_p作用下继续升高直至达到稳态，但 i_D已不变。

开通时间 t_{on}——开通延迟时间与上升时间之和。

关断延迟时间 $t_{d(off)}$——u_p下降到零起，u_{GS}按指数曲线下降到 U_{GSP}时，i_D开始减小的时间段。

下降时间 t_f——u_{GS}从 U_{GSP}继续下降起，i_D减小，到 $u_{GS} < U_T$时沟道消失，i_D下降到零为止的时间段。

关断时间 t_{off}——关断延迟时间和下降时间之和。MOSFET 只靠多子导电，不存在少子储存效应，因而关断过程非常迅速。

3．电力 MOSFET 的主要参数

电力 MOSFET 的主要参数除了 U_T、$t_{d(on)}$、t_r、$t_{d(off)}$ 和 t_f之外，还有以下参数。

（1）漏极电压 U_{DS}，电力 MOSFET 的定额电压。

（2）漏极直流电流 I_D和漏极脉冲电流幅值 I_{DM}，电力 MOSFET 的定额电流。

（3）栅源电压 U_{GS}，栅源之间的绝缘层很薄，$U_{GS}>20$ V 将导致绝缘层击穿。

漏源间的耐压、漏极最大允许电流和最大耗散功率决定了电力 MOSFET 的安全工作区，一般说来，电力 MOSFET 不存在二次击穿问题，这是它的一大优点，实际使用中仍应注意留适当的裕量。电力 MOSFET 的开关时间在 10 ~ 100 ns 之间，工作频率可达 100 kHz 以上，是主要电力电子器件中最高的，开关频率越高，所需要的驱动功率越大。

四、绝缘栅双极型晶体管 IGBT

绝缘栅双极型晶体管 IGBT 是 20 世纪 80 年代中期问世的一种新型复合电力电子器件，由于它兼有 MOSFET 的快速响应、高输入阻抗和 GTR 的低通态压降、高电流密度的特性，这几年发展十分迅速。目前，IGBT 的容量水平达（1 200 ~1 600 A）/（1 800 ~ 3 330 V），工作频率达 40 kHz 以上。

1．绝缘栅双极型晶体管的结构

IGBT 是三端器件，包括栅极 G、集电极 C 和发射极 E，相当于 GTR 和 MOSFET 复合，其简化等效电路和电气图形符号如图 5—1—11 所示。

图 5—1—11a 简化等效电路表明，IGBT 是 GTR 与 MOSFET 组成的达林顿结构，一个由 MOSFET 驱动的厚基区 PNP 晶体管。R_N为晶体管基区内的调制电阻。

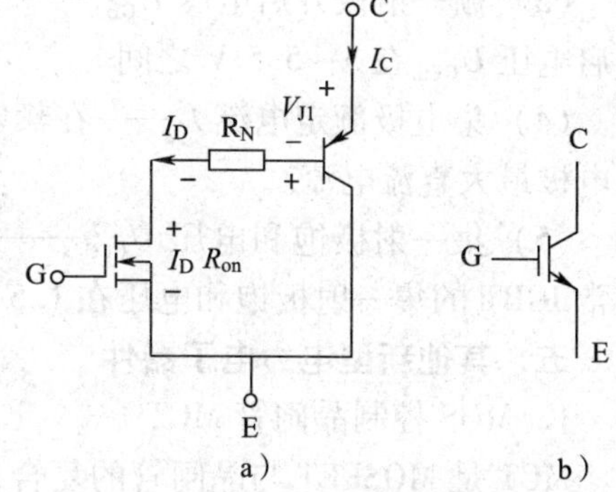

图 5—1—11 IGBT 简化等效电路和电气图形符号

a）简化等效电路 b）电气图形符号

2．绝缘栅双极型晶体管的工作原理

IGBT 的驱动原理与电力 MOSFET 基本相同，属于场控器件，其通断由栅—射极电压 u_{GE}决定。当 u_{GE}大于开启电压 $U_{GE(th)}$时，MOSFET 内形成沟道，为晶体管提供基极电流，IGBT 导通。电导调制效应使电阻 R_N减小，使通态压降减小。栅—射极间施加反压或不加信号时，MOSFET 内的沟道消失，晶体管的基极电流被切断，IGBT 关断。

3．绝缘栅双极型晶体管的基本特性

（1）IGBT 的静态特性

转移特性——I_C与 U_{GE}间的关系，与 MOSFET 转移特性类似。此处不再赘述。

开启电压 $U_{GE(th)}$——IGBT 能实现电导调制而导通的最低栅射电压。$U_{GE(th)}$随温度升高而略有下降，在 +25℃时，$U_{GE(th)}$的值一般为 2 ~6 V。

输出特性（伏安特性）——以 U_{GE}为参考变量时，I_C与 U_{CE}间的关系。

（2）IGBT 的动态特性

IGBT 的开通过程与 MOSFET 开通过程相似，因为开通过程中 IGBT 在大部分时间作为 MOSFET 运行。

开通延迟时间 $t_{d(on)}$——从 u_{GE}上升至其幅值 10% 的时刻，到 i_C上升至 10% I_{CM}。

电流上升时间 t_r——i_C从 10% I_{CM}上升至 90% I_{CM}所需时间。

开通时间 t_{on}——开通延迟时间与电流上升时间之和。

IGBT 的关断过程大致包括：

关断延迟时间 $t_{d(off)}$——从 u_{GE}后沿下降到其幅值 90% 的时刻起，到 i_C下降至 90% I_{CM}。

电流下降时间——i_C从 90% I_{CM}下降至 10% I_{CM}。

关断时间 t_{off}——关断延迟时间与电流下降之和。

IGBT 中存在双极型 PNP 晶体管，虽然带来了电导调制效应的好处，但也引入了少子储存现象，因而 IGBT 的开关速度低于电力 MOSFET。IGBT 的击穿电压、通态压降和关断时间也是需要考虑的参数。

4. 绝缘栅双极型晶体管的主要参数

（1）集—射极额定电压 U_{CES}——栅—射极短路时的 IGBT 最大耐压值。

（2）栅—射极额定电压 U_{GES}——栅—极的电压控制信号额定值。只有栅—射极电压小于额定电压值，才能使 IGBT 导通而不致损坏。

（3）栅—射极开启电压 U_{GEth}——使 IGBT 导通所需的最小栅—射极电压，通常 IGBT 的开启电压 U_{GEth}在 3 ~5. 5 V 之间。

（4）集电极额定电流 I_C——在额定的测试温度（壳温为 25℃）条件下，IGBT 所允许的集电极最大直流电流。

（5）集—射极饱和电压 U_{CEO}——IGBT 在饱和导通时，通过额定电流的集—射极电压。通常 IGBT 的集—射极饱和电压在 1. 5 ~3 V 之间。

五、其他新型电力电子器件

1. MOS 控制晶闸管 MCT

MCT 是 MOSFET 与晶闸管的复合，它结合了二者的优点，具有 MOSFET 的高输入阻抗、低驱动功率、快速的开关过程和晶闸管的高电压大电流、低导通压降。一个 MCT 器件由数以万计的 MCT 元组成，每个元的组成：一个 PNPN 晶闸管，一个控制该晶闸管开通的 MOSFET 及一个控制该晶闸管关断的 MOSFET。

MCT 曾一度被认为是一种最有发展前途的电力电子器件。因此，20 世纪 80 年代以来一度成为研究的热点。但经过十多年的努力，其关键技术问题没有大的突破，电压和电流容量都远未达到预期的数值，未能投入实际应用。

2. 静电感应晶体管 SIT

SIT 又称为结型场效应晶体管。小功率 SIT 器件的横向导电结构改为垂直导电结构，即可制成大功率的 SIT 器件。多子导电的器件，工作频率与电力 MOSFET 相当，甚至更高，功率容量更大，因而适用于高频大功率场合，在雷达通信设备、超声波功率放大、脉冲功率放大和高频感应加热等领域获得应用。缺点：栅极不加信号时导通，加负偏压时关断，称为正常导通型器件，使用不太方便，通态电阻较大，通态损耗也大，因而还未在大多数电力电子设备中得到广泛应用。

3．静电感应晶闸管 SITH

SITH 在 SIT 的漏极层上附加一层与漏极层导电类型不同的发射极层而得到，因其工作原理与 SIT 类似，门极和阳极电压均能通过电场控制阳极电流，因此 SITH 又被称为场控晶闸管。它是具有两种载流子导电的双极型器件，具有电导调制效应，通态压降低、通流能力强。其很多特性与 GTO 类似，但开关速度比 GTO 快得多，是大容量的快速器件。

SITH 一般也是正常导通型，但也有正常关断型。此外，其制造工艺比 GTO 复杂得多，电流关断增益较小，因而其应用范围还有待拓展。

4．集成门极换流晶闸管 IGCT

IGCT 于 20 世纪 90 年代后期出现，结合了 IGBT 与 GTO 的优点，容量与 GTO 相当，开关速度快 10 倍，且可省去 GTO 庞大而复杂的缓冲电路，只不过所需的驱动功率仍很大。目前正在与 IGBT 等新型器件激烈竞争，试图最终取代 GTO 在大功率场合的位置。

5．功率模块与功率集成电路

将多个功率器件封装在一个模块中称为功率模块，可缩小装置体积，降低成本，提高可靠性。对工作频率高的电路，可大大减小线路电感，从而简化对保护和缓冲电路的要求。将器件与逻辑、控制、保护、传感、检测、自诊断等信息电子电路制作在同一芯片上，称为功率集成电路（PIC）。

类似功率集成电路的还有许多名称，但实际上各有侧重，例如：

高压集成电路（HVIC）一般指横向高压器件与逻辑或模拟控制电路的单片集成。

智能功率集成电路（SPIC）一般指纵向功率器件与逻辑或模拟控制电路的单片集成。

智能功率模块（IPM）则专指 IGBT 及其辅助器件与其保护和驱动电路的单片集成，也称智能 IGBT。

功率集成电路的主要技术难点：高低压电路之间的绝缘问题以及温升和散热的处理，以前功率集成电路的开发和研究主要在中小功率应用场合，智能功率模块在一定程度上回避了上述两个难点，最近几年获得了迅速发展，实现了电能和信息的集成，成为机电一体化的理想接口。

任务实施

一、认识全控型器件

1．认识 GTO

1964 年，美国第一次试制成功了 500 V/10 A 的 GTO。在此后的近 10 年内，GTO 的容量一直停留在较低水平，只在汽车点火装置和电视机行扫描电路中进行试用。自 20 世纪 70 年代中期开始，GTO 的研制取得突破，相继出现了 1 300 V/600 A、2 500 V/1 000 A、4 500 V/2 400 A 的产品，目前已达 9 kV/25 kA/800 Hz 及 6 kV/6 kA/1 kHz 的水平。在当前各种自关断器件中，GTO 容量最大、工作频率最低（1 ~2 kHz）。GTO 是电流控制型器件，因而在关断时需要很大的反向驱动电流；GTO 通态压降大、d*u*/d*t* 及 d*i*/d*t* 耐量低，需要庞大的吸收电路。目前，GTO 虽然在低于 2 000 V 的某些领域内已被 GTR 和 IGBT 等器件所替代，但它在大功率电力牵引中有明显优势；今后，它也必将在高压领域占有一席之地。常见 GTO 外形如图 5—1—12 所示。

图 5—1—12　常见 GTO 外形

2. 认识 GTR

大功率晶体管（GTR）是一种电流控制的双极双结电力电子器件，产生于 20 世纪 70 年代，其额定值已达 1 800 V/800 A/2 kHz、1 400 V/600 A/5 kHz、600 V/3 A/100 kHz。它既具备晶体管的固有特性，又增大了功率容量，因此，由它所组成的电路灵活、成熟、开关损耗小、开关时间短，在电源、电机控制、通用逆变器等中等容量、中等频率的电路中应用广泛。GTR 的缺点是驱动电流较大、耐浪涌电流能力差、易受二次击穿而损坏。在开关电源和 UPS 内，GTR 正逐步被 P - MOSFET 和 IGBT 所代替。GTR 模块外形如图 5—1—13 所示。

3. 认识电力 MOSFET

电力 MOSFET 是一种电压控制型单极晶体管，它是通过栅极电压来控制漏极电流的，因而它的一个显著特点是驱动电路简单、驱动功率小；仅由多数载流子导电，无少子存储效应，高频特性好，工作频率高达 100 kHz 以上，为所有电力电子器件中频率之最，因而最适合应用于开关电源、高频感应加热等高频场合；没有二次击穿问题，安全工作区广，耐破坏性强。电力 MOSFET 的缺点是电流容量小、耐压低、通态压降大，不适宜运用于大功率装置。目前制造水平大概是 1 kV/2 A/2 MHz 和 60 V/200 A/2 MHz。电力 MOSFET 外形如图 5—1—14 所示。

图 5—1—13　GTR 模块外形

图 5—1—14　电力 MOSFET 外形

4. 认识IGBT

IGBT是由美国GE公司和RCA公司于1983年首先研制的，它属于少子器件类，却兼有了电力MOSFET和GTR的优点：高的输入阻抗（容抗性质）、开关速度快、安全工作区宽；饱和压降比较低，甚至接近GTR的饱和压降，耐压高、电流大等。诞生初期IGBT容量仅为500 V/20 A，且存在一些技术问题。经过几年改进，IGBT于1986年开始正式生产并逐渐系列化。至20世纪90年代初，IGBT已开发完成第二代产品。目前，第三代智能IGBT已经出现，科学家们正着手研究第四代沟槽栅结构的IGBT。它的研制成功为提高电力电子装置的性能，特别是为逆变器的小型化、高效化、低噪化提供了有利条件。常见IGBT及IPM模块外形如图5—1—15所示。

图5—1—15　常见IGBT及IPM模块外形

相较而言，IGBT的开关速度低于电力MOSFET，却明显高于GTR；IGBT的通态压降同GTR相近，但比电力MOSFET低得多；IGBT的电流、电压等级与GTR接近，而比功率MOSFET高。目前，其研制水平已达4 500 V/1 000 A。由于IGBT具有上述特点，在中等功率容量（600 V以上）的UPS、开关电源及交流电机控制用PWM逆变器中，IGBT已逐步替代GTR成为核心元件。另外，IR公司已设计出开关频率高达150 kHz的WARP系列400 ~ 600 V的IGBT，其开关特性与电力MOSFET接近，而导通损耗却比电力MOSFET低得多。该系列IGBT有望在高频150 kHz整流器中取代电力MOSFET，并大大降低开关损耗。

二、典型全控器件检测方法

1. IGBT的简易测试

判断极性。首先将万用表拨在$R\times1$ kΩ挡，用万用表测量时，若某一极与其他两极阻值为无穷大，调换表笔后该极与其他两极的阻值仍为无穷大，则判断此极为栅极（G）。其余两极再用万用表测量，若测得阻值为无穷大，调换表笔后测量阻值较小，则在测量阻值较小的一次中，红表笔接的为集电极（C），黑表笔接的为发射极（E）。判断IGBT极性方法如图5—1—16所示。

判断好坏。将万用表拨在$R\times10$ kΩ挡，用黑表笔接IGBT的集电极（C），红表笔接IGBT的发射极（E），此时万用表的指针在零位。用手指同时触及一下栅极（G）和集电极（C），这时IGBT被触发导通，万用表的指针摆向阻值较小的方向，并能停在某一位置。然后再用手指同时触及一下栅极（G）和发射极（E），这时IGBT被阻断，万用表的指针回零。此时即可判断IGBT是好的。

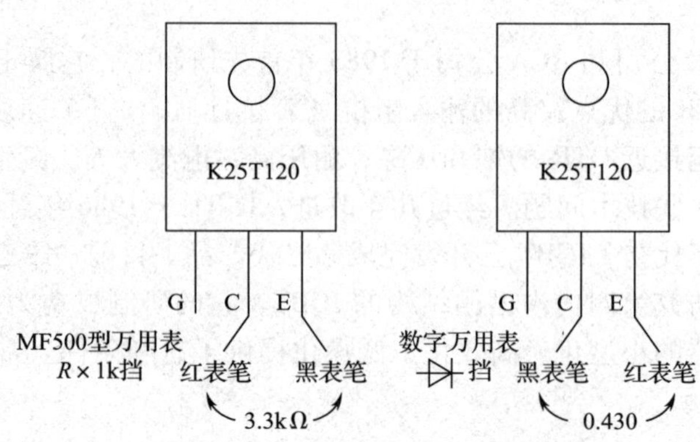

图 5—1—16 判断 IGBT 极性方法

提示

任何指针式万用表皆可用于检测 IGBT。注意，判断 IGBT 好坏时，一定要将万用表拨在 $R\times10$ kΩ 挡，因 $R\times1$ kΩ 挡以下各挡万用表内部电池电压太低，检测好坏时不能使 IGBT 导通，而无法判断 IGBT 的好坏。此方法同样也可以用于检测功率场效应晶体管（P－MOS-FET）的好坏。

IGBT 模块是否破坏可以通过晶体管特性测定装置或万用表测量，对以下项目进行检查从而简单地判断故障。

（1）G－E 间的漏电流

G－E 间的漏电流检测方法如图 5—1—17 所示，使 C－E 间处于短路状态，测定 G－E 间的漏电流或电阻值（请不要在 G－E 间外加超出 ±20 V 的电压。使用万用表时，必须确认其内部的蓄电池电压在 20 V 以下）。如果产品正常，漏电流将变成数百 nA 级（使用万用表时电阻为数十兆姆至无穷大）。除此以外的状态下，元件已经破坏的可能性很高（一般情况，如果元件破坏，G－E 间将处于短路状态）。

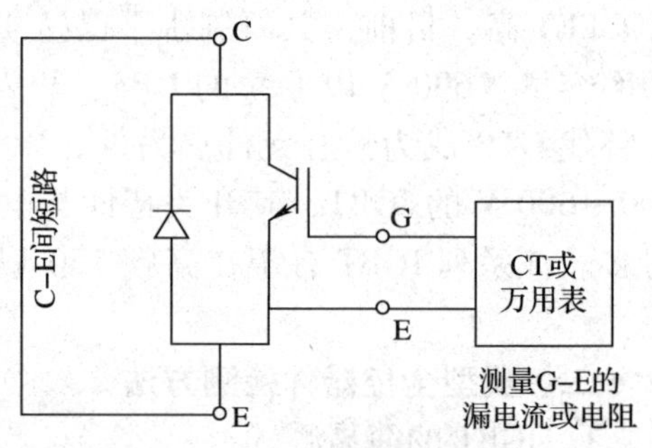

图 5—1—17 G－E 间的漏电流检测方法

（2）C－E 间的漏电流

C－E 间的漏电流检测方法如图 5—1—18 所示，让 G－E 间处于短路状态，测定 C－E 间（连接方式为集电极为＋，发射极为－；如相反，则 FWD 导通，C－E 间将短路）的漏电流或电阻。如果产品正常，漏电流将处于说明书中记载的 ICES 最大值以下（使用万用表时电阻为数十兆姆至无限大）。除此以外的状态下，元件已经破坏的可能性很高（一般情况，如果元件破坏，C－E 间将处于短路状态）。

（3）可控检测

可控检测方法如图 5—1—19 所示，让 G－E 间处于开路路状态，C（黑笔）到 E（红笔）如相反，则二极管 D 导通，C－E 间为二极管导通阻值。瞬间短接 G－C 后，C－E 间导通。瞬间短接 G－E 后，C－E 间恢复阻断，否则元件已经破坏的可能性很高。

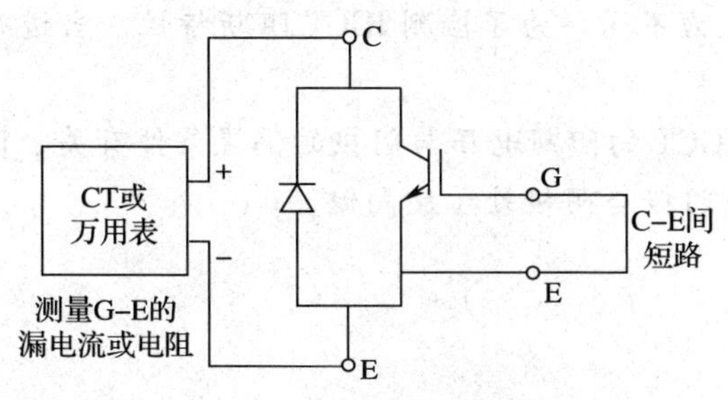

图 5—1—18 C－E 间的漏电流检测方法

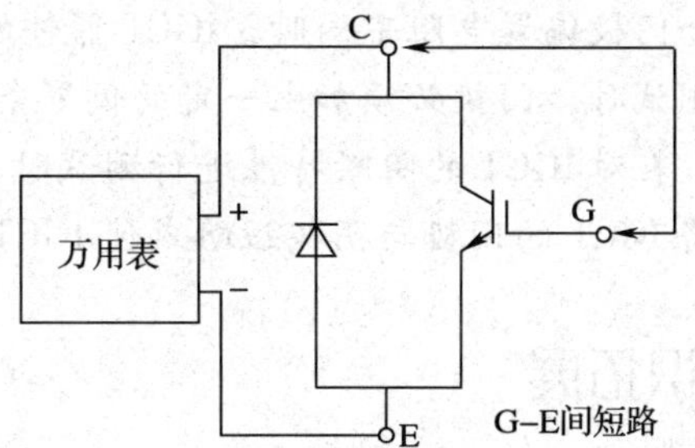

图 5—1—19 可控检测方法

提示

绝对不要对集电极—门极间进行耐压测试。这可能导致集电极—门极间形成密勒电容部分的氧化膜的绝缘破坏。在检测中手不能接触 BE 极，以免产生感应电压，损坏模块内部元件，最好在手腕上套一个接地环。另外，模块避免受到冲击和震动。

2. IGCT 的简易测试

（1）万用表判断法

采用万用表只能判断 IGCT 器件是否击穿，是否已彻底损坏，不能作为器件正常的判断依据（如并没有彻底击穿，但阻断特性已经劣化的器件）。在测试时，应对被测器件施加一定的压力，保证 IGCT 芯片与阴阳极电极有着良好接触。另外，应注意器件表面的状态，器件表面应保持干净和干燥。

对反向阻断型 IGCT 器件，一般用数字万用表的电阻挡或二极管挡，将“正表笔”接于 IGCT 器件的阳极，万用表的“负表笔”连接于阴极，数字万用表的读数应为无穷大。将正负表笔交换，重复测试，数值万用表的读数也应为无穷大。

对反向导通型 IGCT 器件，当数字表的“负表笔”接于阳极，“正表笔”接于阴极时，把数字表置于二极管挡，此时数字表显示内置二极管在微电流下的正向压降。

在用指针式万用表测试 IGCT 器件的阻断特性时，万用表的“黑表笔”为正，“红表笔”为负。在 IGCT 上没用并联器件的情况下，一般电阻值应在 400 kΩ 以上。

（2）阻断电压判断法

采用阻断电压判断法可以对器件阻断能力特性进行初步检测，如图 5—1—20 所示。

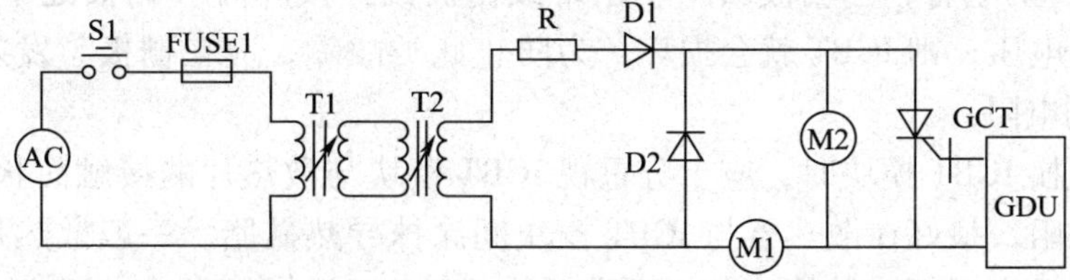

图 5—1—20 IGCT 器件阻断能力特性检测

提示

IGCT 器件在阻断状态下其阻断电压与门极的偏置条件有关，当门极加上的反向偏置电压和门极偏置电阻不同时，IGCT 器件的阻断能力不同。为了检测 IGCT 阻断特性，当进行高压测试时，门极必须加上一定的偏置条件。

在对 IGCT 的阻断特性进行测试时，由于 IGCT 的阻断电压与门极的偏置条件有关，因此应将 IGCT 的门极与阴极短路或使 IGCT 带电使门极与阴极处于反向偏置。

知识拓展

IGBT 模块由于具有多种优良的特性，使它在电力电子装置的应用中得到了快速的发展和普及。此处以 IGBT 模块为例介绍其使用注意事项。

1. IGBT 模块的选择

IGBT 模块的电压规格与所使用装置的输入电源即试电电源电压紧密相关。使用中当 IGBT 模块集电极电流增大时，所产生的额定损耗也变大。同时，开关损耗增大，使元件发热加剧，因此，选用 IGBT 模块时额定电流应大于负载电流。特别是用作高频开关时，由于开关损耗增大，发热加剧，选用时应该注意降温。

2. 使用中的注意事项

由于 IGBT 模块为 MOSFET 结构，IGBT 的栅极通过一层氧化膜与发射极实现电隔离。由于此氧化膜很薄，其击穿电压一般达到 20～30 V。因此，因静电而导致栅极击穿是 IGBT 失效的常见原因之一。因此，使用中要注意以下几点：

（1）在使用模块时，尽量不要用手触摸驱动端子部分，当必须要触摸模块端子时，要先将人体或衣服上的静电用大电阻接地进行放电后，再触摸。

（2）在用导电材料连接模块驱动端子时，在配线未接好之前请先不要接上模块。

（3）尽量在底板良好接地的情况下操作。

在应用中有时虽然保证了栅极驱动电压没有超过栅极最大额定电压，但栅极连线的寄生电感和栅极与集电极间的电容耦合，也会产生使氧化层损坏的振荡电压。为此，通常采用双绞线来传送驱动信号，以减少寄生电感。在栅极连线中串联小电阻也可以抑制振荡电压。

此外，在栅极—发射极间开路时，若在集电极与发射极间加上电压，则随着集电极电位的变化，由于集电极有漏电流流过，栅极电位升高，集电极则有电流流过。这时，如果集电极与发射极间存在高电压，则有可能使 IGBT 发热乃至损坏。

在使用 IGBT 的场合，当栅极回路不正常或栅极回路损坏时（栅极处于开路状态），若在主回路上加上电压，则 IGBT 就会损坏，为防止此类故障，应在栅极与发射极之间串接一只 10 kΩ 左右的电阻。

在安装或更换 IGBT 模块时，应十分重视 IGBT 模块与散热片的接触面状态和拧紧程度。为了减少接触热阻，最好在散热器与 IGBT 模块间涂抹导热硅脂。一般散热片底部安装有散热风扇，当散热风扇损坏或散热片散热不良时将导致 IGBT 模块发热，而发生故障。因此对散热风扇应定期进行检查，一般在散热片上靠近 IGBT 模块的地方安装有温度感应器，当温度过高时将报警或停止 IGBT 模块工作。

3. 保管时的注意事项

（1）一般保存 IGBT 模块的场所应保持常温常湿状态，不应偏离太大。常温的规定为

5～35℃，常湿的规定在45%～75%。在冬天特别干燥的地区，需用加湿机加湿。

（2）尽量远离有腐蚀性气体或灰尘较多的场合。

（3）在温度发生急剧变化的场所IGBT模块表面可能有结露水的现象，因此IGBT模块应放在温度变化较小的地方。

（4）保管时，须注意不要在IGBT模块上堆放重物。

（5）装IGBT模块的容器，应选用不带静电的容器。

任务2 驱动隔离保护电路的分析

学习目标

1. 掌握GTR及GTO驱动电路的作用及要求。
2. 掌握MOSFET及IGBT驱动电路的作用及要求。
3. 理解隔离电路类型及作用。
4. 掌握缓冲电路的组成及工作原理。
5. 理解保护电路的组成及工作原理。

任务描述

驱动电路是主电路与控制电路之间的接口，使电力电子器件工作在较理想的开关状态，缩短开关时间，减小开关损耗，对装置的运行效率、可靠性和安全性都有重要的意义。驱动电路还要提供控制电路与主电路之间的电气隔离环节，一般采用光隔离或磁隔离。缓冲电路是电力电子器件的一种重要的保护电路，不仅用于半控型器件的保护，而且在全控型器件（如GTR、GTO、功率MOSFET和IGBT等）的应用技术中起着重要的作用。电力电子装置的过电压包括外因过电压和内因过电压，外因过电压主要来自雷击和系统中的操作过程等外因，内因过电压主要来自电力电子装置内部器件的开关过程。电力电子装置的保护装置对设备安全及人身安全极其重要。本任务的主要内容就是将着重分析几种常见的驱动保护电路。

相关知识

目前，驱动电路的发展趋势是采用专用集成驱动电路，主要是将双列直插式集成电路及光耦隔离电路也集成在内的混合集成电路。为达到参数最佳配合，首选所用器件生产厂家专门开发的集成驱动电路。对器件或整个装置的一些保护措施也往往设在驱动电路中，或通过驱动电路实现。驱动电路的基本任务：

（1）将信息电子电路传来的信号按控制目标的要求，转换为加在电力电子器件控制端和公共端之间，可以使其开通或关断的信号。

（2）对半控型器件只需提供开通控制信号。

（3）对全控型器件则既要提供开通控制信号，又要提供关断控制信号。

驱动电路通常包括开通驱动电路、关断驱动电路和门极反偏电路三部分，可分为脉冲变压器耦合式和直接耦合式两种类型，驱动电路按照驱动信号的性质，可分为电流驱动型和电压驱动型。直接耦合式驱动电路可避免电路内部的相互干扰和寄生振荡，可得到较陡的脉冲前沿，因此目前应用较广，但其功耗大，效率较低。

一、驱动电路的隔离

驱动电路要提供控制电路与主电路之间的电气隔离环节，一般采用光隔离或磁隔离。光隔离一般采用光耦合器，磁隔离的元件通常是脉冲变压器。光耦合器的类型及接法如图 5—2—1 所示。

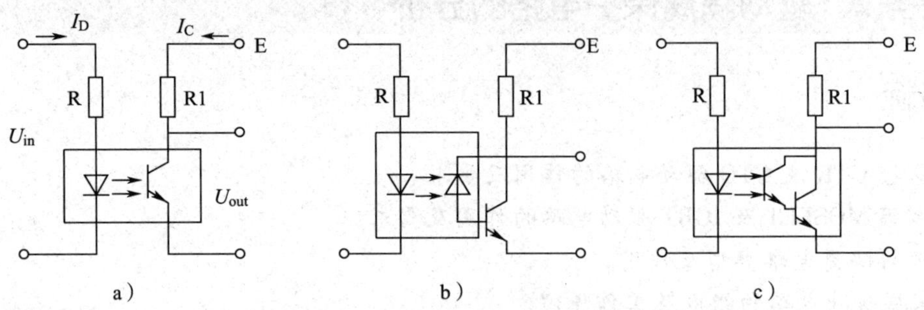

图 5—2—1　光耦合器的类型及接法

a）普通型　b）高速型　c）高传输比型

二、电流驱动型器件的驱动电路

1．GTR 的驱动电路

开通驱动电流应使 GTR 处于准饱和导通状态，使之不进入放大区和深饱和区。关断 GTR 时，施加一定的负基极电流有利于缩短关断时间和关断损耗，关断后同样应在基—射极之间施加一定幅值（6 V 左右）的负偏压。理想的 GTR 基极驱动电流波形如图 5—2—2 所示。

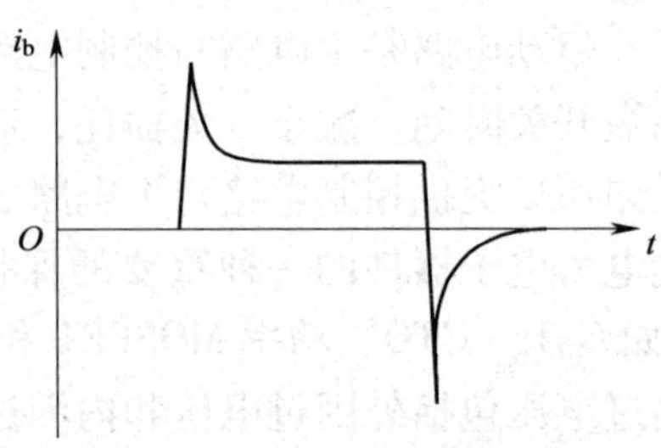

图 5—2—2　理想的 GTR 基极驱动电流波形

GTR 的集成驱动电路中，THOMSON 公司的 UAA4002 和三菱公司的 M57215 BL 较为常见。GTR 的一种典型驱动电路如图 5—2—3 所示，包括电气隔离和晶体管放大电路两部分。

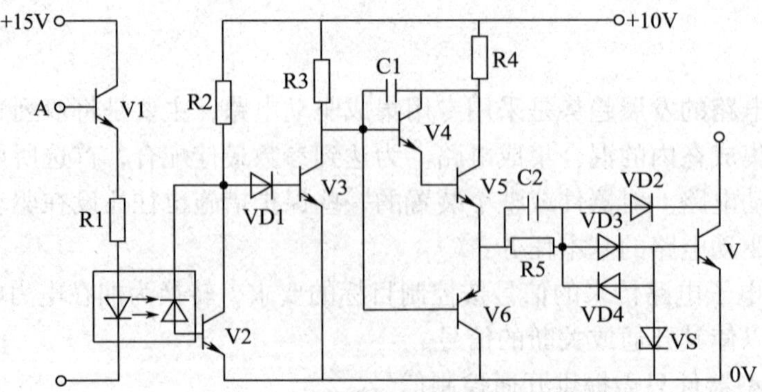

图 5—2—3　GTR 的一种典型驱动电路

二极管 VD2 和电位补偿二极管 VD3 构成贝克钳位电路，即一种抗饱和电路，负载较轻时，如 V5 发射极电流全注入 V，会使 V 过饱和。有了贝克钳位电路，当 V 过饱和使得集电极电位低于基极电位时，VD2 会自动导通，使多余的驱动电流流入集电极，维持 $U_{bc}\approx 0$。C2 为加速开通过程的电容。开通时，R5 被 C2 短路。可实现驱动电流的过冲，并增加前沿的陡度，加快开通。

2. GTO 的驱动电路

GTO 的开通控制与普通晶闸管相似，但对脉冲前沿的幅值和陡度要求高，且一般需在整个导通期间施加正门极电流。使 GTO 关断需施加负门极电流，对其幅值和陡度的要求更高，关断后还应在门阴极施加约 5 V 的负偏压以提高抗干扰能力。理想的 GTO 门极电压、电流波形如图 5—2—4 所示。

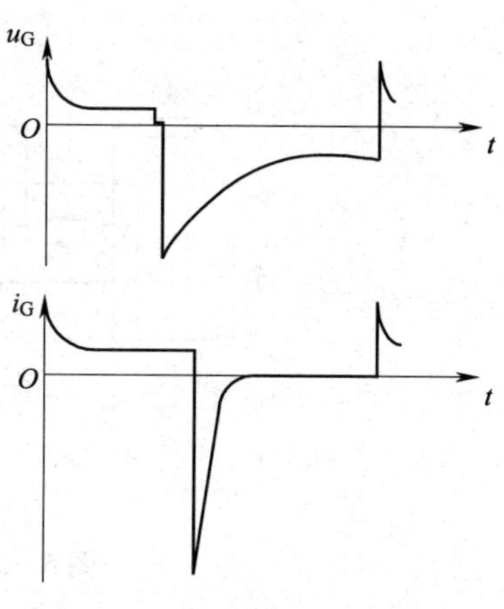

图 5—2—4　理想的 GTO 门极电压、电流波形

典型的直接耦合式 GTO 驱动电路如图 5—2—5 所示。图 5—2—5 中二极管 VD1 和电容 C1 提供 +5 V 电压，VD2、VD3、C2、C3 构成倍压整流电路提供 +15 V 电压，VD4 和电容 C4 提供 -15 V 电压，V1 开通时，输出正强脉冲，V2 开通时输出正脉冲平顶部分，V2 关断而 V3 开通时输出负脉冲，V3 关断后 R3 和 R4 为 GTO 提供门极负偏压。

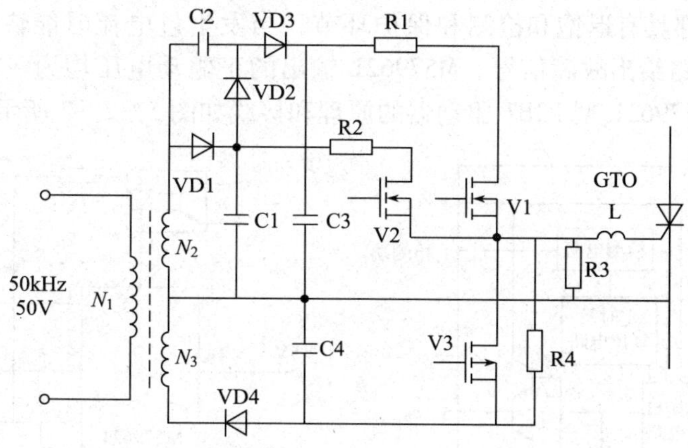

图 5—2—5　典型的直接耦合式 GTO 驱动电路

三、电压驱动型器件的驱动电路

电力 MOSFET 和 IGBT 是电压驱动型器件，为快速建立驱动电压，要求驱动电路输出电阻小。使 MOSFET 开通的驱动电压一般取 10 ~ 15 V，使 IGBT 开通的驱动电压一般取 15 ~ 20 V。关断时施加一定幅值的负驱动电压（一般取 -5 ~ -15 V）有利于减小关断时间和关断损耗，在栅极串入一只低值电阻可以减小寄生振荡，该电阻阻值应随被驱动器件电流额定值的增大而减小。

1. 电力 MOSFET 的驱动电路

专为驱动电力 MOSFET 而设计的混合集成电路有三菱公司的 M57918L，其输入信号电流幅值为 16 mA，输出最大脉冲电流为 +2 A 和 -3 A，输出驱动电压 +15 V 和 -10 V。电力 MOSFET 的一种常见驱动电路如图 5—2—6 所示，主要包括电气隔离和晶体管放大电路两部分，无输入信号时高速放大器 A 输出负电平，V3 导通输出负驱动电压，当有输入信号时 A 输出正电平，V2 导通输出正驱动电压。

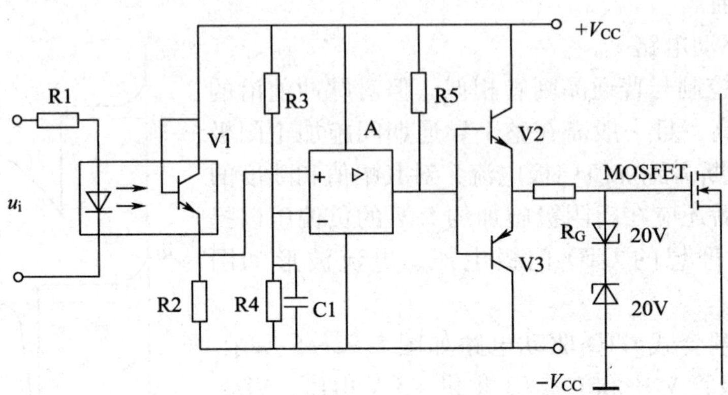

图 5—2—6 电力 MOSFET 的一种常见驱动电路

2. IGBT 的驱动电路

IGBT 的驱动电路多采用专用的混合集成驱动器，常用的有三菱公司的 M579 系列（如 M57962L 和 M57959L）和富士公司的 EXB 系列（如 EXB840、EXB841、EXB850 和 EXB851），它们内部具有退饱和检测和保护环节，当发生过电流时能快速响应但慢速关断 IGBT，并向外部电路给出故障信号。M57962L 输出的正驱动电压均为 +15 V 左右，负驱动电压为 -10 V。M57962L 型 IGBT 驱动器的原理和接线如图 5—2—7 所示。

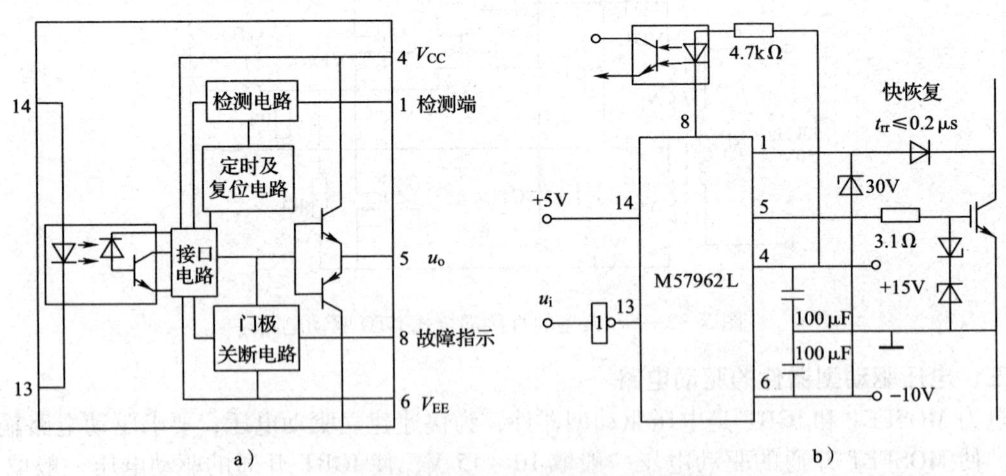

图 5—2—7 M5 7962L 型 IGBT 驱动器的原理和接线

a）原理 b）接线

四、缓冲电路

缓冲电路既能吸收器件的关断过电压和换相过电压，抑制 du/dt，减小关断损耗，又能抑制器件开通时的电流过冲和 di/dt，减小器件的开通损耗。将关断缓冲电路和开通缓冲电路结合在一起构成复合缓冲电路。di/dt 抑制电路和充放电型 RCD 缓冲电路及波形如图 5—2—8 所示。

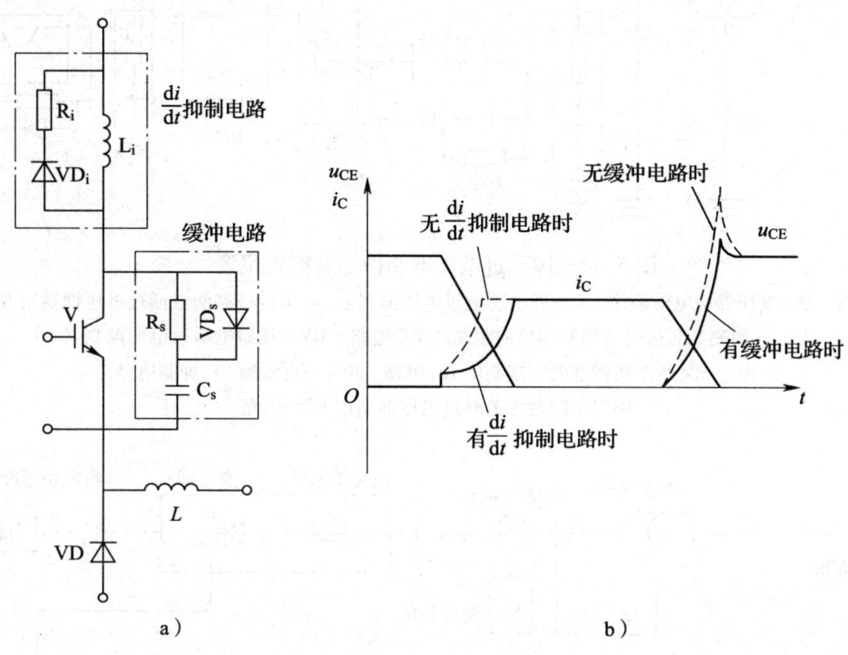

图 5—2—8　di/dt 抑制电路和充放电型 RCD 缓冲电路及波形

a）电路　b）波形

V 开通时，C_s通过 R_s向 V 放电，使 i_C先上一个台阶，以后因有 L_i，i_C上升速度减慢。V 关断时，负载电流通过 VD_s向 C_s分流，减轻了 V 的负担，抑制了 du/dt 和过电压。

V 关断时的负载线如图 5—2—9 所示，无缓冲电路时，u_{CE}迅速上升，L 感应电压使 VD 导通，负载线从 A 移到 B，之后 i_C才下降到漏电流的大小，负载线随之移到 C。有缓冲电路时，C_s分流使 i_C在 u_{CE}开始上升时就下降，负载线经过 D 到达 C。负载线 ADC 安全，且经过的都是小电流或小电压区域，关断损耗大大降低。

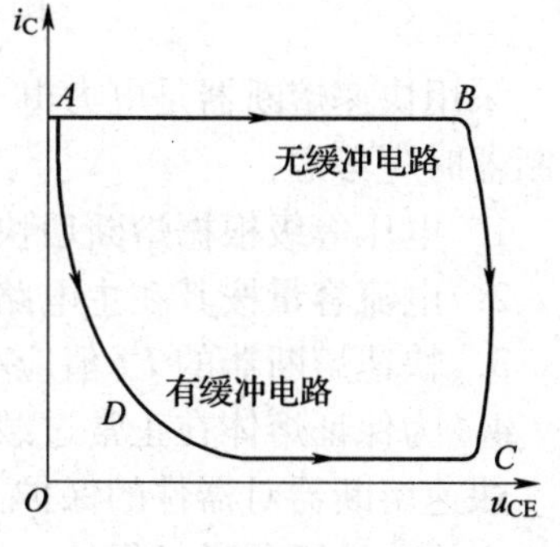

图 5—2—9　V 关断时的负载线

五、过电压的产生及过电压保护

电力电子装置可能的过电压包括外因过电压和内因过电压，外因过电压主要来自雷击和系统操作过程等外因。内因过电压主要来自电力电子装置内部器件的开关过程。过电压抑制措施及配置位置如图 5—2—10 所示。

电力电子装置可视具体情况只采用其中的几种。其中，RC_3和 RCD 为抑制内因过电压的措施，属于缓冲电路范畴。

六、过电流保护

电力电子装置的过电流包括过载和短路两种情况，常用过电流保护措施及配置位置如图 5—2—11 所示。

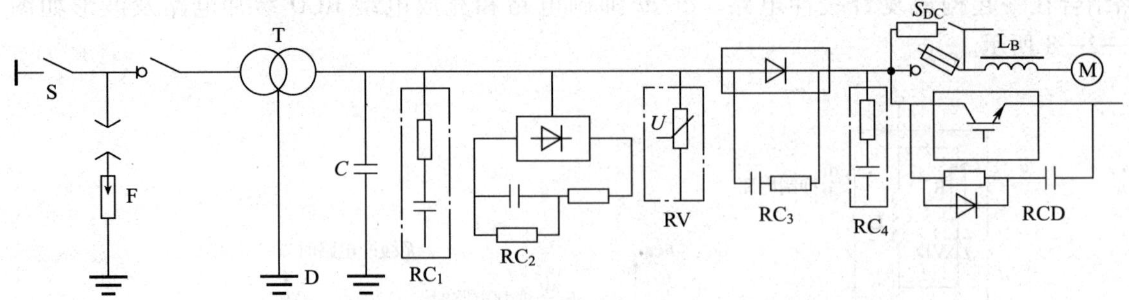

图 5—2—10　过电压抑制措施及配置位置

F—避雷器　D—变压器静电屏蔽层　C—静电感应过电压抑制电容　RC_1—阀侧浪涌过电压抑制用 RC 电路　RC_2—阀侧浪涌过电压抑制用反向阻断式 RC 电路　RV—压敏电阻过电压抑制器　RC_3—阀器件换相过电压抑制用 RC 电路　RC_4—直流侧 RC 抑制电路　RCD—阀器件关断过电压抑制用 RCD 电路

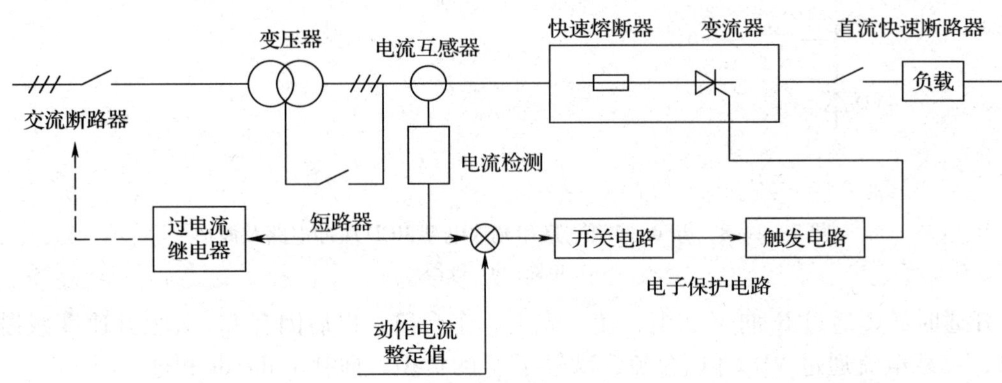

图 5—2—11　过电流保护措施及配置位置

采用快速熔断器是电力电子装置中最有效、应用最广的一种过电流保护措施。选择快速熔断器时应考虑：

1. 电压等级根据熔断后快速熔断器实际承受的电压确定。
2. 电流容量按其在主电路中的接入方式和主电路联结形式确定。
3. 快速熔断器的 I^2t 值应小于被保护器件的允许 I^2t 值。
4. 为保证熔体在正常过载情况下不熔化，应考虑其时间—电流特性。

快速熔断器对器件的保护方式有全保护和短路保护两种，其中全保护方式中，过载和短路均由快速熔断器进行保护，适用于小功率装置或器件裕度较大的场合。而短路保护方式，快速熔断器只在短路电流较大的区域起保护作用。

对重要的且易发生短路的晶闸管设备或全控型器件（很难用快熔保护），需采用电子电路进行过电流保护，其响应速度最快。

任务实施

驱动电路可以使电力电子器件工作在较理想的开关状态，缩短开关时间，减小开关损耗，对装置的运行效率、可靠性和安全性都有重要的意义。对器件或整个装置的一些保护措施也往往设在驱动电路中，或通过驱动电路实现。在此因篇幅所限，仅对 IGBT 的门极驱动和短路保护电路问题进行总结及举例，希望对广大 IGBT 应用人员有一定的帮助。

一、理想的 IGBT 驱动器

理想的 IGBT 驱动器应具有以下基本性能：

1. 动态驱动能力强，能为 IGBT 栅极提供具有陡峭前后沿的驱动脉冲。当 IGBT 在硬开关方式下工作时，会在开通及关断过程中产生较大的开关损耗。这个过程越长，开关损耗越大。器件工作频率较高时，开关损耗甚至会大大超过 IGBT 通态损耗，造成管芯温升较高。这种情况会大大限制 IGBT 的开关频率和输出能力，同时对 IGBT 的安全工作构成很大威胁。同时，过短的开关时间也会造成主回路过高的电流尖峰，这既对主回路安全不利，也容易在控制电路中造成干扰。

2. 能向 IGBT 提供适当的正向栅压。IGBT 导通后的管压降与所加栅源电压有关，在漏源电流一定的情况下，u_{GS}越高，u_{DS}就越低，器件的导通损耗就越小，这有利于充分发挥管子的工作能力。但是，u_{GS}并非越高越好，一般不允许超过 20 V，原因是一旦发生过流或短路，栅压越高，则电流幅值越高，IGBT 损坏的可能性就越大。通常，综合考虑取 +15 V 为宜。

3. 具有栅压限幅电路，保护栅极不被击穿。IGBT 栅极极限电压一般为 ±20 V，驱动信号超出此范围就可能破坏栅极。

4. 输入、输出信号传输无延时，一方面能够减少系统响应滞后，另一方面能提高保护的快速性。

5. 电路简单，成本低。

6. 在出现短路、过流的情况下，能迅速发出过流保护信号，供控制电路进行处理。

典型的 IGBT 栅极驱动电路如图 5—2—12 所示。

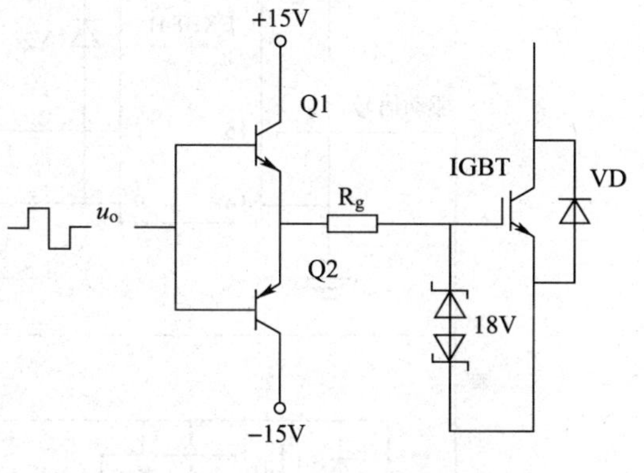

图 5—2—12　典型的 IGBT 栅极驱动电路

二、基于 EXB 系列集成模块的驱动电路

EXB 系列芯片具有单电源、正负偏压、过流检测、保护、软关断等主要特性，是一种比较典型的驱动电路。其功能比较完善，在国内得到了广泛应用。

EXB 系列驱动器的各引脚功能如下：

或

脚 1：连接用于反向偏置电源的滤波电容器。

脚 2：电源（+20 V）。

脚 3：驱动输出。

脚 4：用于连接外部电容器，以防止过流保护电路误动作（大多数场合不需要该电容器）。

脚 5：过流保护输出。

脚 6：集电极电压监视。

脚 7、8：不接。

脚 9：电源。

脚 10、11：不接。

脚 14、15：驱动信号输入（－，＋）。

或

基于 EXB841 的 IGBT 驱动电路如图 5—2—13 所示。图 5—2—13 中上半部分是利用 EXB841 构成的 IGBT 的驱动电路，下半部分是由 NE555 定时器构成的以实现对 IGBT 过流时封锁故障信号的电路。电路中所用器件主要有 EXB841 芯片一块，NE555 定时器一个，IGBT 一个，6 N137 一个，各种型号电阻，电容若干。

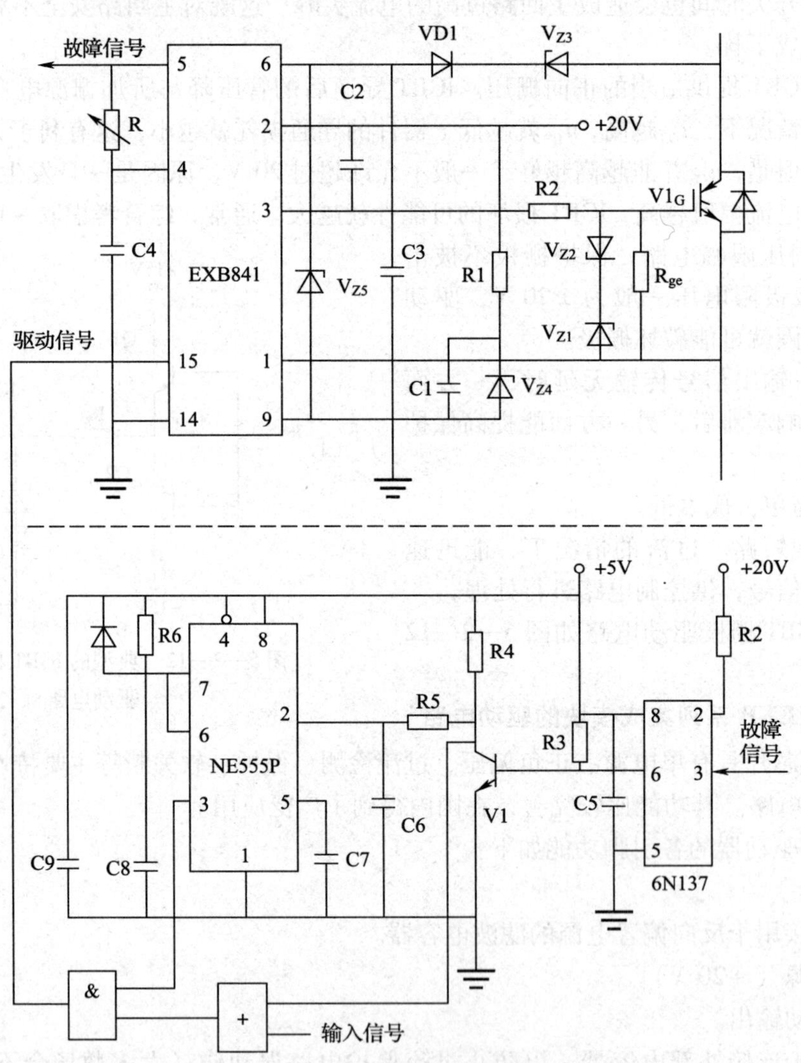

图 5—2—13　基于 EXB841 的 IGBT 驱动电路

驱动电路中 V_{Z5}起保护作用，避免 EXB841 的 6 脚承受过电压，通过 VD1 检测是否过电流，接 V_{Z3}的目的是改变 EXB 模块过流保护起控点，以降低过高的保护阈值，从而解决过流保护阈值太高的问题。R1 和 C1 及 V_{Z4}接在 +20 V 电源上保证稳定的电压。V_{Z1}和 V_{Z2}避免栅极和射极出现过电压，R_{ge}是防止 IGBT 误导通。

针对 EXB841 软关断保护不可靠的问题，可以在 EXB841 的 5 脚和 4 脚间接一个可变电阻，4 脚和地之间接一个电容，都是用来调节关断时间，保证软关断的可靠性。针对负偏压不足的问题，可以考虑提高负偏压。一般采用的负偏压是 -5 V，可以采用 -8 V 的负偏压（当然负偏压的选择受到 IGBT 栅—射极之间反向最大耐压的限制）。图 5—2—13 下半部分所示为故障信号的封锁电路。当 IGBT 正常工作时，EXB841 的 5 脚是高电平，此时光耦 6N137 截止，其 6 脚为高电平，从而 V1 导通，于是电容 C6 不充电，NE555P 的 3 脚输出为高电平，输入信号被接到 15 脚，EXB841 正常工作驱动 IGBT。

当 EXB841 检测到过电流时 EXB841 的 5 脚变为低电平，于是光电耦合器导通使 V1 截止，+5 V 电压经 R4 和 R5 对 C6 充电，经过 5 μs 后 NE555P 的 3 脚输出为低电平，通过与门将输入信号封锁。EXB841 从检测到 IGBT 过电流到对其软关断结束要 10 μs，此电路延迟 5 μs 工作是因为 EXB841 检测到过电流到 EXB841 的 5 脚信号为低电平需要 5 μs，这样经过 NE555P 定时器延迟 5 μs 使 IGBT 软关断后再停止输入信号，避免立即停止输入信号造成硬关断。

同时，在 EXB841 检测到过流时进行软关断的过程中为了防止外部输入信号撤除从而直接使 IGBT 硬关断，可从 V1 的集电极引出一高电平对输入信号进行封锁，从而保证软关断的顺利进行。该电路解决了 EXB841 存在的过电流保护无自锁功能这一问题。经过试验发现该电路在正常工作时，可以通过 EXB841 的 3 脚发出 +15 V 和 -5 V 电压信号驱动 IGBT 开通和关断，当 IGBT 发生过流时该电路能可靠地进行软关断。

三、IGBT 的过流保护

IGBT 的过流保护就是当上、下桥臂直通时，电源电压几乎全加在了开关管两端，此时将产生很大的短路电流，IGBT 饱和压降越小，其电流就会越大，从而损坏器件。当器件发生过流时，将短路电流及其关断时的 $I-V$ 运行轨迹限制在 IGBT 的短路安全工作区，用在损坏器件之前，将 IGBT 关断来避免开关管的损坏。

如图 5—2—14 所示是具有过流保护功能的光电耦合器隔离的 IGBT 驱动电路。图 5—2—14 中高速光电耦合器 6N137 实现输入、输出信号的电气隔离，能够达到很好的电气隔离，适合高频应用场合。驱动主电路采用推挽输出方式，有效地降低了驱动电路的输出阻抗，提高了驱动能力，使之适用于大功率 IGBT 的驱动，过流保护电路运用退集电极饱和原理，在发生过流时及时关断 IGBT，其中 V1、V3、V4 构成驱动脉冲放大电路，V1 和 R5 构成一个射极跟随器，该射极跟随器提供了一个快速的电流源，减少了功率管的开通和关断时间。利用集电极退饱和原理，D1、R6、R7 和 V2 构成短路信号检测电路，其中 D1 采用快速恢复二极管，防止了 IGBT 关断时其集电极上的高电压窜入驱动电路。为了防止静电使功率器件误导通，在栅—源之间并接双向稳压管 D3 和 D4。R_G 是 IGBT 的门极串联电阻。

正常工作时，当控制电路送来高电平信号时，光电耦合器 6N137 导通，V1、V2 截止，V3 导通而 V4 截止，该驱动电路向 IBGT 提供 +15 V 的驱动开启电压，使 IGBT 开通。当控制电路送来低电平信号时，光电耦合器 6N137 截至，V1、V2 导通。V4 导通而 V3 截止，该驱动电路向 IBGT 提供 -5 V 的电压，使 IGBT 关闭。

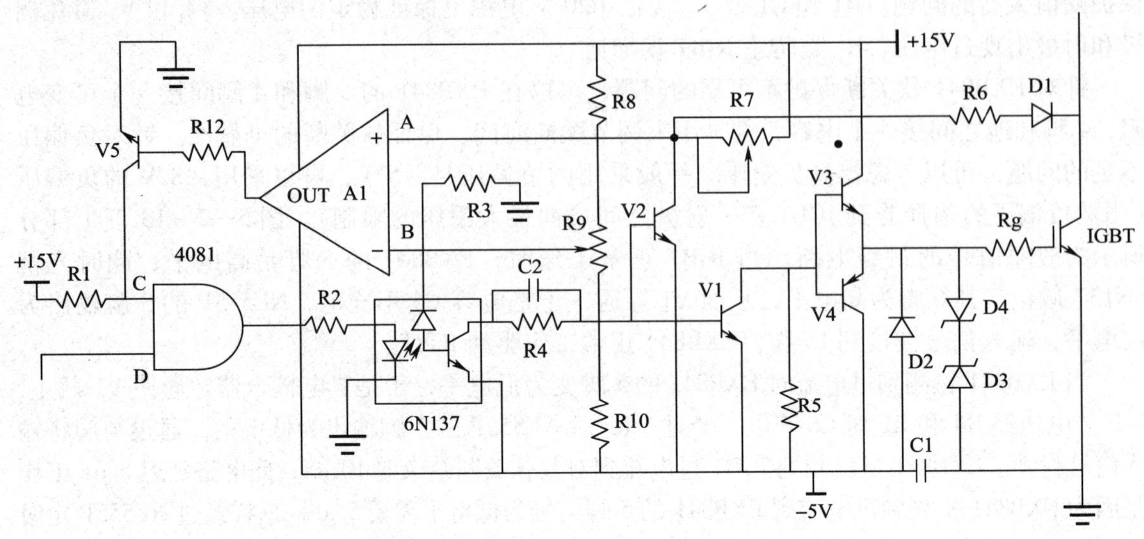

图 5—2—14　IGBT 驱动和过流保护电路

当发生过流时，电路出现短路故障时，上、下桥臂直通，此时 +15 V 的电压几乎全加在 IGBT 上，产生很大的电流，此时在短路信号检测电路中 V2 截止，A 点的电位取决于 D1、R6、R7 和 V_{CES}的分压决定，当主电路正常工作时，且 IGBT 导通时，A 点保持低电平，从而低于 B 点电位，所有 A1 输出低电平，此时 V5 截止，而 C 点为高电平，所以正常工作时，输入到光电耦合器 6N137 的信号始终和输出保持一致。当发生过流时，IGBT 集电极退饱和，A 点电位升高，当高于 B 电位（即所设置的电位）时，即当电流超过设计定值时，A1 翻转而输出高电平，V5 导通，从而将 C 点的电位钳在低电位状态，使与门 4081 始终输出低电平，即无论控制电路送来是高电平或是低电平，输入到光电耦合器 6N137 的信号始终都是低电平，从而关断功率管，从而达到过流保护。直到将电路的故障排除后，重新启动电路。

该驱动电路能够为 IGBT 提供 +15 V 和 -5 V 驱动电压确保 IGBT 的开通和关断。该驱动电路具有过流保护功能，当发生过流时，保护电路起作用，及时关断 IGBT，防止 IGBT 被损坏。

任务 3　斩波器主电路的分析

学习目标

1. 掌握降压斩波电路组成及工作原理。
2. 掌握升压斩波电路组成及工作原理。
3. 理解升降压斩波电路组成及工作原理。
4. 了解开关电源的分类。

任务描述

直流传动是斩波电路应用的传统领域，而开关电源则是斩波电路应用的新领域，前者的应用在逐渐萎缩，而后者的应用方兴未艾、欣欣向荣，是电力电子领域的一大热点。

本任务的主要内容是对降压斩波电路、升压斩波电路及升降压斩波电路进行分析，理解降压、升压及升降压斩波电路的工作原理，掌握这三种电路的输入输出关系、电路解析方法、工作特点。

相关知识

按不同的改变负载两端的直流平均电压的调制方法，斩波器分为三种控制方式：

1. 主开关通断的周期 T 不变，而每次通电时间 t_{on} 可变—脉冲宽度调制。

2. 通电时间 t_{on} 不变，而通断周期 T 可变—频率调制。

3. t_{on} 和 T 都可调，改变占空比—混合型调制。

一、降压斩波电路

1. 工作原理

如图 5—3—1 所示为降压斩波电路及其波形，$t=0$ 时刻驱动 V 导通，电源 E 向负载供电，负载电压 $u_o=E$，负载电流 i_o 按指数曲线上升。$t=t_{on}$ 时刻控制 V 关断，负载电流经二极管 VD 续流，负载电压 u_o 近似为零，负载电流呈指数曲线下降。为了使负载电流连续且脉动小通常使串接的电感 L 值较大。

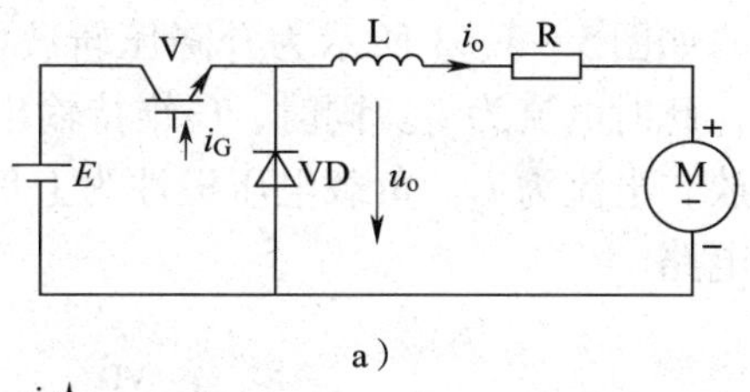

a）

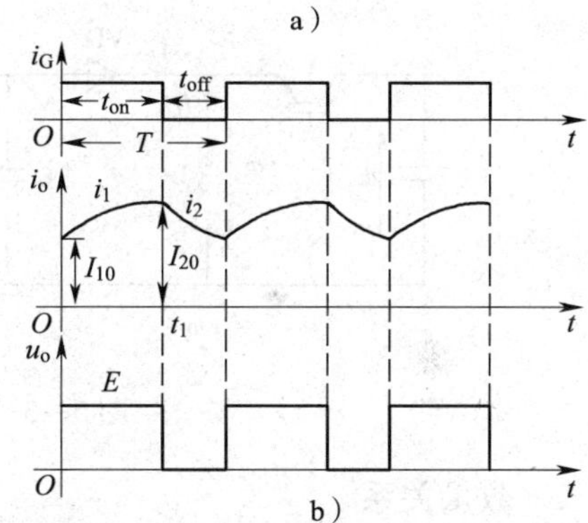

b）

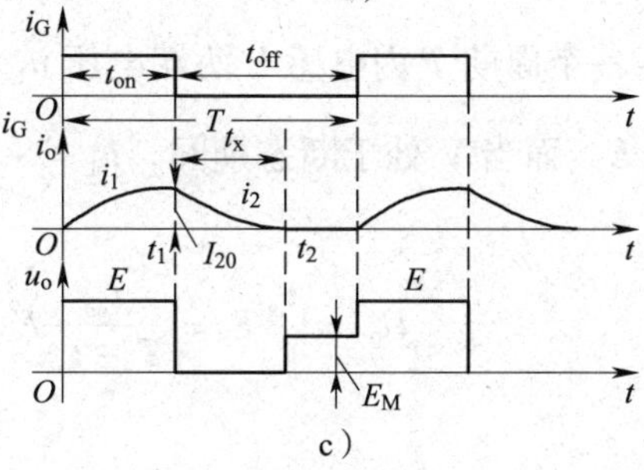

c）

图 5—3—1　降压斩波电路及其波形

a）电路图　b）电流连续时的波形　c）电流断续时的波形

2. 数量关系

电流连续时，负载电压平均值：

$$U_0 = \frac{t_{on}}{t_{on}+t_{off}}E = \frac{t_{on}}{T}E = \alpha E \tag{5—3—1}$$

式中　t_{on}——V 通的时间；

t_{off}——V 断的时间；

α——导通比。

负载电流平均值：

$$I_0 = \frac{U_0 - E_M}{R} \tag{5—3—2}$$

二、升压斩波电路

如图 5—3—2 所示为升压斩波电路及其波形，V 通时，E 向 L 充电，充电电流恒为 I_1，同时 C 的电压向负载供电，因 C 值很大，输出电压 U_o 为恒值。设 V 通的时间为 t_{on}，此阶段 L 上积蓄的能量为 EI_1t_{on}。V 断时，E 和 L 共同向 C 充电并向负载 R 供电。设 V 断的时间为 t_{off}，则此期间电感 L 释放能量为 $(U_O-E)\ I_1t_{off}$。

$$EI_1t_{on} = (U_O - E)I_1t_{off} \tag{5—3—3}$$

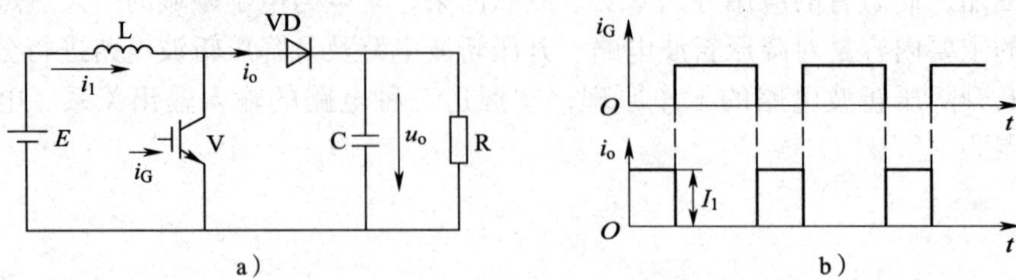

图 5—3—2　升压斩波电路及其波形

化简得

$$U_0 = \frac{t_{on} + t_{off}}{t_{off}}E = \frac{T}{t_{off}}E \tag{5—3—4}$$

三、升降压斩波电路

1．工作原理

如图 5—3—3 所示为升降压斩波电路及其波形，V 通时，电源 E 经 V 向 L 供电使其储能，此时电流为 i_1。同时，C 维持输出电压恒定并向负载 R 供电。V 断时，L 的能量向负载释放，电流为 i_2。负载电压极性为上负下正，与电源电压极性相反，该电路也称作反极性斩波电路。

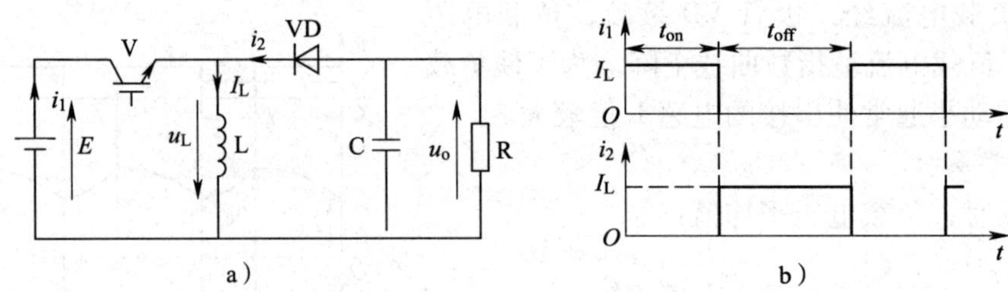

图 5—3—3　升压斩波电路及其波形

2．数量关系

一个周期 T 内电感 L 两端电压 u_L 对时间的积分为零：$\int_0^T u_L dt = 0$。当 V 处于通态期间，$u_L = E$，而当 V 处于断态期间，$u_L = -u_o$。

$$E \cdot t_{on} = U_0 \cdot t_{off} \tag{5—3—5}$$

$$U_0 = \frac{t_{on}}{t_{off}}E = \frac{t_{on}}{T - t_{on}}E = \frac{\alpha}{1 - \alpha}E \qquad \begin{cases} 0 < \alpha < 1/2 & \text{降压} \\ 1/2 < \alpha < 1 & \text{升压} \end{cases}$$

任务实施

本任务在分析斩波器原理的基础上，着重分析直流开关电源的基本原理。直流开关电源的基本原理与斩波电路的原理相同，都是开关型直—直变换电路。

1．直流开关电源的分类

斩波电路通过调节占空比来调节（稳定）输出电压。在斩波电路中嵌入一个高频变压器，用它实现电压的变换和输入、输出的隔离，就构成了开关电源电路。forward 开关电源变换器如图 5—3—4 所示。

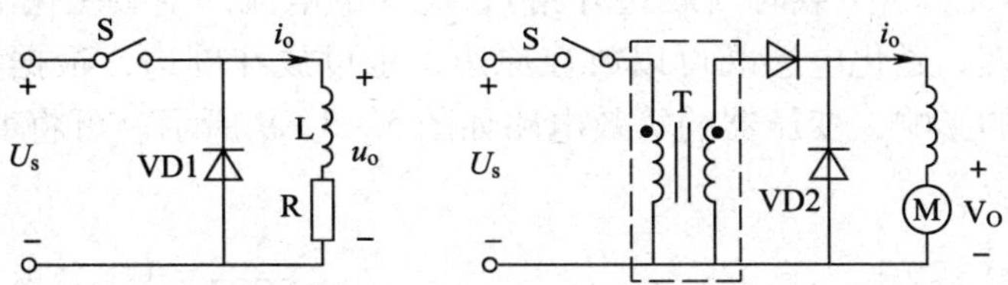

图 5—3—4　forward 开关电源变换器

由于变压器副边的直流阻抗为零，必须增加 VD2。一般将开关 S 放在低电位端。比较两个电路：开关合上负载得电；S 断开时 i_0续流两个电路有相同的工作过程和波形。除电气隔离外它们完全相同。同样，对如图 5—3—5 所示的 backfly 开关电源变换器电路，嵌入的高频变压器也可以按异名端方式联结。

当开关合上，电感充电储能，开关断开，电感释放能量。两个电路是完全相同的。这构成了两大类开关电源电路。前者称 forward 变换器，后者称 backfly 变换器。

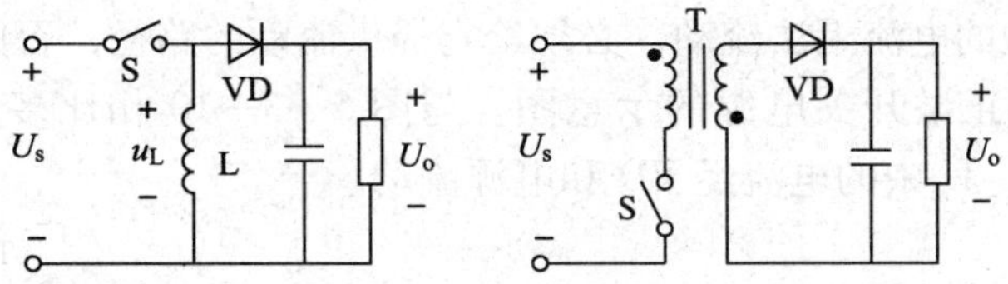

图 5—3—5　backfly 开关电源变换器

直流开关电源的基本结构分为正激与反激两大类。

在正激变换电路中，S 闭合时电源加在变压器原边，副边同名端出现高电位，VD1 通 VD2 断。电能从变压器传导至负载。直流开关电源的正激变换电路如图 5—3—6 所示。

在反激变换电路中，S 闭合时电源加在变压器原边，但由于变压器异名端联结 VD1 截止，变压器储能，i_S增大。S 断开时 VD1 导通，储能转移到副边电路，形成副边电流。直流开关电源的反激变换电路如图 5—3—7 所示。

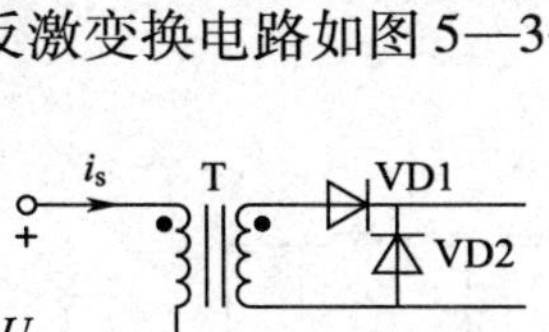

图 5—3—6　直流开关电源的正激变换电路

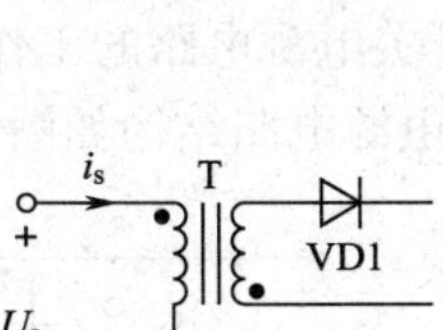

图 5—3—7　直流开关电源的反激变换电路

所谓单端是指电流只从变压器的一个端子流入。若电流分别从变压器的两个端子流入则称双端电路。单端电路简单，多在小功率电路中使用。

2．变压器的等效电路

实际变压器与理想变压器的差别：由于磁路的磁导率有限，当副边开路时原边也有电流流入，即有所谓的空载磁化电流，存在漏磁。

只考虑磁化电流时，变压器的等效电路如图 5—3—8 所示。实际变压器由理想变压器与一个激磁电感 L_m构成。当空载时（副边开路），L_m中的电流即空载磁化电流。

根据变压器原理，磁化电感既可以放在原边，也可放在副边，根据实际的需要来决定。若还需要考虑漏感的影响，变压器的等效电路如图 5—3—9 所示。可将变压器原边漏感折算到副边，反之也可以。

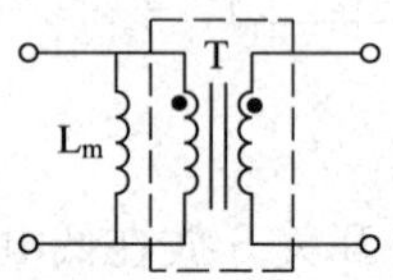

图 5—3—8　考虑磁化电流时变压器的等效电路

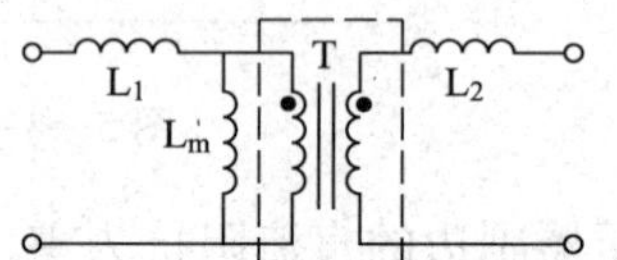

图 5—3—9　考虑漏感时变压器的等效电路

3. 单端正激开关电源的工作原理

为简化分析，只考虑变压器磁化电感，电路如图 5—3—10 所示。当 S 合上时，电源经理想变压器耦合到副边，VD1 通，VD2 断，负载得电。同时 L_m中的电流也增大。

当 S 断开时 L_m中的电流无法流动，必须给它提供流动的路径，否则会击穿开关 S。如图 5—3—11 所示为单端正激开关电源的示意图。与图 5—3—10 相比多了一个 VD 和电源 E。当 S 断开时 VD 导通，L_m中的电流经 VD 和电源流动。

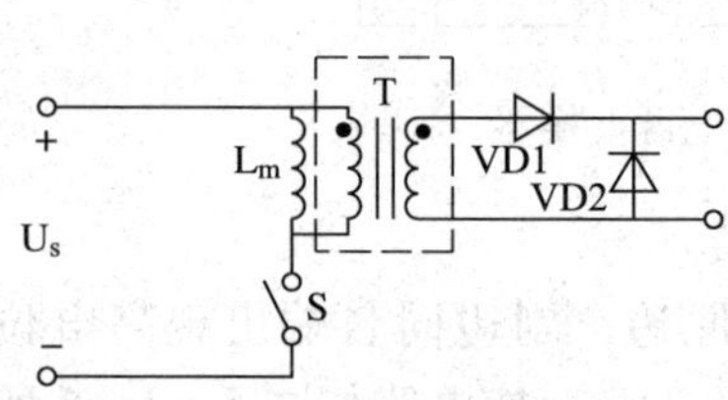

图 5—3—10　考虑变压器磁化电感时开关电源电路图

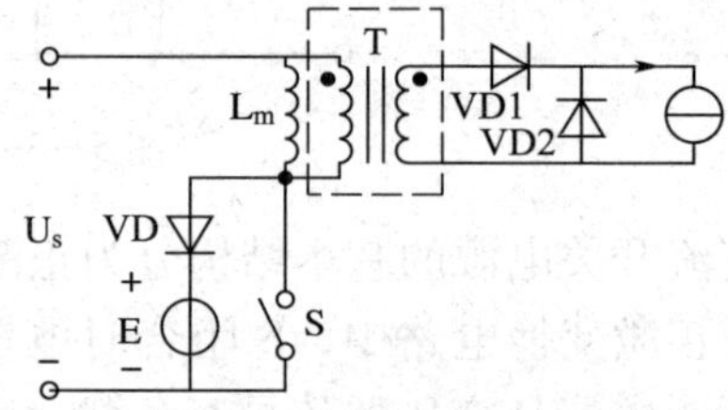

图 5—3—11　单端正激开关电源

4. 桥式开关电源电路的工作原理

桥式开关电源电路结构如图 5—3—12 所示。

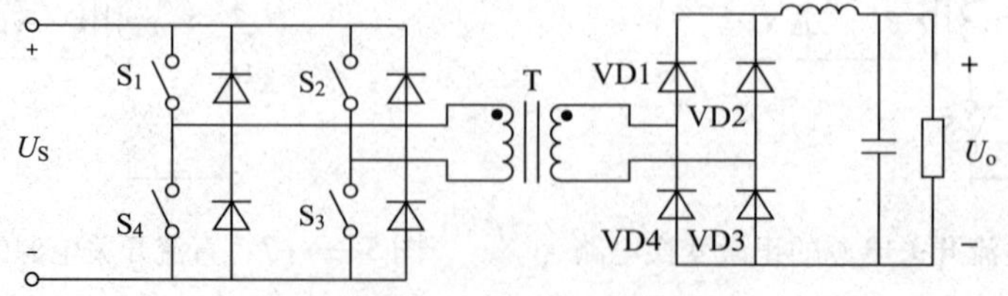

图 5—3—12　桥式开关电源电路结构

工作原理：当 S_1、S_3导通时，电压 U_S加到变压器原边，同名端为正，结果副边二极管 VD1、VD3 导通，给负载提供电能。当 S_2、S_4导通时，U_S从异名端加到变压器原边，经变压器耦合到副边，二极管 VD2、VD4 导通。当 S_1、S_3导通时电流从变压器同名端流入，从副边的同名端流出；S_2、S_4导通时电流从变压器同名端流出，从副边的同名端流入，即为双端变换器。如果正负半周对称工作，当正半周工作时，变压器的磁通增加量为正，而负半周工作时磁通增加量为负，在一个周期中净增量为零。即桥式电路不需要磁通复位电路，故该电路结构简单，效率高。

电路的特点：

（1）不需要专门的磁通复位电路，变压器利用好，效率高。工作时开关的电压电流“应力”小。

（2）开关的导通时间必须小于1/2 周期，否则不能实现磁通复位。

（3）可通过设计变压器来实现升降压，而用调节导通比来调节和稳定输出电压。

以上分析都是在理想情况下做出的。当变压器有磁化电流和漏电感时，电路的工作情况要复杂得多，控制方式也可能要发生变化。

任务 4　开关电源的工作原理分析

学习目标

1. 开关电源的结构、功能、特点及用途。
2. 理解整流器、逆变器和静态开关在开关电源中的作用。
3. 典型开关电源电路原理分析。

工作任务

开关电源是利用现代电力电子技术，控制开关管开通和关断的时间比率，维持稳定输出电压的一种电源。随着电力电子技术的发展和创新，使得开关电源技术也在不断地创新。目前，开关电源以小型、质轻和高效率的特点被广泛应用在几乎所有的电子设备，是当今电子信息产业飞速发展不可缺少的一种电源方式。

开关电源形象的理解就是这里有一扇门，一开门电源就通过，一关门电源就停止通过，那么什么是门呢，开关电源里有的采用晶闸管，有的采用开关管，这两个元器件性能差不多，都是靠基极（开关管）、控制极（晶闸管）上加上脉冲信号来完成导通和截止的，脉冲信号正半周到来，控制极上电压升高，开关管或晶闸管就导通，由整流、滤波后输出电压，通过开关变压器传到次级，再通过变压比将电压升高或降低，供各个电路工作。随着电力电子技术的高速发展，电力电子设备与人们的工作、生活的关系日益密切，而电子设备都离不开可靠的电源，进入 20 世纪 80 年代计算机电源全面实现了开关电源化，率先完成计算机的电源换代，进入 20 世纪 90 年代开关电源相继进入各种电子、电器设备领域，程控交换机、通信、电子检测设备电源、控制设备电源等都已广泛地使用了开关电源，更促进了开关电源技术的迅速发展。本任务的主要内容是学习开关电源的基本知识，并对电路工作原理等进行分析。

相关知识

一、认识开关电源

电力电子装置电源分为普通电源和特种电源，又可细分为开关电源、交流稳压电源、直流稳压电源、UPS 电源和适配器电源等。常见开关电源外形如图 5—4—1 所示。

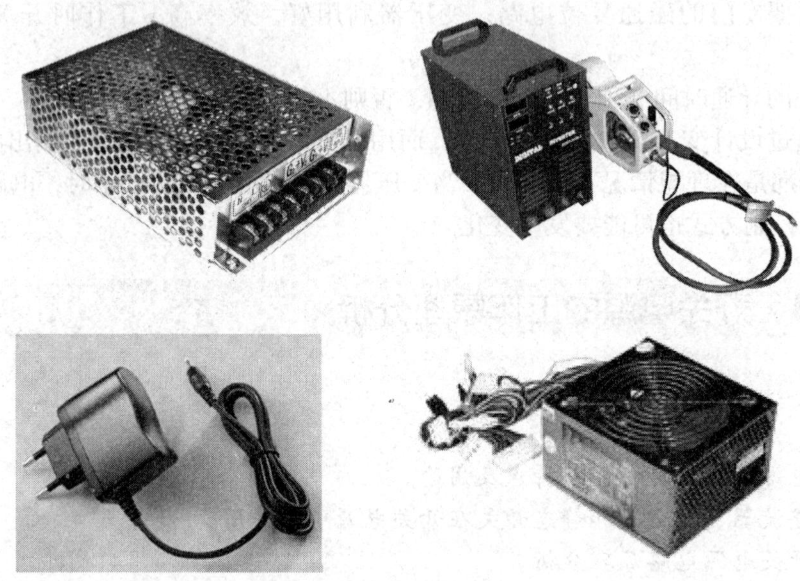

图 5—4—1　常见开关电源外形

二、开关电源的工作原理

稳压电源通常分为线性稳压电源和开关稳压电源。线性稳压电源是指起电压调整功能的器件始终工作在线性放大区的直流稳压电源。开关稳压电源简称开关电源（Switching Power Supply），是指起电压调整功能的器件始终以开关方式工作的一种直流稳压电源。

1. 线性稳压电源

线性稳压电源的优点是优良的纹波及动态响应特性。缺点：1）输入采用 50 Hz 工频变压器，体积庞大；2）电压调整器件工作在线性放大区内，损耗大，效率低；3）过载能力差。线性稳压电源方框图如图 5—4—2 所示。

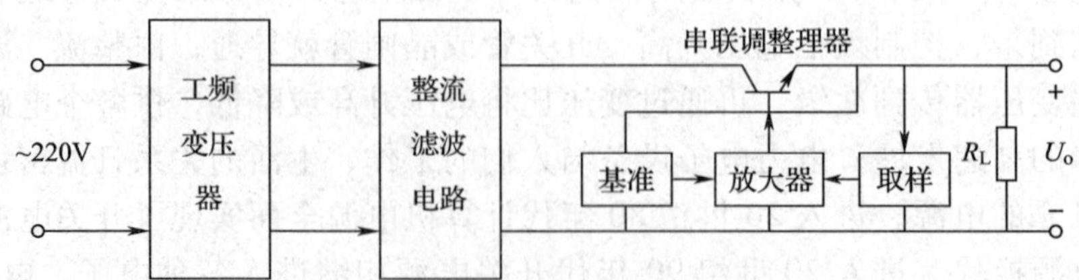

图 5—4—2　线性稳压电源方框图

2. 开关电源

开关电源工作原理框图如图 5—4—3 所示。50 Hz 单相交流 220 V 电压或三相交流

220 V/380 V 电压经 EMI 防电磁干扰电源滤波器，直接整流滤波，然后再将滤波后的直流电压经变换电路变换为数十或数百 kHz 的高频方波或准方波电压，通过高频变压器隔离并降压（或升压）后，再经高频整流、滤波电路，最后输出直流电压。

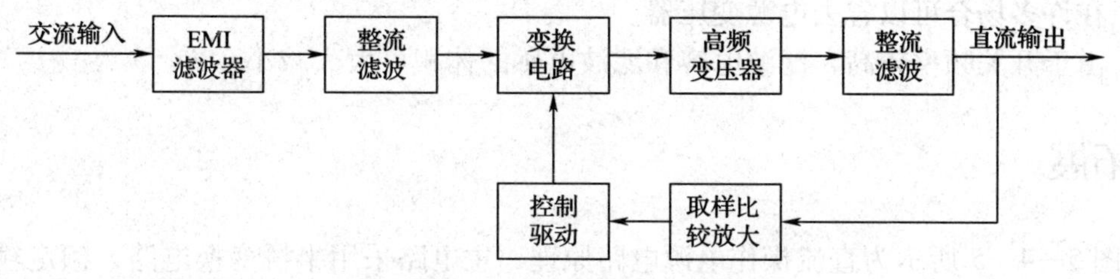

图 5—4—3 开关电源工作原理框图

任务实施

目前，开关型稳压电源已经比较成熟，其效率可达 90% 以上，造价低，体积小，广泛应用于各种电子电路之中。开关型稳压电源的缺点是纹波较大，用于小信号放大电路时，还应采用第二级稳压措施。开关型稳压电源原理如图 5—4—4 所示。它由电力晶体管、滤波电路、比较器、三角波发生器、比较放大器和基准源等部分构成。

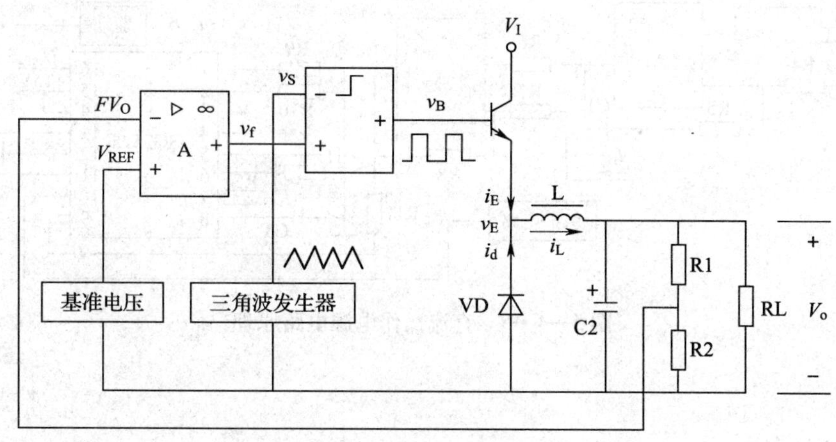

图 5—4—4 开关型稳压电源原理

三角波发生器通过比较器产生一个方波 v_B 去控制电力晶体管的通断。晶体管导通时，向电感充电。当晶体管截止时，必须给电感中的电流提供一个泄放通路。续流二极管 VD 即可起到这个作用，有利于保护晶体管。根据电路图的接线，当三角波的幅度小于比较放大器的输出时，比较器输出高电平，对应晶体管的导通时间为 t_{on}；反之输出为低电平，对应晶体管的截止时间 t_{off}。为了稳定输出电压，应按电压负反馈方式引入反馈，以确定基准源和比较放大器的连线。设输出电压增加，FV_O增加，比较放大器的输出 V_f减小，比较器方波输出的 t_{off}增加，晶体管导通时间减小，输出电压下降，起到了稳压作用。

由以上分析可以得出如下结论：

1. 调整管工作在开关状态，功耗大大降低，电源效率大为提高。
2. 调整管在开关状态下工作，为得到直流输出，必须在输出端加滤波器。
3. 可通过脉冲宽度的控制方便地改变输出电压值。
4. 在许多场合可以省去电源变压器。
5. 由于开关频率较高，滤波电容和滤波电感的体积可大大减小。

知识拓展

如图 5—4—5 所示为直流操作电源电路原理，主电路采用半桥变换电路，额定输出直流电压为 220 V，输出电流为 10 A。请大家查阅相关资料，并结合所学知识自行分析。

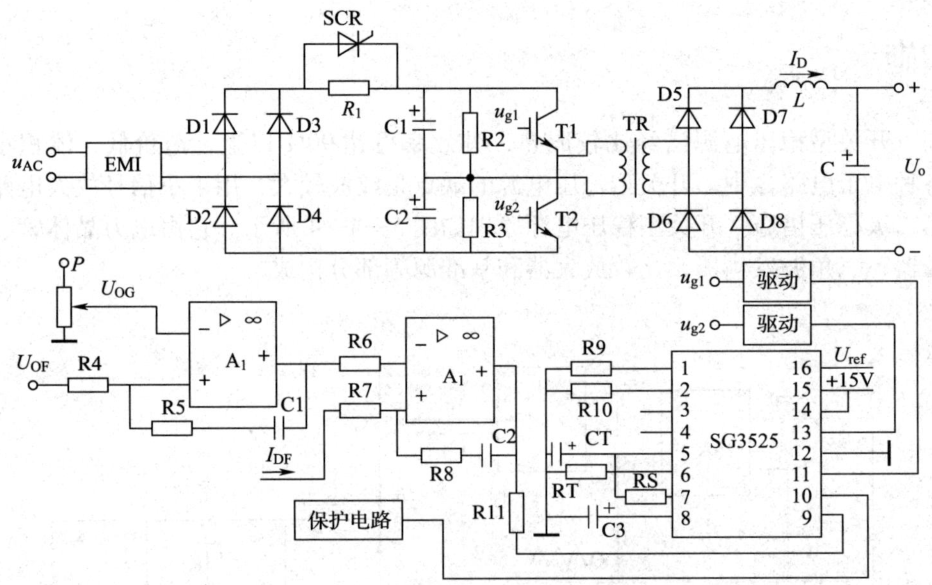

图 5—4—5　直流操作电源电路原理

项目六　中频加热电源

任务1　无源逆变电路的认识

学习目标

1. 掌握逆变电路的分类和换相方式。
2. 能够识读电压型逆变电路。
3. 能够识读电流型逆变电路。

任务描述

无源逆变电路的应用非常广泛，比如用蓄电池、太阳能电池（见图6—1—1）等直流电源向交流负载供电时，或者在需要较高频率电源的场合时，都需要无源逆变电路。

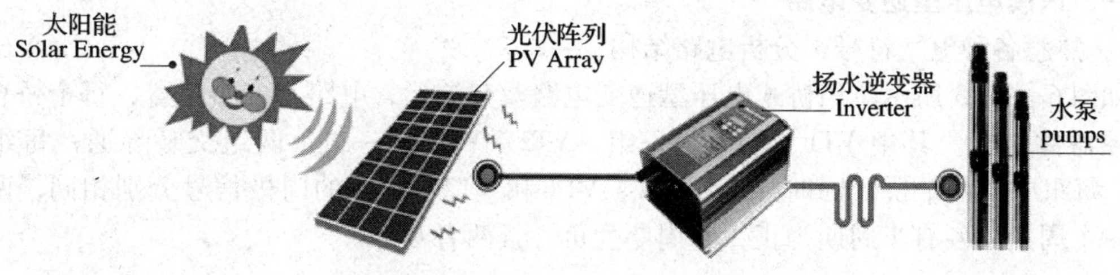

图6—1—1　太阳能蓄电池

本次任务的主要内容就是识读电压型和电流逆变电路，并分析电路的结构和原理。

相关知识

根据直流侧电源的性质，逆变电路分为电压型逆变电路和电流型逆变电路。直流侧为电压源的称为电压型逆变电路，直流侧为电流源的称为电流型逆变电路。

在逆变电路工作过程中，电流从一条支路转移到另一条支路的过程称为换流，也叫换相。在换相过程中，有的器件由断态转为通态，有的器件由通态转为断态。无论是全控型还是半控型器件，只要通过给控制极加适当的驱动信号，都可以从断态转为通态。而从通态转为断态的情况有所不同，根据器件关断的方式，将换相方式分为以下几种：

1. 器件换相

全控型器件具有自关断能力，可以通过对控制极的控制使其关断，这种换相方式称为器件换相。

2. 电网换相

由电网电压提供换相电压称为电网换相。如晶闸管整流和晶闸管有源逆变电路中，晶闸管的换相就是电网换相。

3. 负载换相

由负载提供换相电压称为负载换相。凡是负载电流相位超前负载电压的场合，如负载是容性时，都可实现负载换相。

4. 强迫换相

通过附加强迫关断电路对要关断的器件施加反压的换相方式称为强迫换相。如图 6—1—2 所示是直接耦合式强迫换相电路，由电容直接提供换相电压。当晶闸管导通时，预先给电容充电，充电电压极性如图 6—1—2 所示。当需要换相时就把开关 S 闭合，晶闸管就承受反压关断。

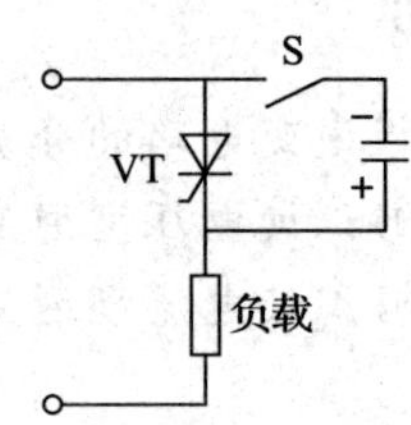

图 6—1—2　直接耦合式强迫换相电路

任务实施

一、识读电压型逆变电路

1. 熟悉各种电气符号，分析电路结构

如图 6—1—3 所示单相桥式电压型逆变电路及其波形，电路有四个桥臂，每个桥臂由一个可控器件组成。其中 VT1、VT4 是一组，VT2、VT3 是一组，两组交替导通，每组导通 180°，每组中的两个桥臂同时导通。VT1、VT4 和 VT2、VT3 的门极信号分别相同，两组信号在一个周期内各有半周期为正，半周期为负，且两者互补。

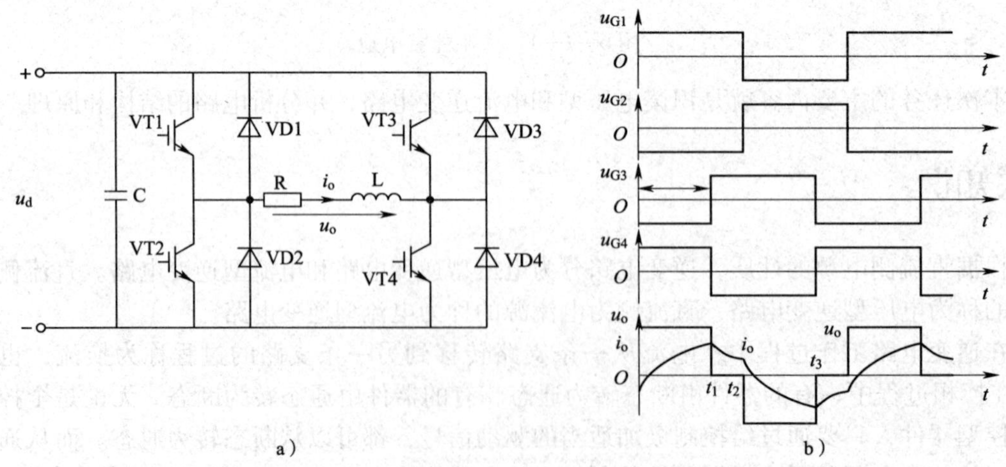

图 6—1—3　单相桥式电压型逆变电路及其波形

a）电路　b）波形

2．分析电路原理，得出工作波形

t_2时刻前，VT1 和 VT4 导通，VT2 和 VT3 关断，输出电压为正。在 t_2时刻，触发 VT2 和 VT3，并使 VT1 和 VT4 关断，由于电感的作用，电流 i_o极性不能立刻改变，而是维持原方向，所以电流经 VD2 和 VD3 续流。t_3时刻 i_o降为零，VD2 和 VD3 截止，VT2 和 VT3 导通，i_o反向。至 t_4时刻关断 VT2 和 VT3，并触发 VT1 和 VT4，i_o先经 VD1 和 VD4 续流。t_5时刻 i_o变为零后，VD1 和 VD4 截止，VT1 和 VT4 导通，i_o为正。t_2 ~ t_4时刻输出电压为负，t_4 ~ t_6时刻输出电压为正，输出电流 i_o滞后 u_o。

想一想

电压型逆变电路中采用哪种换相方式？如何实现？

二、识读电流型逆变电路

1．熟悉各种电气符号，分析电路结构

如图 6—1—4 所示是串联二极管的三相桥式晶闸管电流型逆变电路及其波形，该电路主要应用于中大功率的交流电动机调速系统。

u_d为直流电源，L_d为大电感，串在直流侧，所以该电路为电流型逆变电路。该电路由六个桥臂组成，每个桥臂上有一只晶闸管和与其串联的二极管构成，VT1 ~ VT6 为晶闸管，VD1 ~ VD6 为二极管，串联二极管用于承受反压。C1 ~ C6 为换相电容，M 为三相交流电动机。

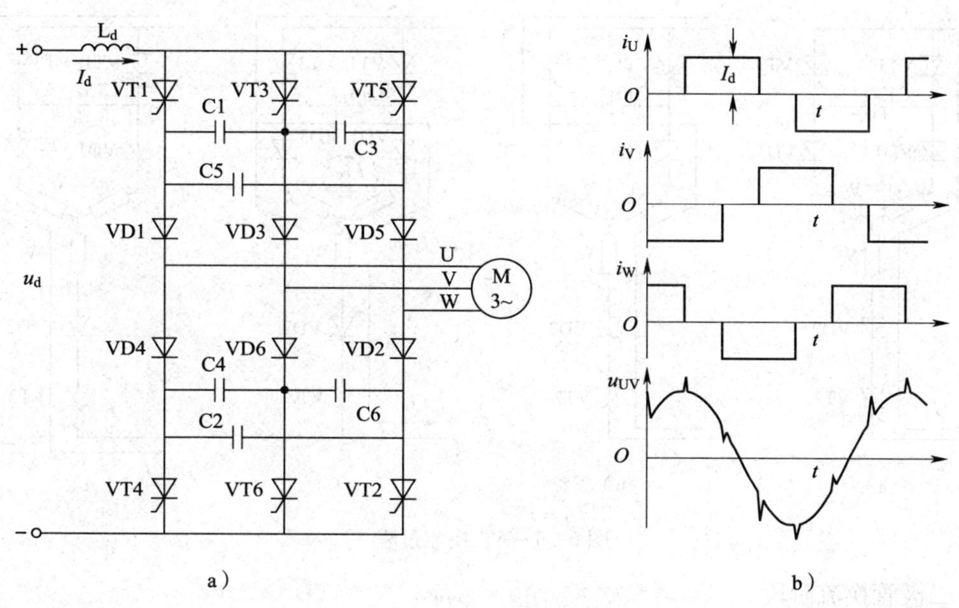

图 6—1—4　三相桥式电流型逆变电路及其波形

a）电路　b）波形

2．分析电路原理，得出工作波形

电路为 120°导电工作方式，VT1 ~ VT6 依次间隔 60°触发，每只晶闸管导通 120°，每个瞬间都有两只晶闸管导通，各桥臂之间换流采用强迫换流方式。设逆变电路进入稳定工作状态，换流电容已充电。

（1）输出波形

输出电流波形和负载性质无关，是正负脉冲各120°的矩形波。输出线电压波形和负载性质有关，大体为正弦波，如图6—1—4b所示。

（2）电容器充电规律

对共阳极晶闸管，与导通晶闸管相连一端极性为正，另一端为负。不与导通晶闸管相连的电容器电压为零。对于共阴极晶闸管，则电容器电压极性相反。

设C1～C6的电容量均为C，在换相过程等效的电容称为等效换流电容。如分析从VT1向VT3换流时，此时的换流电容用C13表示，它是C3与C5串联后再与C1并联的等效电容，则 $C_{13}=\dfrac{3C}{2}$。

（3）换流的过程

以VT1向VT3换流为例，换流前VT1和VT2通，C13电压 U_{C0} 左正右负，如图6—1—5a所示。换流过程分为恒流放电和二极管换流两个阶段。

1）恒流放电阶段

t_1 时刻触发VT3导通，VT1被施以反压。在 u_{C13} 下降到零之前，VT1都承受反压，反压时间大于VT1关断时间 t_q 就能保证其可靠关断。I_d 从VT1换到VT3，C13通过VD1、U相负载、W相负载、VD2、VT2、直流电源和VT3放电，放电电流一直为 I_d 不变，如图6—1—5b所示。

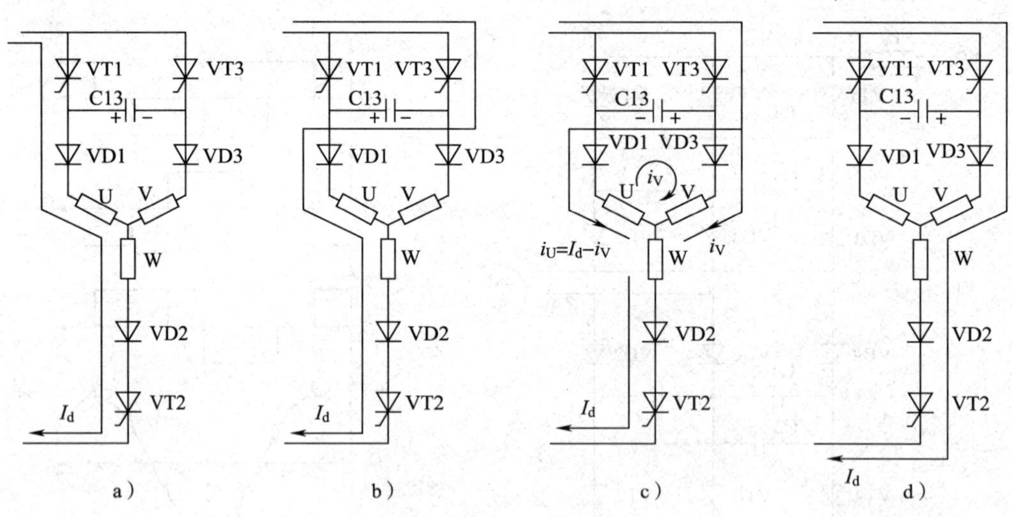

图6—1—5　换流过程

2）二极管换流阶段

t_2 时刻 u_{C13} 降到零，由于U相电感的作用，C13开始反向充电。设电动机反电动势为 $e_{VU}>0$，当 u_{C13} 上升到等于 e_{VU} 时，二极管VD3导通，流过的电流为 i_V。VD1流过的电流为 $i_U=I_d-i_V$，为充电电流。此时VD1和VD3同时通，进入二极管换流阶段。随着C13充电电压的增高，充电电流 i_U 逐渐渐小，而 i_V 逐渐渐大。设 t_3 时刻 i_U 减到零，则 $i_V=I_d$，VD1承受反压而关断，二极管换流阶段结束。之后VT2、VT3进入稳定导通阶段，如图6—1—5d所示。

若忽略负载电阻压降，则当 u_{C13} 等于零时，二极管 VD3 就导通，开始二极管换流，此后过程和前面分析相同。

（4）换流波形分析

接电感负载时，u_{C13}、i_U、i_V 及 u_{C1}、u_{C3}、u_{C5} 的波形如图 6—1—6 所示。其中，u_{C1} 的波形和 u_{C13} 完全相同，在换流过程中，从 U_{C0} 降为 $-U_{C0}$。而 C3 和 C5 是串联后再和 C1 并联的，电压变化的幅度是 C1 的一半。所以换流过程中，u_{C3} 从零变到 $-U_{C0}$，u_{C5} 从 U_{C0} 变到零，这些电压符合相隔 120°后从 VT3 到 VT5 换流的要求。

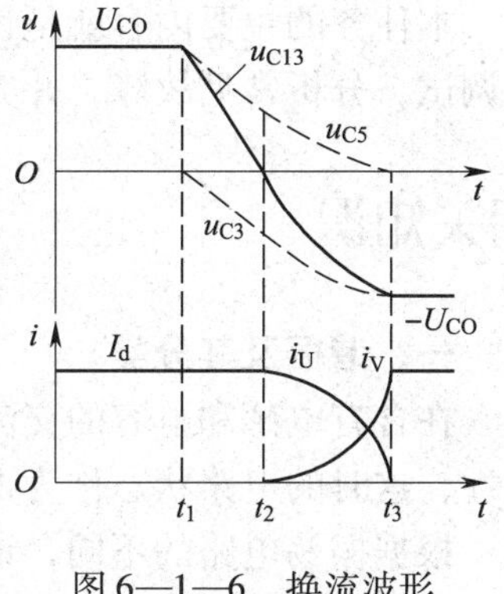

图 6—1—6　换流波形

想一想

电流型逆变电路中采用哪种换相方式？如何实现？

任务 2　中频电源电路的认识、调试与维修

学习目标

1. 掌握 RLC 串联谐振和并联谐振。
2. 掌握逆变电路的自动调频和启动。
3. 能够识读中频电路。
4. 掌握中频电源的调试步骤，能够对中频电源电路进行调试。
5. 掌握中频电源的常见故障，能够对出现的故障进行分析，并排除故障。

任务描述

在日常生活中，谐振电路的应用非常广泛。在电子和无线电设备中，经常要用到谐振电路从许多电信号中选取出所需要的电信号，而同时把不需要的电信号加以抑制或滤出，即完成调谐、滤波等功能。在电力系统中，有可能由于电路中出现谐振而产生过电流、过电压。中频加热感应电源是一种利用晶闸管元件构成谐振电路，把三相工频电流变换成某一频率的中频电流装置，广泛应用于感应熔炼和感应加热领域（金属熔炼、锻造、透热、表面热处理等）。常见中频电源的应用如图 6—2—1 所示。

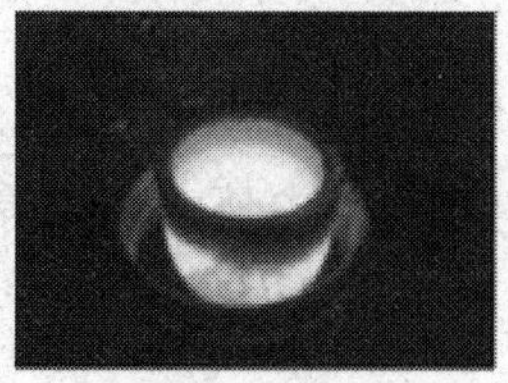

有色金属熔炼

各种刀具焊接

齿轮、链轮淬火

图 6—2—1　常见中频电源的应用

本任务的主要内容就是识读中频电源电路，分析电路的结构和原理，对中频加热电源进行调试，分析常见故障，并完成相关电路的安装、调试和维修。

相关知识

一、谐振及其分类

在含有电感和电容的交流电路中，若调节电路参数使得电流和电源电压同相，电路呈电阻性，这时的电路状态称为谐振，发生谐振的电路称为谐振电路。

根据振荡电路的不同，谐振电路分为串联谐振电路和并联谐振电路，在串联电路中发生的谐振称为串联谐振，在并联电路中发生的谐振称为并联谐振。

1．串联谐振电路

R、L、C 串联电路发生的谐振称为串联谐振，其电路如图 6—2—2 所示。

（1）串联谐振电路的参数

串联谐振电路的复阻抗：$Z=R+j\left(\omega L-\frac{1}{\omega C}\right)=R+j(X_L-X_C)$ （6—2—1）

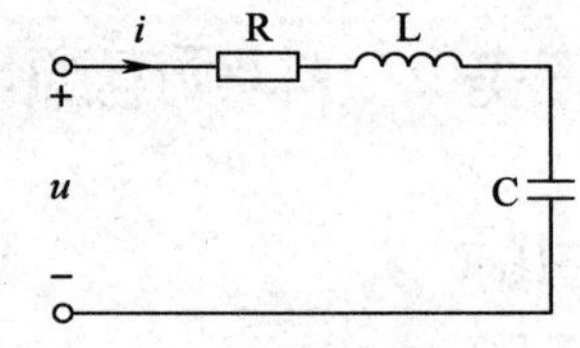

图 6—2—2 RLC 串联谐振电路

当 $X=X_L-X_C=0$，$Z=R$ 时，电路呈阻性，电压、电流同相位，电路发生谐振。电路发生谐振时的频率称为谐振频率，用 f_0 表示。串联谐振的条件：$f=f_0=\frac{1}{2\pi\sqrt{LC}}$。由于谐振频率仅与电路的 L 和 C 的值有关，所以谐振频率又称为电路的固有频率。

串联谐振时电路的特性阻抗用 ρ 表示，$\rho=\omega_0 L=2\pi f_0 L=\sqrt{\frac{L}{C}}$ （6—2—2）

特性阻抗单位是 Ω。ω_0为谐振角频率，$\omega_0=2\pi f_0=\frac{1}{\sqrt{LC}}$。

谐振电路的特性电阻和电路电阻的比值称为谐振电路的品质因数，用 Q 表示：$Q=\frac{\rho}{R}=\frac{\omega_0 L}{R}=\frac{1}{R}\sqrt{\frac{L}{C}}$ （6—2—3）

（2）串联谐振电路的特点

1）串联谐振时，电路呈阻性，电路的阻抗最小，$Z=R$。

2）串联谐振时，电流达到最大值，$\dot{I}=\frac{\dot{U}_s}{R}$，且与电压源电压同相。

3）串联谐振时，电阻上的电压等于电源电压，电感和电容上的电压大小相等，极性相反。

电感电压或电容电压的幅值是电源电压的 Q 倍，即 $U_L=U_C=QU_S$。当 $Q\gg1$ 时，$U_L=U_C\gg U_S$，这种串联电路的谐振称为电压谐振。

在电子和无线电电路中，常利用电压谐振的特性将微弱的信号进行放大，在电感或电容上得到较高电压。在电力系统中，串联谐振可能会产生过电压，应加以避免。

4）串联谐振时电路的总无功功率为零。电感和电容与电源电压之间没有能量交换，电源发出的功率全部被电阻吸收，电感和电容间进行电场能量和磁场能量的交换，谐振时电感和电容总能量保持定值。

2. 并联谐振电路

R、L、C 并联电路发生的谐振称为并联谐振，其电路如图 6—2—3 所示。其中，工程中常用的并联谐振电路是图 6—2—3b。

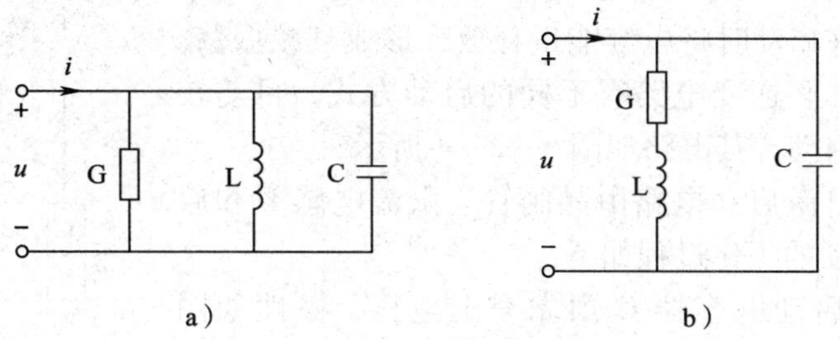

图 6—2—3　RLC 并联谐振电路

（1）并联谐振电路的参数

并联谐振电路的总导纳：$Y = G + jB = G + j\ (B_C - B_L)$　　（6—2—4）

当 $B = B_C - B_L = 0$，$Y = G$ 时，电路呈阻性，电压、电流同相位，电路发生谐振。

并联谐振的条件：$\omega_0 = \sqrt{\frac{1}{LC} - \left(\frac{R}{L}\right)^2}$　　（6—2—5）

由于实际并联谐振电路中线圈本身的电阻很小，所以在高频电路中满足 $R \ll \omega_0 L$ 或 $R \ll \sqrt{\frac{L}{C}}$，所以上式可简写成：$\omega_0 \approx \frac{1}{\sqrt{LC}}$　　（6—2—6）

发生谐振时电路的阻抗最大，$R_0 = \frac{L}{RC}$。

并联谐振电路的品质因数为谐振时的感纳或容纳与输入电导的比值：

$$Q = \frac{\omega_0 C}{G} = \frac{\omega_0 C}{\frac{1}{R_0}} = \frac{\omega_0 C}{\frac{RC}{L}} = \frac{\omega_0 L}{R} \qquad (6—2—7)$$

（2）并联谐振电路的特点

1）并联谐振时，电路呈阻性，电路的阻抗最大，$Z = R_0$。

2）并联谐振时，回路电压最大，$\dot{U}_o = \frac{\dot{I}_s}{G}$，且与电流源同相。

3）并联谐振时，电阻上的电流等于电源电流，电感和电容上的电流大小相等，极性相反。电感电流或电容电流的幅值是电源电压流的 Q 倍，即 $I_L = I_C = QI_S$。当 $Q \gg 1$ 时，$I_L = I_C \gg I_S$，这种串联电路的谐振称为电流谐振。

二、逆变电路的自动调频和启动

固定工作频率的方式称为他励方式，工作频率自动调整适应负载变化的方式称为自励方式。在中频加热和熔炼过程中，负载线圈参数是随时间变化的，固定的工作频率无法保证晶

闸管的反压时间 t_β 大于关断时间 t_q，从而可能导致逆变失败。所以并联逆变电路必须采用自动调频，使工作频率适应负载的变化而自动调整。

并联逆变电路采用自动调频时，逆变触发器的控制信号取自负载端，但在启动以前负载端没有输出，因此逆变触发器也就无法获得信号来产生触发脉冲去触发晶闸管，所以自励方式存在启动问题。

解决启动问题的方法有两个：一是先用他励方式，系统开始工作后再转入自励方式；二是专门增设启动电路，预先给启动电容充电，在启动时将电容能量释放，形成衰减振荡，实现自励。不同的并联逆变电路有不同的启动方式，目前较普遍采用的是自激启动，其电路如图 6—2—4 所示。

并联逆变电路自激启动电路由晶闸管、限流电感 L 和启动电容 C 构成。启动的工作过程如下：

利用整流器给启动电容器 C 预先充上电压，极性如图 6—2—4 所示，做好启动前的准备。按下逆变启动信号键后，触发导通启动晶闸管，此时 C 上原先充的电荷迅速向 L_H、C_H 振荡回路放电，经过第一次振荡使 C 上的电压极性反过来，从而关断起动晶闸管 VT。当 L_H、C_H 产生衰减振荡后，电压互感器 TV 和电流互感器 TA 便可检出信号，送至脉冲形成电路经脉冲功放，而产生两组相差 180°的触发脉冲去触发逆变晶闸管。

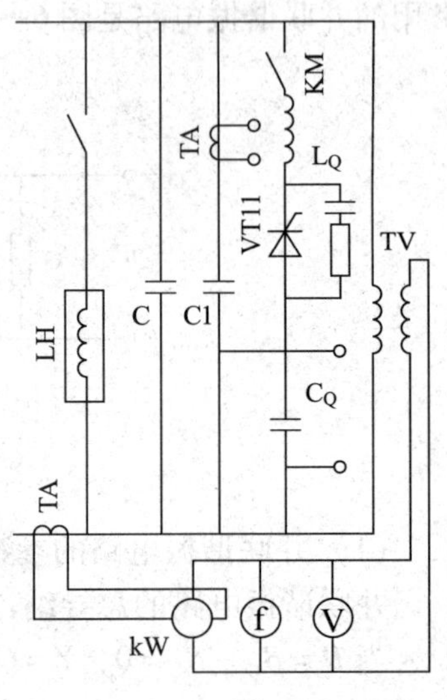

图 6—2—4　自激启动电路

任务实施

一、识读中频电路

KGPS－1 中频电源装置的主电路如图 6—2—5 所示。

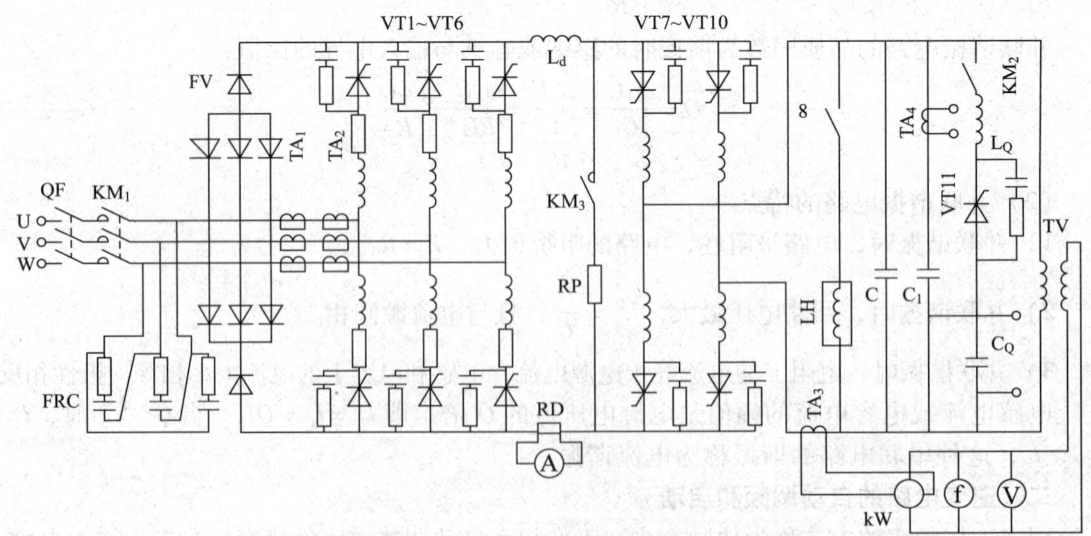

图 6—2—5　KGPS－1 中频电源装置的主电路

1．熟悉各种电气符号，分析电路结构

图 6—2—5 中中频电源装置是采用晶闸管元件，将三相工频交流电整流为直流，经电抗器平波后，成为一个恒定的直流电流源，再经单相逆变桥，把直流电流逆变成一定频率的单相中频电流。负载是由感应线圈和补偿电容器组成的并联谐振电路。输出频率是 LC 并联振荡器的振荡频率 f_0，输出功率可以通过调节整流触发延迟角来改变整流输出电压，以达到调整功率的目的。其中，晶闸管 VT1 ~ VT6 接成三相桥式全控整流电路，晶闸管 VT7 ~ VT10 组成逆变桥，L_H 为感应加热炉。

2．分析整流电路

380 V 三相工频电网电压（U、V、W）经低压断路器 QF、接触器 KM1 为电路供电，晶闸管 VT1 ~ VT6 接成三相桥式全控整流电路，可以获得较为平滑的电流波形，并且通过脉冲移相，可实现拉逆变工作状态。

在电源输入端接入的 FRC 为 R、C 组成的阻容吸收装置，FV 为硒堆组成的过电压保护装置，作用是避免电网中出现的操作过电压和其他故障可能产生的浪涌电压危害晶闸管。

每个晶闸管都串有空心电感器、电阻、电容以及快速熔断器组成的晶闸管保护电路，用来限制电流上升率。

RD 为分流器，电路中的整流电流流过分流器进行检测，经电感 L_d 滤波。RP 是引流电阻，接触器 KM_3 控制其通断。TA1、TA2 为电流互感器，装在交流电源线上，用于电路的截流和过电流保护。

3．分析逆变电路

并联谐振式逆变电路波形如图 6—2—6 所示。

晶闸管 VT7 ~ VT10 组成单相桥式逆变电路，电路由四个桥臂组成，每个桥臂上由一只晶闸管和其串联的电抗器 L_T 构成，L_T 用来限制晶闸管导通时的电流上升率。使 VT7、VT10 和 VT8、VT9 轮流导通，就可以在负载上得到一个交流电源。

感应加热炉 L_H 为逆变桥的负载，C 为并联电容，是为补偿电路无功加入的。并联电容使得负载略呈容性，即负载电流略超前负载电压。L_H 和 C 构成的并联谐振电路，此时的逆变属于无源逆变。并联谐振电路对电源呈高阻抗，需要电流源供电，所以在直流侧串联大电感 L_d。

电容 C_Q、电感 L_Q 及晶闸管 VT11 构成启动电路。中频电流互感器 TA3、中频电压互感器 TV 用于检测逆变器的中频电流和电压，电流互感器 TA4

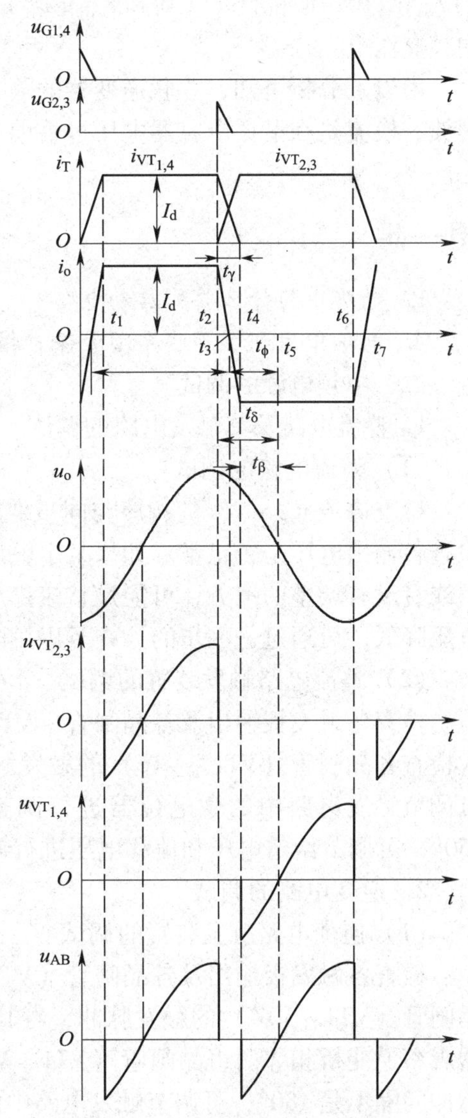

图 6—2—6　并联谐振式逆变电路波形

所检测的信号用作自动调频用。

$t_1 \sim t_2$时刻晶闸管 VT7 和 VT10 导通，负载电流为 $i_o = I_d$，近似为恒值。t_2时刻之前在电容 C 上（即负载上）建立了左正右负的电压。

t_2时刻触发 VT8 和 VT9 导通，此时 VT8、VT9 的阳极电压等于负载电压（为正），所以 VT8、VT9 导通，进入换相阶段。由于 L_T的作用，VT7 和 VT10 没有立刻关断。电容 C 上的电压经电路 L_{T7}、VT7、VT9 、L_{T9}、C 和电路 L_{T8}、VT8、VT10 、LT10、C 放电，两回路并联。VT7 和 VT10 流过的电流逐渐减小，同时 VT8 和 VT9 中的电流逐渐增大。至 t_4时刻，VT7 和 VT10 流过的电流减小到零而关断，电流全部转移到 VT8 和 VT9 上，换相过程结束。

$t_4 \sim t_6$期间，VT8、VT9 稳定导通，t_6时刻之后又会经过一次换相，从 VT8、VT9 换到 VT7、VT10。使桥臂 7、10 和 8、9 以 1 000 ~ 1 500 Hz 的中频轮流导通，则可在负载上得到中频交流电。

由以上分析可知，并联逆变器的输入电流恒定，输出电压近似为正弦波，输出电流为矩形波，换流是在谐振电容器电压过零前进行的，负载电流超前电压，电路工作在容性负载状态。

想一想

1. 电路中为什么要加启动电路?

2. 电路中用到了哪些晶闸管保护措施?

二、中频电源的调试

1. 整流电路及其触发电路的调试

（1）整流电路的调试

检查进线 u、v、w 的相序与同步变压器二次侧 u、v、w 相序是否相符，接通控制电源，检查各输出电压是否正常。如果某个电压不符，检查是否有可调整的地方。如果调整不起作用或者没有调整的地方，可能是整流稳压电路板元件损坏，也可能是负载短路致使电源输出电压降低，可通过进一步的检查予以排除。

（2）整流电路触发装置的调试

检查各触发板输出及各晶闸管（VT1 ~ VT6）门极接线是否与图相符，用双踪示波器依次检查各晶闸管（VT1 ~ VT6）的触发脉冲是否按规定顺序依次相差 60°，如间隔不是 60°，可调节触发电路中的微电位器进行调整。观察触发脉冲的移相范围，如移相范围达不到 150°，可调节给定电压和偏移电压进行调整。

2. 逆变电路的调试

（1）逆变电路触发装置的调试

检查各触发板输出及各晶闸管（VT1 ~ VT4）门极接线是否与图相符。用滤波器观察各晶闸管（VT1 ~ VT4）的触发脉冲，看其脉冲幅值、前沿和宽度是否满足要求。用双踪示波器观察逆变桥相邻两组晶闸管（VT1、VT2 或 VT3、VT4）的触发脉冲间隔和移相范围，如脉冲间隔不是 180°，可调节触发电路中的微电位器进行调整。如移相范围不足，可调节给定电压和偏移电压进行调整。

（2）启动电路的调试

给电容 C_Q 加上充电电压，5 ~ 10 s 后断开，闭合 KM2，电容 C_Q 放电，此时发出中频嘘叫声，中频电压表有相应指示，逆变启动成功，否则表示启动失败。

（3）保护电路的调试

调节过电压保护整定电位器使过电压保护动作，过电压保护指示灯亮，则过电压保护调整完毕。

三、中频电源的故障排除

1．整流电路中的常见故障

（1）频繁烧坏晶闸管，更换后又烧坏

分析：保护电路故障造成晶闸管过电流或过电压损坏，冷却系统失灵造成晶闸管过热损坏或整流电路故障或干扰信号造成晶闸管误导通。

（2）整流桥无输出或输出电压波形不正常，熔断器和晶闸管 VT1 ~ VT6 都是完好的。

分析：三相交流电源故障、晶闸管控制极回路断开、整流触发脉冲缺失或幅值低、脉冲太窄、触发功率不足，不能触发晶闸管导通。

（3）设备工作不稳定，直流电抗器发出异常声音，频繁出现过流保护和烧毁快速晶闸管。

分析：冷却不好或电抗器线圈松动造成绝缘层不好，引起短路，造成电抗器的电感量突跳和强电磁干扰，使设备工作不稳定，产生异常声音，频繁过流，烧毁晶闸管。

2．逆变电路中的常见故障

（1）设备无法启动，启动时只有直流电流表有指示，直流电压表和中频电压表均无指示。

分析：逆变触发电路有缺相现象，或逆变晶闸管击穿。

（2）启动困难，启动时直流电流大，中频电压高于直流电压。

分析：逆变桥有一只晶闸管短路或开路，造成逆变桥三臂桥运行。用示波器分别观察逆变桥的四个桥臂上的晶闸管管压降波形，若有一桥臂上的晶闸管的管压降波形为一线，则该晶闸管已击穿，更换已击穿晶闸管；若为正弦波，则该晶闸管未导通，查找晶闸管未导通的原因。

（3）启动时直流电流大，直流电压低，中频电压不能正常建立。

分析：此时补偿电容短路，断开电容，用万用表查找短路电容，更换短路电容。

（4）设备能正常顺利启动，当功率升到某一值时，过压或过流保护动作。

分析：将设备空载运行观察电压，若电压不能升到额定值，并且多次在电压某一值附近过流保护，可能是补偿电容或晶闸管的耐压不够造成的。用万用表测量晶闸管阳极和阴极间的正反向阻值，当正向阻值很大，反向阻值在 30 kΩ 以下时，表示晶闸管反向耐压低，更换晶闸管即可。

3．保护电路

（1）设备运行正常，但在正常过流保护动作时，烧毁多只晶闸管和快熔。

分析：过流保护时，为了向电网释放平波电抗器的能量，整流桥由整流转为逆变状态，可能是逆变角过小造成逆变失败，烧毁多只晶闸管和快熔，开关跳闸，并伴随有巨大的电流短路爆炸声，对变压器产生较大的电流和电磁力冲击，严重时会损坏变压器。

（2）晶闸管烧坏后，更换新的晶闸管后又烧坏。

分析：与烧坏晶闸管相连的阻容保护电阻断线电容失效，或相应位置的脉冲变压器绝缘不良、控制极接线接触不良，或晶闸管散热器内部腐蚀严重或水垢太厚引起散热不良造成烧坏晶闸管。可通过更换电容、将接线焊牢或换新的脉冲变压器、更换散热器等方法解决。

想一想

中频电源电路还有哪些故障？如何排除？

项目七　变 频 电 路

任务1　变频器的认识

学习目标

1. 掌握通用变频器的基本结构。
2. 掌握通用变频器的工作原理。
3. 理解通用变频器的分类。
4. 理解通用变频器的额定值及相关参数。
5. 理解SPWM控制的基本原理。

任务描述

变频器是利用电力半导体器件的通断作用将工频电源变为另一频率的电能控制装置。功用是将频率固定不变（通常为工频50 Hz）的交流电（三相的或单相的）变换为频率连续可调（多数为0～400 Hz）的三相交流电源。

电力电子器件是变频器发展的基础，计算机技术和自动控制理论是变频器发展的支柱。电力电子器件由最初的半控器件SCR，发展为全控器件GTR、GTO、MOSFET，到复合型器件IGBT，再到模块化的PIC和IPM，单个器件的电压值和电流值的定额越来越大，工作速度越来越高，驱动功率和管耗越来越小。变频技术的核心控制由单片机完成，这些新技术和自动控制理论使变频器的容量越来越大，功能越来越强。

交流电机变频调速已成为当代电动机调速的潮流，它以体积小、质量轻、转矩大、精度高、功能强、可靠性高、操作简便、便于通信等功能优于以往的任何调速方式，因而在钢铁、有色、石油、石化、化纤、纺织、机械、电力、电子、建材、煤炭、医药、造纸、注塑、卷烟、吊车、城市供水、中央空调及污水处理等行业得到普遍应用。变频器产生的最初用途是速度控制，但目前在国内应用较多的是节能。本任务的主要内容就是认识常见的变频器设备，学习相关的基础知识。

相关知识

一、变频调速原理

异步电动机的转速 n 可以表示为：

$$n = \frac{60f}{p}(1-s) = n_2 - \Delta n_1$$

式中 n_2——同步转速；

Δn_1——转差损失的转速；

p——磁极对数；

s——转差率；

f——电源的频率。

可见，改变电源频率就可以改变同步转速和电动机转速。

频率的下降会导致磁通的增加，造成磁路饱和，励磁电流增加，功率因数下降，铁芯和线圈过热，显然这是不允许的。为此，在降频的同时还要降压。这就要求频率与电压协调控制。此外，在许多场合，为了保持在调速时，电动机产生最大转矩不变，也需要维持磁通不变，这由频率和电压协调控制来实现，故称为可变频率可变电压调速（VVVF），简称变频调速。

二、通用变频器的类别

变频器按照变换环节分类有两种，一是交—直—交类型变频器，适用于高速小容量电动机；二是交—交类型变频器，适用于低速大容量拖动系统。其中，交—直—交类型变频器按照滤波环节分类如下：

1．电压源型变频器

在交—直—交变压变频装置中，当中间直流环节采用大电容滤波时，直流电压波形比较平直，在理想情况下是一个内阻抗为零的恒压源，输出交流电压是矩形波或阶梯波，这类变频装置叫作电压源型变频器，如图 7—1—1a 所示。由于滤波电容上的电压不能发生突变，所以电压源型变频器的电压控制响应慢，适合作为多台电动机同步运行时的供电电源但不要求快速加减速的场合。

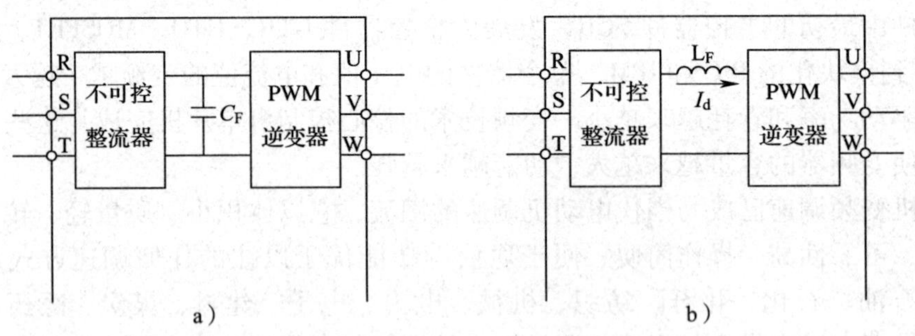

图 7—1—1　电压源型和电流源型交—直—交变频器

a）电压源型　b）电流源型

2．电流源型变频器

当交—直—交变压变频装置的中间直流环节采用大电感滤波时，直流电流波形比较平直，因而电源内阻抗很大，对负载来说基本上是一个电流源，输出交流电流是矩形波或阶梯波，这类变频装置叫作电流源型变频器，如图 7—1—1b 所示。由于滤波电感上的电流不能发生突变，所以电流源型变频器对负载变化的反应迟缓，不适用于多电动机传动，而更适用于一台变频器给一台电动机供电的单电动机传动，但可以满足快速启动、制动和可逆运行的要求。

三、通用变频器的额定值及相关参数

1. 输入侧的额定值

中、小容量通用变频器输入侧的额定值主要指电压和相数。在我国，输入电压的额定值（指线电压）有3相380 V、3相220 V（主要是进口变频器）和单相220 V（主要用于家用电容小容量变频器）三种。此外，输入侧电源电压的频率一般规定为工频50 Hz或60 Hz。

2. 输出侧的额定值

（1）输出电压 U_N

由于变频器在变频的同时也要变压，所以输出电压的额定值是指输出电压中的最大值。

（2）输出电流 I_N

I_N是指允许长时间输出的最大电流，是用户在选择变频器时的主要依据。

（3）输出容量 S_n

$$S_n = \sqrt{3}U_N I_N。$$

（4）过载能力

变频器的过载能力是指允许其输出电流超过额定电流的能力，大多数变频器都规定为150% I_N、1 min或180% I_N、0.5 s。

3. 频率指标

变频器的频率指标包括频率范围、频率稳定精度和频率分辨率。

（1）频率范围以变频器输出的最高频率 f_{max} 和最低频率 f_{min} 标示，各种变频器的频率范围不尽相同。通常，最低工作频率为0.1～1 Hz，最高工作频率为200～500 Hz。

（2）频率稳定精度也称频率精度，是指在频率给定值不变的情况下，当温度、负载变化，电压波动或长时间工作后，变频器的实际输出频率与给定频率之间的最大误差与最高工作频率之比（用百分数表示）。

（3）频率分辨率是指输出频率的最小改变量，即每相邻两挡频率之间的最小差值。对于数字设定式的变频器，频率分辨率取决于计算机系统的性能，在整个调频范围（如0.5～400 Hz）内是一个常数（如±0.01 Hz）。对于模拟设定式，频率的分辨率还与频率给定电位器的分辨率有关，一般可以达到最高输出频率的±0.05%。

任务实施

相对于工业化国家来说，我国变频器行业起步比较晚，到20世纪90年代初，国内企业才开始认识变频器的作用并开始尝试使用。我国变频器的发展大致可以分为以下几个阶段：

1. 变频器研制阶段

这个阶段始自20世纪70年代末到80年代中期，主要是天津电气传动所（电压型）和西安电力电子技术所（电流型）研制出的产品，但可靠性差，需要完善。20世纪80年代初，大连电机厂引进了日本东芝技术，装备出产品，有一定影响。

2. 通用变频器国外进口阶段

20 世纪 80 年代中到 90 年代末，十多年时间主要是引进国外变频器，最早的是日本三垦 SVF 型和日本富士 G5/P5 型，北京和深圳为最早引进的两个城市，对钢铁、石油、石化、化工、化纤、供水等行业影响较大。接着，三菱、安川、东芝、松下、明电舍、ABB、AB、西门子、丹佛斯、伦茨等相继进入中国，使通用变频器的应用更加广泛。这期间西门子、ABB、AB、罗宾康、西技来克的高压变频器有了一定的应用。台湾普传、成都佳灵、山东惠丰都研制出国产变频器。天传所和冶金自动化院研制出交—交变频装置。部分常见品牌变频器如图 7—1—2 所示。

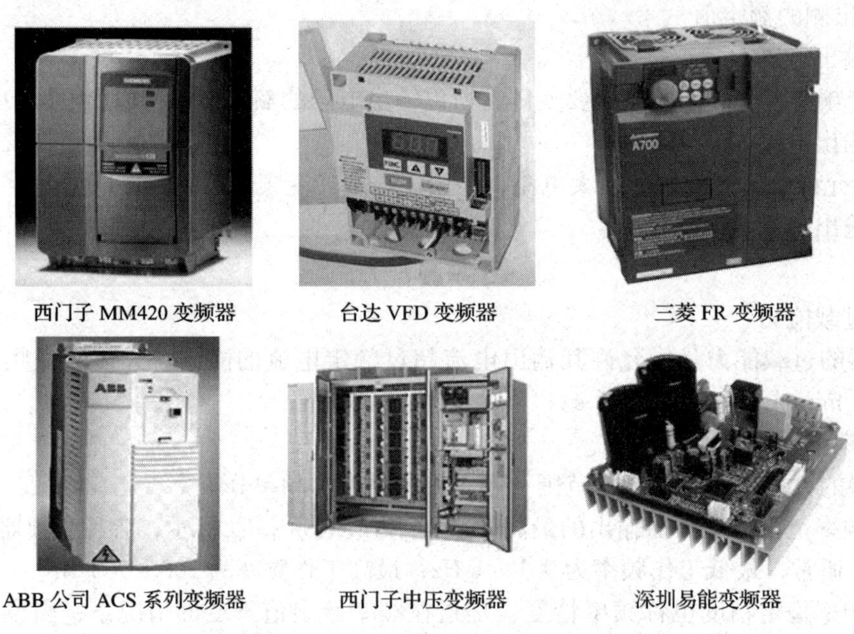

西门子 MM420 变频器　台达 VFD 变频器　三菱 FR 变频器

ABB 公司 ACS 系列变频器　西门子中压变频器　深圳易能变频器

图 7—1—2　部分常见品牌变频器

3. 通用和高压变频大发展阶段

20 世纪 90 年代末到现在是通用变频和高压变频大发展阶段。这个阶段有 4 个特点：(1) 国外名牌全部进入中国并有部分在中国建厂；(2) 压频式国产通用变频器有 170 多种；(3) 高压变频器除国外品牌外，出现了 20 多家；(4) 无论通用变频器或高压变频器技术都有相当大的提高，技术更臻成熟，使用领域更加广阔。

随着国内企业对变频器认识的深入和大量外国产品的入境，我国变频器市场得以快速启动。20 世纪 80 年代中期，我国变频器年销售量仅为数千万元，几乎都是国外品牌，经过十余年的推广和使用，变频器已得到广大企业用户的认可，20 世纪 90 年代，变频器才得以大规模进入中国，在空调、电梯、冶金、机械、电子、石化、造纸、纺织等行业有十分广阔的应用空间。

知识拓展

PWM（Pulse Width Modulation）控制——脉冲宽度调制技术，通过对一系列脉冲的宽度进行调制，来等效地获得所需要波形（含形状和幅值）。PWM 控制技术一直是变频技术的核心技术之一。其理论基础为采样控制理论，是指冲量相等而形状不同的窄脉冲加在具有惯性的环节上时，其效果基本相同。冲量是指窄脉冲的面积。效果基本相同是指环节的输出响应波形基本相同。将输出波形进行付氏分解，低频段非常接近，仅在高频段略有差异。典型惯性环节就是电感负载。

用一系列等幅不等宽的脉冲来代替一个正弦半波，正弦半波 N 等分，每一区间的面积用与其相等的等幅不等宽的矩形面积代替，正弦的正负半周均如此处理，且中点重合，面积（冲量）相等，宽度按正弦规律变化，由此等效的波形称为 SPWM 波。要改变等效输出正弦波幅值，按同一比例改变各脉冲宽度即可。SPWM 调制原理等效波形图如图 7—1—3 所示。

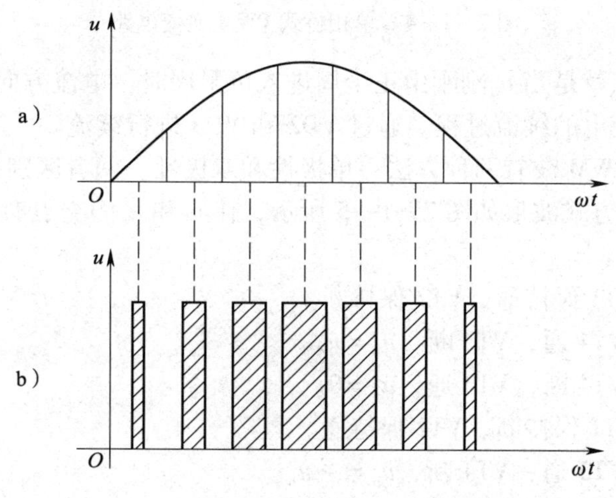

图 7—1—3　SPWM 调制原理

SPWM 控制方式：SPWM 控制技术有单极性控制和双极性控制两种方式。如果在正弦调制波的半个周期内，三角载波只在正或负的一种极性范围内变化，所得的 SPWM 波也只处于一个极性的范围内，叫作单极性控制方式。如果在正弦调制波的半个周期内，三角载波在正负极性之间连续变化，则 SPWM 波也在正负之间变化，叫作双极性控制方式。

PWM 波形可等效成各种波形，如直流斩波电路等效直流波形、SPWM 波等效正弦波形。还可以等效成其他所需波形，如等效所需非正弦交流波形等，其基本原理和 SPWM 控制相同，也基于等效面积原理。目前，中、小功率的逆变电路几乎都采用 PWM 技术，逆变电路是 PWM 控制技术最为重要的应用场合。PWM 逆变电路也可分为电压型和电流型两种，目前使用的 PWM 逆变电路几乎都是电压型电路。

单相桥式 PWM 逆变电路如图 7—1—4 所示。图 7—1—4 中 VT1 和 VT2 通断互补，VT3 和 VT4 通断互补。控制规律如下：

u_o正半周，对应于 VT1 一直通，VT2 一直断，VT3 和 VT4 交替通断。当 VT4 导通时，R、L 两端电压为 u_d，即 u_o等于 u_d。当 VT3 导通时，实际上此时电流从 VD3 进行续流，注意，VT3 中并没有流过电流，R、L 两端电压 $u_o=0$。u_o负半周，让 VT2 一直通，VT1 一直断，VT3 和 VT4 交替通断。导通规律和上面类似，注意，续流的通道是 VT2 和 VD4。

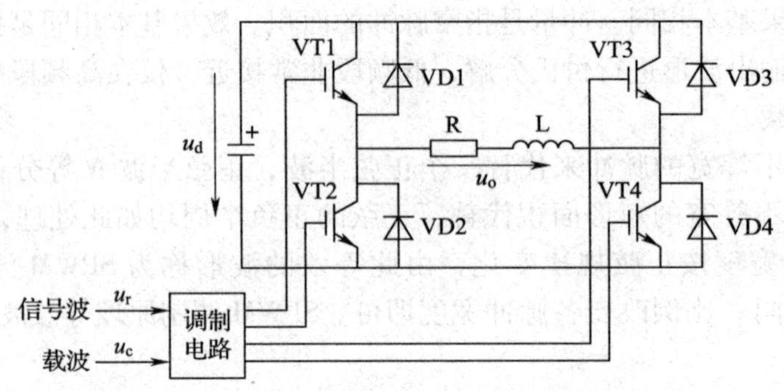

图 7—1—4　单相桥式 PWM 逆变电路

还需要注意的一点就是当 u_o 刚刚由正半周进入负半周时，电流方向和电压方向相反，此时有一段向电源反向充电的续流过程。通过 VD2 和 VD3 进行续流。

采用调制法得到 PWM 波有两种方法：单极性和双极性。两者区别在于三角载波的不同。

单极性 PWM 控制方式波形如图 7—1—5 所示，在 u_r 和 u_c 的交点时刻控制 IGBT 的通断，u_r 为调制波，u_c 为载波。

（1）u_r 正半周，VT1 保持通，VT2 保持断。

- 当 $u_r > u_c$ 时使 VT4 通，VT3 断，$u_o = u_d$。
- 当 $u_r < u_c$ 时使 VT4 断，VT3 通，$u_o = 0$。

（2）u_r 负半周，VT1 保持断，VT2 保持通。

- 当 $u_r < u_c$ 时使 VT3 通，VT4 断，$u_o = -u_d$。
- 当 $u_r > u_c$ 时使 VT3 断，VT4 通，$u_o = 0$。
- 虚线 u_{of} 表示 u_o 的基波分量

双极性 PWM 控制方式波形如图 7—1—6 所示，在 u_r 的半个周期内，三角波载波有正有负，所得 PWM 波也有正有负。在 u_r 一个周期内，输出 PWM 波只有 $\pm u_d$ 两种电平，仍在调制信号 u_r 和载波信号 u_c 的交点控制器件的通断，且 u_r 正负半周对各开关器件的控制规律相同。

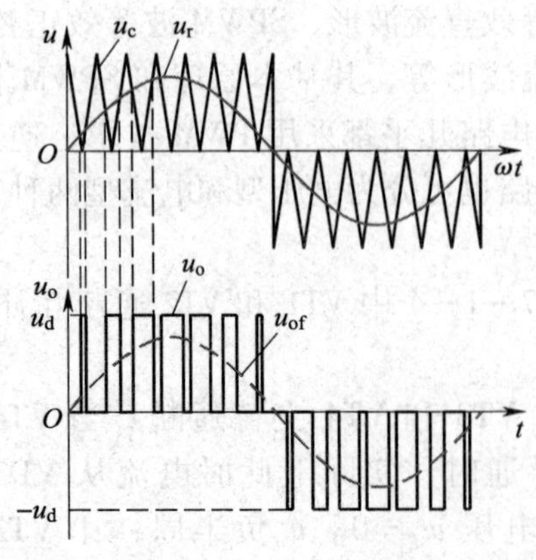

图 7—1—5　单极性 PWM 控制方式波形

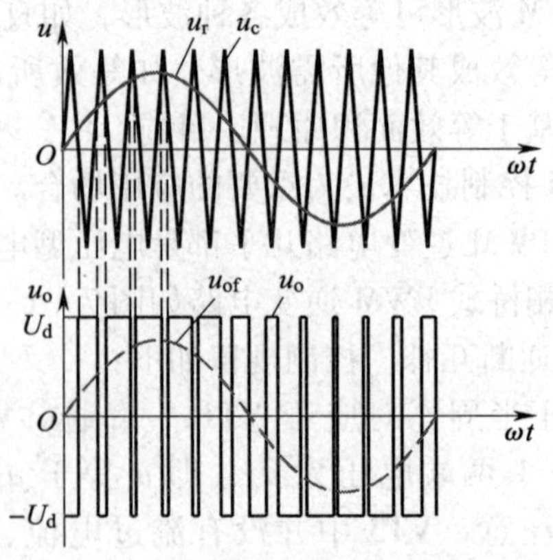

图 7—1—6　双极性 PWM 控制方式波形

当 $u_r > u_c$ 时，给 VT1 和 VT1 导通信号，给 VT2 和 VT3 关断信号。如 $i_o > 0$，VT1 和 VT4 通，如 $i_o < 0$，VD1 和 VD4 通，$u_o = u_d$。

当 $u_r < u_c$ 时，给 VT2 和 VT3 导通信号，给 VT1 和 VT4 关断信号。如 $i_o < 0$，VT2 和 VT3 通，如 $i_o > 0$，VD2 和 VD3 通，$u_o = -u_d$。

单相桥式电路既可采取单极性调制，也可采用双极性调制。

任务2　变频器电路的分析和检修

学习目标

1. 掌握通用变频器主电路结构及工作原理。
2. 掌握通用变频器主电路交—直部分主要功能。
3. 掌握通用变频器主电路直—交部分工作原理。
4. 理解变频器主电路常见故障及检修方法。

任务描述

变频器的主电路包括电源输入端子 R S T、输出端子 U V W 和制动、直流电抗器端子的内电路。其作用为：将输入端三相交流电变成直流电，再逆变成交流电的功率处理电路。该电路在实际应用中是故障率较高的部分电路。

变频器主电路结构及工作原理包括：主电路内部结构、整流原理、逆变原理。整流电路的维修包括：三相电源的测量、直流母线的测量，通过测量，判断整流电路故障。逆变电路测量维修包括：电压测量、直流电阻测量，判断逆变模块的好坏。上述测量是在不分解变频器的前提下进行的，能够判断主电路大部分故障，操作简单，应用价值高。本任务的主要内容是学习变频器主电路的工作原理及常见故障和检测方法，完成相关电路的分析和检修。

相关知识

变频器主电路结构如图 7—2—1 所示。该电路是现在通用的低压变频器主电路图。不管什么品牌的变频器，其主电路结构基本如此。因为整流电路和逆变电路是两个标准模块，没有可变性。

变频器主电路主要由三部分构成，将工频电源变换为直流功率的“整流器”，吸收在变流器和逆变器产生的电压脉动的“平波回路”，以及将直流功率变换为交流功率的“逆变器”。主电路中整流环节大量使用的是二极管的变流器，它把工频电源变换为直流电源。也可用两组晶体管变流器构成可逆变流器，由于其功率方向可逆，可以进行再生运转。

主电路中平波回路在整流器整流后的直流电压中，含有 6 倍电源频率的脉动电压，此外逆变器产生的脉动电流也使直流电压变动。为了抑制电压波动，采用电感和电容吸收脉动电压（电流）。装置容量小时，如果电源和主电路构成器件有余量，可以省去电感，采用简单的平波回路。

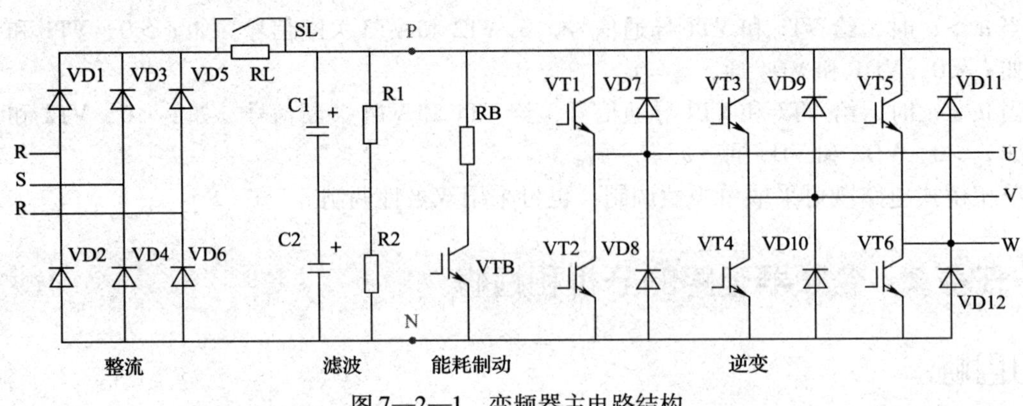

图 7—2—1　变频器主电路结构

主电路中逆变器的作用同整流器相反，逆变器是将直流功率变换为所要求频率的交流功率，以所确定的时间使 6 个开关器件导通、关断就可以得到三相交流输出。

从主电路上看，电压源型变频器和电流源型变频器的区别仅在于中间直流环节滤波器的形式不同，但是这样一来，却造成两类变频器在性能上有相当大的差异，主要表现如下：

（1）无功功率的缓冲

对于变压变频调速系统来说，变频器的负载是异步电动机，属感性负载，在中间直流环节与电动机之间，除了有功功率的传送外，还存在无功功率的交换。逆变器中的电力电子开关器件无法储能，无功功率只能靠直流环节中作为滤波器的储能元件来缓冲，使它不致影响交流电网。因此也可以说，两类变频器的主要区别在于用什么储能元件（电容器或电抗器）来缓冲无功功率。

（2）回馈制动

如果把不可控整流器改为可控整流器，虽然电力电子器件具有单向导电性，电流 I_d 不能反向，而可控整流器的输出电压是可以迅速反向的，因此，电流源型变压变频调速系统容易实现回馈制动，从而便于四象限运行，适用于需要制动和经常正、反转的机械。与此相反，采用电压源型变频器的调速系统要实现回馈制动和四象限运行却比较困难，因为其中间直流环节有大电容钳制着电压，使之不能迅速反向，而电流也不能反向，所以在原装置上无法实现回馈制动。必须制动时，只好采用在直流环节中并联电阻的能耗制动，或者与可控整流器反并联设置另一组反向整流器，工作在有源逆变状态，以通过反向的制动电流维持电压极性不变，实现回馈制动。但这样做设备就要复杂多了。

（3）调速时的动态响应

由于交—直—交电流源型变压变频装置的直流电压可以迅速改变，所以由它供电的调速系统动态响应比较快，而电压源型变压变频调速系统的动态响应就慢得多。

由前面分析可知，变频器主电路由整流电路、中间直流电路和逆变器三部分组成。下面分别就各部分主要功能进行解释。

一、交—直部分

1. 整流电路由 VD1 ~ VD6 组成三相不可控整流桥，它们将电源的三相交流全波整流成直流。整流电路因变频器输出功率大小不同而异。小功率的，输入电源多用单相220 V，整流电路为单相全波整流桥；功率较大的，一般用三相 380 V 电源，整流电路为三相桥式全波整流电路。若线电压为 U_L，则三相全波整流后平均直流母线电压 u_d 的大小为：$u_d = 1.35U_L$。

2．C_{F1}、C_{F2}为滤波电容。整流电路输出的整流电压是脉动的直流电压，必须加以滤波。电容 C_F的作用：除了滤除整流后的电压纹波外，还在整流电路与逆变器之间起去耦作用，以消除相互干扰，这就给作为感性负载的电动机提供必要的无功功率。因而，中间直流电路电容器的电容量必须较大，起到储能作用，所以中间直流电路的电容器又称储能电容器。

3．延时（限流）电阻 R_L及开关 S_L。变频器刚合上电源的瞬间，电容 C 的充电电流特别大，可能使三相整流桥的二极管及电解电容损坏，延时电阻 R_L的接入是为了将电容器的充电电流限制在允许范围内。当 C_F充电到一定程度时，令 S_L接通，将 R_L短路。小功率变频器 S_L用的是晶闸管，大功率用的是交流接触器。

4．R1、R2 为均压电阻。电解电容有较大的离散性，故两个电容的电容量不完全相同，这将使它们承受的电压不相等，为使其相等，故在电容旁各并联一个阻值相等的均压电阻。

二、直—交部分

1．VT1 ~ VT6 逆变管

逆变管组成的逆变桥把经整流桥整流所得的直流电再“逆变”成频率可调的交流电。这是变频器实现变频的具体执行环节，因而是变频器的核心部分。

2．VD7 ~ VD12 续流二极管

主要功能：（1）电动机的绕组是电感性的，其电流具有无功分量，续流二极管为无功电流返回直流电源时提供通道，为电动机的无功分量提供通道；（2）当频率下降、电动机处于再生制动状态时，再生电流将通过续流二极管整流后返回给直流电路，为再生发电提供通道，使电容充电。（3）IGBT 进行逆变的基本工作过程是同一桥臂的两个逆变管处于不停地交替导通和截止状态。在这交替导通和截止的换相过程中，也不时地需要续流二极管提供通道。

3．吸收电路（缓冲电路）

IGBT 在关断和导通的瞬间，其电压和电流的变化率很大，有可能损害 IGBT。因此，IGBT 旁应加吸收回路，以缓解电压和电流的变化率。

三、能耗制动电路

由制动电阻 R_B和制动单元 V_B组成

1．V_B制动单元

由 GTR 或 IGBT 及其驱动电路、电压采样比较电路构成，其功能相当于接通制动电阻的“开关”。当直流回路的电压 u_d超过设定值时，V_B导通，能耗电路接通使直流回路的电能通过制动电阻后以热能方式释放。

2．R_B制动电阻

电动机在工作频率下降过程中，将处于再生制动状态，拖动系统的动能要反馈到直流电路中，使直流电压 u_d不断上升，甚至到危险的地步。因此，须将再生到直流电路的能量消耗掉，使 u_d保持在允许范围内。R_B即用于消耗直流电路中多余的电能，使 u_d保持平衡。

任务实施

一、整流电路的检修

变频器出现了缺相、欠电压报警跳闸，变频器将不能正常工作。故障主要原因：外电压缺相、整流管缺相、电容滤波不良、限流电阻损坏、继电器接触不良（损坏）等。维修方法：首先进行 R、S、T 电压，直流母线电压测量，用以鉴别问题是出在外电路还是变频器。测量顺序：先测量 R、S、T 三相电压（测接线桩），如正常（三相都为 380 V，不缺相、不欠压），再测量直流母线电压（分负载测量和空载测量）。如直流母线电压空载和负载时都在 500 V 左右，整流电路没问题。如空载正常，负载时电压明显下降（低于 450 V），整流电路或其他部分出现问题。

在测量外电路的电压过程中，如果认为变频器的内部有的器件损坏，可利用测量外线电阻的方法进行确认，该方法很受现场工作者欢迎。在整流电路中，具体器件就是整流桥、滤波电容、制动组件（有时没有）、限流电阻和接触器。用测量直流电阻的方法可有效地确定上述器件的质量问题。

1. 测量表具包括指针万用表的 ×100 Ω 挡或 ×10 Ω 挡，或数字万用表的测晶体管挡。

2. 用指针万用表测量

(1) 确定整流管的好坏

注意：指针万用表电阻挡的红表笔接内部电池的“ - ”极；黑表笔接内部电池的“ + ”极，在测量有极性器件时要注意。万用表内部结构及等效电路如图 7—2—2 所示。

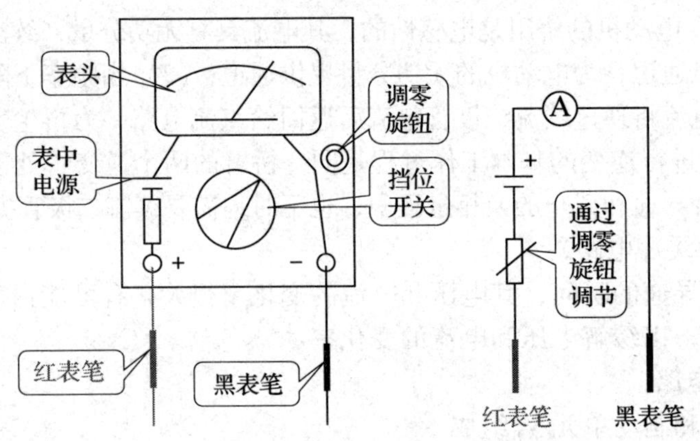

图 7—2—2　万用表内部结构及等效电路

黑表笔接 R、S、T，红表笔接 P，测量上桥臂。表针摆动到刻度的 3/5，正常；不摆动，断路；摆动到 0 Ω，管子短路（该现象很少见，如短路电流很大，管子必然烧断）。整流电路测量如图 7—2—3 所示。

(2) 测量限流电阻的好坏

当继电器 SL 损坏，较长时间不能闭合，会造成直流母线电压低，变频器报欠压，限流电阻损坏；制动电阻的制动选件短路损坏，造成启动时制动电阻并联在直流母线上，将限流电阻烧坏。限流电阻根据变频器型号不同，有的安装在上母线，有的安装在下母线，如图 7—2—4 所示。

在测量整流管时，如果有一臂的三只整流管导通电阻明显增大，则限流电阻坏。限流电阻测量如图 7—2—5 所示。

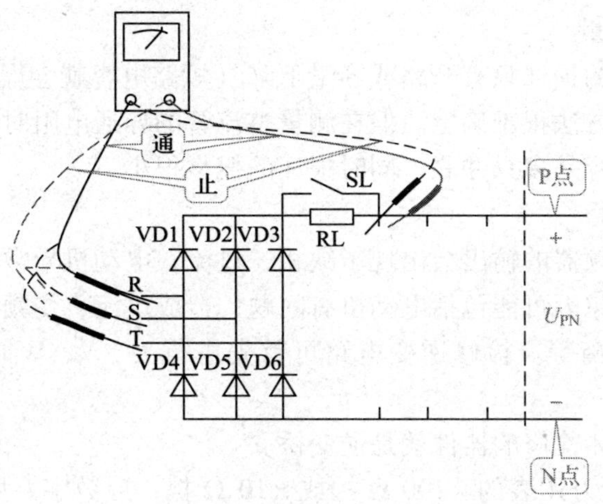

图 7—2—3 整流电路测量

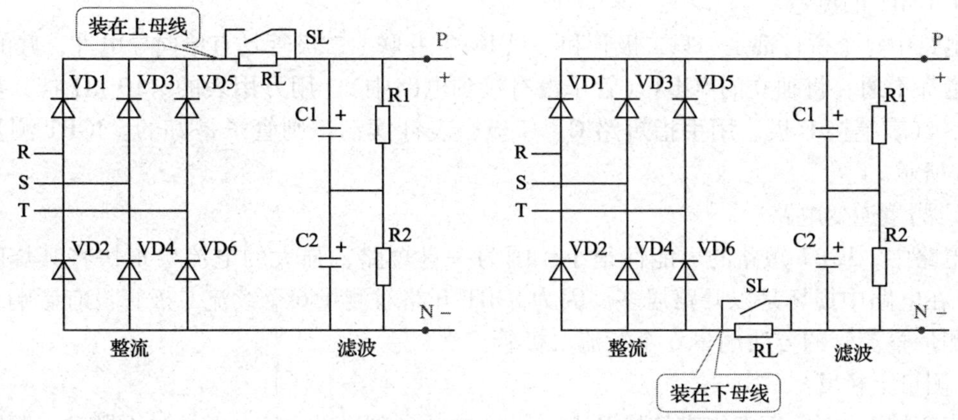

图 7—2—4 限流电阻的不同安装位置

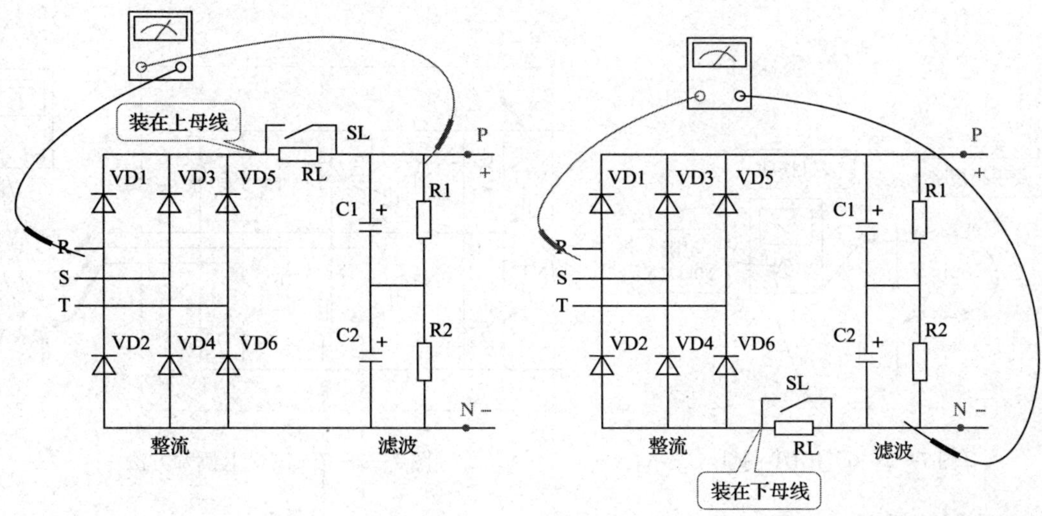

图 7—2—5 限流电阻测量

(3) 滤波电容的测量

滤波电容在电路中的损坏只有开路或容量下降（短路电容就会爆炸，没有测量的机会），一般用测量在线电阻的方法很难确定。但在测量整流管的导通电阻时看到表针摆动，这是电容的充电效应。因为电容是多只并联，同时损坏的概率很小。

二、逆变电路的检修

逆变电路故障，变频器的输出会出现了缺相、过流，电动机异常报警跳闸，变频器不能正常工作等现象。故障原因可能包括电动机有问题，造成过流；变频器逆变电路有问题，造成缺相、输出电压不平衡等。检修逆变电路可首先进行 U、V、W 电压测量，根据测量数据，进行正确判断。

在逆变电路中，具体检修的器件就是逆变桥。

1. 测量表具有指针万用表的 ×100 Ω 挡或 ×10 Ω 挡，或数字万用表。

2. 测量方法：用指针万用表测量输出端（UVW）到直流母线上的直流电阻。

(1) IGBT 的测量

在电路中每个桥臂都是一只二极管和一只 IGBT 并联，二极管具有单向导电性，好的 IGBT 怎么测量都不通。将独立的 IGBT（管子没有接到电路中），用万用表的 ×10 kΩ 挡，黑表笔接 C 极，红表笔接 E 极，用手指短路 C、G 极，表针摆动，则管子是好的。IGBT 测量如图 7—2—6 所示。

(2) 测量逆变电路

在电路中，IGBT 短路的可能性很小，因为一旦短路，强大的电流会很快将其烧断。所以 IGBT 在电路中损坏是以开路居多。因为 IGBT 开路对测量 6 个续流二极管没有影响，所以可以用测量整流管的方法测量 6 个续流二极管。

1) 测量上桥臂

黑表笔接 U、V、W，红表笔接 P 点，表针摆动到刻度的 3/5，正常；不摆动，断路。测量上桥臂方法如图 7—2—7 所示。

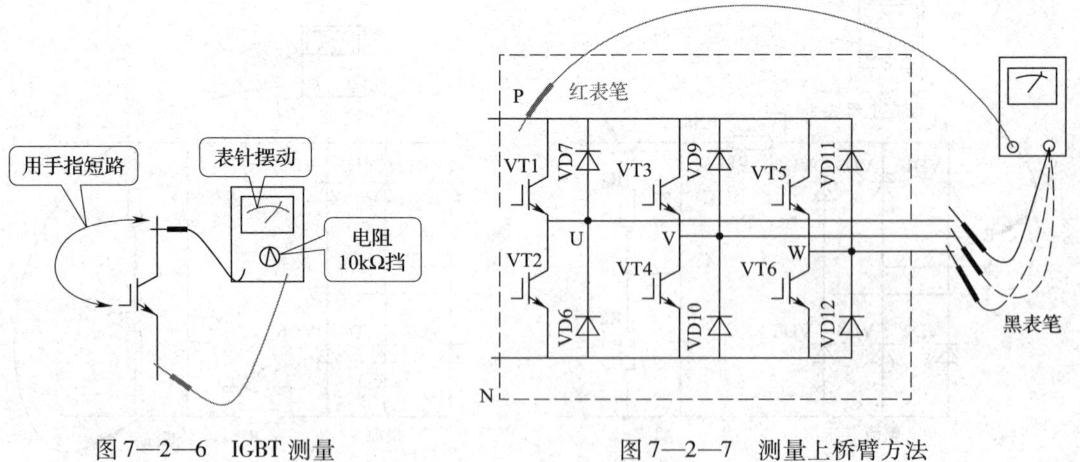

图 7—2—6　IGBT 测量　　图 7—2—7　测量上桥臂方法

2) 测量下桥臂

红表笔接 R、S、T，黑表笔接 N。表针摆动到刻度的 3/5，正常；不摆动，断路；摆动到 0 Ω，管子短路（该现象很少见，因短路电流很大，管子必然烧断）。测量下桥臂方法如图 7—2—8 所示。

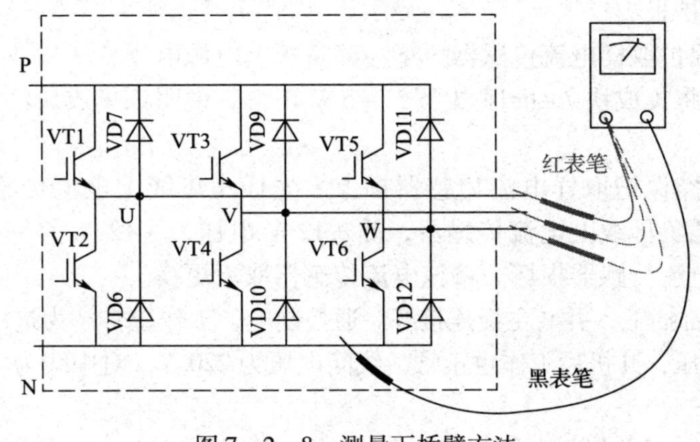

图 7—2—8 测量下桥臂方法

3）结果分析

上、下桥臂只要续流管开路，开关管也坏；续流管不坏，开关管有的也坏。

知识拓展

以变频器维修中的 IGBT 模块故障为例分析故障现象及维修过程。

故障现象：变频器在运行过程中，中间一相 IGBT 模块处被烧黑，其上母线尖峰吸收电容（3 μf/1 200 v 无感电容两只串联再并联）的一只腿被打断，不能正常运行。

维修过程：

1. 检测主电路

用万用表检测主电路部分，虽然中间一相被熏黑，但检测结果正常，检测其他两相也正常。

2. 更换损坏器件

更换 3 μf /1 200 v 电容后，再将隔离开关合上，给控制柜送电，控制柜没反应，电源灯不亮，电压表没有指示。

3. 检测输入端的高压熔断器

用万用表高压挡检测熔断器后三个端子对电压，均为 690 V，检测结果正常。因控制电路用的是 220 V 电源，怀疑 1 140/220 V 变压器有问题。断电后，用万用表检测熔断器两端阻值，有一相通，另两相断，表明有两相熔断器烧断。因此，最初对高压熔断器电压正常的判断是错误的。于是，重新检测熔断器，有电显示，应是未断的那一相 1 140/220 V 变压器初级绕组串过去，因是单相供电，形不成电压，所以 1 140 V/220 V 变压器不能工作，导致控制柜不能工作。

4. 更换高压熔断器后，柜子送电正常，工频启动，工作正常。

工频部分维修工作完成之后，接下来是维修变频部分。

5. 通控制电

一送电，显示板上故障保护灯就亮，怀疑被干扰，但多次送、停电都这样，因处于保护状态，不能开机。拔掉短路保护插线（因主电路没通电，控制电路送电，无影响），送电正常，开机也正常。用万用表检测频率到达 50 Hz 时的电压，三相输出电压都平衡，线间电压为 8.2 V，对中线为 5.0 V，工作正常。

6. 检查短路保护板

将输入端短路保护取样电流传感器拔下，测量板上电源电压，±12 V 正常，但 +5 V 供电电压为 +3.0 V，将集成块 74 hc14 拔下，+5 V 正常，说明该集成块已经损坏，必须更换一只新的。

7. 将输入端短路保护取样电流传感器插上。先插正母线上电流传感器，测 ±12 V 电压，工作正常；再插负母线上电流传感器，测 ±12 V 电压，+12 V 为 + 9.0 V，－12 V 正常。说明负母线上电流传感器损坏。将该电流传感器取下更换。

8. 将拔下的线都插上，并与主板连接好。通控制电，工作正常。为进一步验证工作状况，主电路上加 220 v 电压，开机后工作也正常，线间电压为 220 V，对中线为 130 V（50 Hz 情况下），工作正常。

9. 将工频停下，开启变频。但变频一开机就出现短路保护。后将负载断开，变频器空载运行，也出现短路保护。这样分析，送控制电正常，加 220 V 也正常，怀疑器件有耐压不够，停电后更换原来烧黑的模块。然后送控制电，送 220 V，工作都正常。送主电 1 140 V，开至 50 Hz，工作正常。

10. 接上负载，带载运行。但又出现问题，一开机又出现短路保护。检测电动机也正常，后来考虑是否是负母线上电流传感器也损坏了。通控制电检测，静态时，电流传感器信号取样电阻两端有电压，为 +3.0 V，因静态下无电流，正常情况下应为 0 V，说明该传感器损坏，再更换母线上电流传感器，开机后检测正常。

最后，送控制，送主电，变频器工作正常。带负载，变频器工作正常。三相电压、电流完全平衡，变频器维修成功。

变频器维修中的注意事项：

1. 在变频器维修中，要坚持正确的检测方法。

本案例中对高压熔断器的检测，带电检测容易造成判断失误，应该取下来单个测量。若用万用表高压挡（带 2 500 V 挡位）检测两相之间电压，因单相电不能形成回路，测不出电压，这样也可判别高压熔断器是否损坏。

2. 在变频器维修中，使用万用表检测高耐压器件时须加压检测。

用万用表检测器件时，由于万用表电压较低，对于高耐压器件，可能难以做出判断，所以要注意加压检测。如果变频器维修现场条件有限，可采取以上逐步加压的措施予以鉴别。

3. 在变频器维修中，如果出现瞬间大电流情况，应注意检测与之相关的器件。

本案例中有两相熔断器断了，这说明机内肯定出现了大电流，这时应检测相应电流传感器，其电源及电流传感器是否损坏。比如，上述正母线电流传感器电源损坏，负母线电流传感器静态工作点不对等，要加以检测。最好在通控制电时一并检测出来，以免造成工作重复。

4. 在变频器维修中，要坚持正确的步骤。

通控制电、加低压、加高压、带载等步骤是必不可少的。在更换器件后，还要看控制电是否正常，不可盲目送主电、带载，以免造成更大故障，损坏更多器件。